U0805717

卓越教师教育精品丛书

面向数学教育的测评技术

熊惠民　编著

科学出版社
北　京

内 容 简 介

本书系统阐述用于数学教育专业领域的教育统计、教育测量和教育评价的基础知识和基本技术. 主要内容包括教育测评概述、统计基础、统计推断、教育测量质量分析、教育测量项目分析、数学测验试卷的设计、教育调查问卷的开发、教育评价量表的建构、教育评价的实用技术等. 本书注重理论性和实用性的统一, 内容丰富、阐释清晰、用例典型.

本书可作为高等师范院校数学教育专业本科生或研究生教材, 也可供中学数学教师在职培训或研修之用, 对数学教育或其他学科教育研究人员也有一定参考价值.

图书在版编目（CIP）数据

面向数学教育的测评技术 / 熊惠民编著. —北京: 科学出版社, 2023.10

（卓越教师教育精品丛书）

ISBN 978-7-03-076668-7

Ⅰ. ①面… Ⅱ. ①熊… Ⅲ. ①数学教学－教育测量－高等学校－教材 ②数学教学－教育评估－高等学校－教材 Ⅳ. ①O1

中国国家版本馆 CIP 数据核字（2023）第 195749 号

责任编辑: 任俊红 李香叶 / 责任校对: 杨 赛
责任印制: 徐晓晨 / 封面设计: 无极书装

科 学 出 版 社 出版
北京东黄城根北街 16 号
邮政编码: 100717
http://www.sciencep.com
北京虎彩文化传播有限公司 印刷
科学出版社发行 各地新华书店经销
*
2023 年 10 月第 一 版 开本: 787×1092 1/16
2023 年 10 月第一次印刷 印张: 11
字数: 282 000

定价: 39.00 元

（如有印装质量问题, 我社负责调换）

前　　言

党的二十大报告进一步强调“教育、科技、人才是全面建设社会主义现代化国家的基础性、战略性支撑”，提出“我们要坚持教育优先发展，科技自立自强、人才引领驱动，加快建设教育强国、科技强图、人才强国，坚持为党育人、为国育才，全面提高人才自主培养质量，着力造就拔尖创新人才，聚天下英才而用之”．强国战略的实施离不开教育研究的现代化。教育测量与评价理论、教育基本理论和教育发展理论并称现代教育三大理论．教育测量与评价在我国正蓬勃兴起．究其原因，主要有二：一是实证方法和量化处理技术的广泛运用；二是教育测量与评价往往是教育教学改革的突破口．

本书主要是为数学教育专业方向本科生或研究生编写的．这个专业方向的学生大致有两个特点：一是有比较多的数学知识和一定的数学能力，但数学基础往往不够扎实；二是有一些数学学科教学训练和实践，但教育教学理论方面的学习不够全面，特别是对教育教学研究方法的认识比较欠缺．鉴于这样的实情，我们确立了自己的编写特色．

总的说来，本书具有如下鲜明特点：

(1) 重基础．本书大体分为统计、测量、评价三部分．尽管三部分关注重心明显不同，但整体内容又是相互渗透、相互作用的．特别是，数理统计的概念、观点和方法已越来越成为教育测评学科发展的基石．正是基于这样的考虑，本书花费较多笔墨在统计的内容上，一方面，现代数学教育研究这些知识是重要的方法论基础和科学工具．另一方面，这样做也能加深读者对教育测评基本原理的理解和领会．相比多数教育统计方面的书籍，我们对这部分内容的阐述和梳理更为数学化，相信这种方式对有较多数学背景的读者是适用的，也是更好的．至于教育测评的编写安排，由于其内容十分庞杂，本书也不能面面俱到，而是致力于讲清基本的问题以及核心的概念和技术，力求勾勒出学科的整体面貌和理论框架，为读者将来进一步深入学习和能力提升夯实基础．

(2) 促应用．教育测量和评价本质上是实践性很强的应用学科．近些年来，国内外教育测评的新思想、新理念、新模式、新方法可谓层出不穷，颇令人眼花缭乱．但冷静思考，理性视之，很多观点和理论其实空泛晦涩，有些方法和技术偏于草率累赘，并没有多少科学性和实用价值．本书编写时充分考虑到这点，内容选材上注重以实践性作为导向，力戒理论脱离实际．在保证测评学科本身的系统性、完整性与前瞻性的前提下，本书始终坚持面向数学教育的实际情况和现实需求，突出测评活动的实用性要求，强化方法的可操作性和可移植性以及例证的典型性和完整性，以便读者在学习过程中能真正增强问题意识和提高实际工作能力．

(3) 求简明．本书追求简练明快的行文风格，着力体现层次性、可读性和严谨的学术规范．内容叙述一方面强调直观与背景，讲究由浅入深、循序渐进，但同时也尽量避免烦琐的解析，做到简明扼要、提纲挈领．数学推导我们并不一概从略，而是多给读者一些加深理解的机会．对过繁过难的证明即便保留，也只是在注解中出现，以此避免影响读者对内容的整体理解和清晰把握．全书编排注重前后呼应，数学符号力求统一规范．为方便查阅，图、表、例、定义、定理等均按章编号．

本书是作者多年教学积累的结晶. 总的说来, 目前国内教育教学测评类课程开设还不太成熟, 我们的教学方案也是多次修订, 教学讲义更是几易其稿. 在教学过程中, 多届研究生配合我们开展很多有益的尝试, 也提出不少中肯的建议. 作者又对历年讲稿进行了仔细斟酌和反复修改, 同时补充了一些新的材料. 我的研究生黄丹颖、李锐丽、刘雪婷等为此做了大量资料搜集和整理、校对工作, 对她们的帮助表示诚挚的谢意. 同时, 本书的写作参考了诸多著作和论文, 这里一并致谢! 最后还要感谢科学出版社编辑的理解、支持和辛勤工作.

本书的出版得到了华中师范大学教师教育学院、数学与统计学学院以及华中师范大学中央高校基本科研业务费项目教师教育专项研究年度项目(项目编号: CCNUTEI2021-03)的资助.

根据过去的教学经验, 本书基本内容可在 48 学时讲完. 如果学时有限, 我们建议略去第 2 章或第 9 章, 留给学生自学.

限于作者专业能力和知识水平, 书中难免有疏漏和不足之处, 恳请方家不吝赐教.

作　者

2023 年于桂子山

目　　录

第 1 章　教育测评概述

教育测量和教育评价这两门学科研究的内容具有内在的逻辑关系，而从目前发展来看也具有相互整合的趋势．本章主要讨论教育测评中的一些基本概念和基本问题，建立教育测评的整体概貌．

1.1　教育测量的特殊性

测量(measurement)就是按照一定规则给事物或现象的属性赋予数量．以物理测量为例，要度量物体的长度，就可以依据长度的物理特性制作尺子等测量工具，继而就可以利用它们给任何物体指派长度大小．

任何测量都具备两个基本要素：其一是参照点(reference point)．参照点是测量的起始点，有绝对零点和相对零点之分．例如，各种度量衡器具上的零点是绝对零点，而测量地势高度是以海平面为参照点，测量气温是以水的冰点为参照点，它们都是相对零点．理想的参照点是绝对零点，但很多时候由于测量特质，很难找到绝对零点，只能采用相对零点．其二是单位(unit)．单位是测量规定的标准量．不同的测量有不同的单位制．以物理测量为例，测量长度以米、厘米等为单位，测量重量以千克、克等为单位，测量时间以时、分、秒等为单位．

教育测量(educational measurement)是指对某些与人的受教育活动直接相关的心理属性指派数值的过程．教育测量属于心理测量的范畴．教育测量概念的产生源自心理和教育测量的两位先驱桑代克(Thorndike E L)和麦柯尔(McCall W A)，他们曾经提出两个假设："凡存在必有数量"(Whatever exists at all exists in some amount)[①]，"有数量即可测量"(Anything that exists in amount can be measured)[②]．

与物理测量等其他测量形式相比，教育测量要复杂困难得多．教育测量具有如下一些特点：

(1)测量对象的抽象性．教育测量主要关注人的非物质属性或者精神属性．例如，学业成就、学术能力倾向、思维、能力、智力、品格等．这些心理过程和个性心理特征看不见也摸不着，不好理解也不好把握．相比其他测量，教育测量的对象更为抽象、更为模糊．

(2)测量对象的无常性．受个人身体状态、情绪波动、自我调节能力及各种偶发外界因素等的影响，人的精神属性往往是不稳定的、易变的，甚至不可捉摸．测量对象的无常性极大地影响了教育测量的可信度．

(3)测量方式的间接性．人的精神属性结构复杂，它潜隐于身体内部，不能直接测量，甚至不能观察，只能通过外显行为或外在特征来推知．测量方式的间接性极大地增加了教育测量的困难，降低了教育测量的准确性和可靠性．

(4)测量标准的差异性．教育测量的工具主要是由一组测题组成的测验．测题的选择具有

---

① Thorndike E L. The Seventeenth Yearbook of the National Society for the Study of Education(Part Ⅱ). Bloomington: Public School Publishing Co., 1918: 16.

② McCall W A. Measurement. New York: The Macmillan Company, 1939: 15.

很强的主观性，反映出测验设计者对测量主题不同的观念、认识、取向和意图，而且测验的样本组成及分数单位往往也各不相同．因此，不同的测量有不同的分数评定系统和评判标准，即便是测量主题相同，各种测验分数之间一般也不宜进行换算和比较．

(5) 测量结果的偶然性．教育测量的结果受测量标准、测量方式等相关因素以及测试时间、测试环境、测试参与者等无关因素影响较大，有很大的不确定性，并且结果不易复验．教育测量的误差更难以控制，除了系统误差和随机误差之外，它还存在抽样误差．

(6) 测量评价的或然性．教育测量的结果只具有相对的意义，它不是一个确定值，而是一个取值范围．从而，解释教育测量的结果弹性空间较大，只能用于推测．也正因如此，教育测验分数的解释人员往往必须经过专门的训练，熟悉所使用的测验，懂得测验结果的解释原则．

上述教育测量的前两个特点是根本的，它直接影响后续的几个特点．

1.2 教育测量的类型

依据不同的目的和标准，我们可以将教育测量或教育测验(educational test)①分成多种不同的类型．

根据测验参与主体的不同，教育测验可以分为团体测验、个别测验与自我测验．团体测验(group test)是同一时间由一个主试向多个被试的测验；个别测验(individual test)是同一时间由一个主试向一个被试施行的测验；自我测验(self-administering test)则没有主试，是由被试自己对自己施行的测验．

根据测验测题性质的不同，教育测验可以分为同质性测验与异质性测验．同质性测验(homogeneous test)是指组成测验的测题测量同一种属性，测题之间存在着高度相关性；异质性测验(heterogeneous test)是指组成测验的测题分别测量几种不同的属性，测题之间不存在相关性或者相关性低．

根据测验目的意图的不同，教育测验可以分为速度测验与难度测验．速度测验(speed test)用于测试被试完成任务的反应速度；难度测验(power test)用于测试被试完成任务的最高能力．为达到测量目的，速度测验的测题较多、容易且难度一致，时间紧张，几乎没有人能全部做完所有题目；难度测验的测题较少，且按从易到难的顺序排列，时限充裕，95%的被试都能在规定时间做完自己会做的题目．

根据测验记分规则的不同，教育测验可以分为0-1记分测验(dichotomously scored test)与连续记分测验(polytomously scored test)．0-1记分测验的题目只有答对和答错两种可能，得分要么满分，要么零分；连续记分测验的得分则有取零分至满分之间多种数字的可能．

根据测验解释标准的不同，教育测验可以分为常模参照测验与标准参照测验．常模参照测验(norm reference test)是以被试在常模团体中的相对等级来解释测量结果的测验，它用于鉴别被试之间的个别差异；标准参照测验(criterion reference test，也译作目标参照测验)是以被试和事先确定的某种标准比较来解释测量结果的测验，它用于鉴别被试实现目标的程度．

---

① 严格说来，测量与测验在概念层次上不是一回事．测验乃是对行为样本进行测量的系统程序，测验是测量的工具．考虑到实际使用习惯，本书对它们不作区分．

1.3 教育测量量表和常模

1.3.1 量表

量表(scale)即测量工具，通过它，事物属性得以数量化. 教育量表(educational scale)常表现为一系列书面测试题或问卷.

使用量表是为了获得待测属性的数据. 根据数据意义或特性的不同，量表可以分为四种类型，即称名量表、顺序量表、等距量表、比率量表.

称名量表(nominal scale)得到的是称名数据(nominal data)[①]或定类数据(categorical data). 称名数据只是名字或标签，用以指明事物所属类别即归类. 比如，学生性别分男、女，家具材质分金属、木质、皮革、石材、塑料等，这些数据都是称名数据.

顺序量表(ordinal scale)得到的是定序数据(ordinal data)或等级数据(rank data). 定序数据除了代表不同类别，这些类别还具有顺序或等级的意义. 比如，考试成绩分优、良、中、差，认知态度分赞成、中立、反对，受教育程度分小学、初中、高中、大学、研究生等，这些数据都是定序数据.

等距量表(interval scale)得到的是定距数据(interval data). 定距数据除了代表不同等级，数据之间的差值也是有意义的，它能比较数据相离的远近. 比如，毕业年份是定距数据.

归根结底，定序数据与定距数据之间的差异在于相邻等级之间的差距是否相等，即是否具有相同单位. 由于具有相同单位，定距数据既具备定序数据具有的区分性和序列性，又具备定序数据不具有的等距性和可加性. 比如，一组定距数据可加减或乘除同一个常数，而并不破坏它们之间的关系. 也正是通过这种方式，我们实现了相同测量属性不同等距量表(参照点和单位不同)测量值之间的换算.

比率量表(ratio scale)得到的是定比数据(ratio data). 定比数据除了具有前述数据的所有内涵，数据值之比也是有意义的，它能说明数据规模上的比例关系. 比如，学生身高和教师工资金额都是定比数据.

本质上讲，定距数据与定比数据之间的差异归根结底在于数据的零值是否真正意味着量的虚无，即是否为绝对零点. 以温度为例，温度主要有四种基本单位：摄氏度(℃)、华氏度(℉)、开氏度(K)和兰氏度(R)，温度数据是什么类型取决于它采用什么计量单位. 0K 和 0R 的零度都是绝对零点，因此开氏度和兰氏度是定比数据. 0℃和0℉不是绝对零点，因此摄氏度和华氏度只是定距数据. 事实上，我们能说 100K/100R 比 50K/50R 热两倍，却不能说 100℃/100℉比 50℃/50℉热两倍，而只能说 100℃/100℉比 50℃/50℉温度高 50℃/50℉.

有趣的是，有时同样的数据在不同人眼里可能具有不同的类型. 比如，颜色可分为赤橙黄绿青蓝紫及黑白，对普通人来说它们仅仅只是颜色的名称；但对于一个熟悉电阻色码系统的电子工程师来说，它们还有级别的意义，因此是定序数据；而对物理学家而言，它们又对应着光的波长，从而还是定比数据.

以上四类数据，定类数据级别最低，定比数据级别最高. 定类数据属于定性型，定距数据和定比数据属于定量型，定序数据则视具体情况，既可看作定性型也可看作定量型. 不同类

① nominal 一词来自拉丁文词根 nome，名字的意思.

型数据所能作的数学运算处理是不同的. 级别高的数据可当作级别低的数据来处理, 反过来则不行. 具体而言, 定类数据只可以计点, 定序数据也可以作比较, 定距数据还可以求和差, 定比数据更可以作倍分.

教育测量一般来说只是在等级量表上进行的. 原因有二: 一是它没有绝对零点, 二是它没有相等的单位. 即使一个人数学考了 0 分, 我们也不能说该被试的数学知识和能力为 0. 同时由于题目难度的差异, 获 20 分与 40 分的差异和 60 分与 80 分的差异不可能相等①. 因此, 事实上教育测验应该只能指出学生的等级、名次, 属于等级量表.

等级量表和等距量表间差异是客观存在的. 但是, 由于等距量表适用于大量统计分析方法, 所以我们总试图将教育测验的结果放在等距量表背景下去解释. 常采用的统计方法是将教育测验分数转换到一个有相等单位的量表上去, 其中最基本的做法是将测验分数转换成标准分数.

1.3.2 常模

常模(norm)即解释、评价和运用测验分数的参照标准, 它表现为一组数量足够大的有代表性样本的测验分数的分布. 这组用以建立测量常模的被试组, 也称为常模团体(norm group). 常模团体的建立本质上是用以反映总体在测验中的分数分布, 因而通常是从所适用总体中抽样取得的. 比如, 我国大学英语四级考试的常模团体选自全国 16 所高校的约三万名非英语专业的考生, 六级考试的常模团体选自全国五所重点大学的约五千名非英语专业的考生.

常模有两种类型, 发展常模和组内常模.

发展常模(developmental norm)就是某类个体正常发展过程中各个特定阶段的一般水平. 有了它, 我们就可以把某个被试的发展程度与该类群体正常发展水平进行比较. 发展常模还有年龄常模(age norm)和年级常模(grade norm)之别. 前者反映的是不同年龄的被试在某种测验上的一般水平, 后者反映的是不同年级的被试在某种测验上的一般水平.

建立发展常模有两种方法. 一种是取平均值作为指标, 也就是说, 基于不同年龄组或年级组测试所得的平均分, 并与相应的年龄当量(age equivalent)或年级当量(grade equivalent)联系起来构成年龄常模或年级常模资料. 例如, 如果 10 岁的常模团体在某个记忆能力测验上平均得分为 24 分, 那么这个平均分数将被指定为年龄当量 10. 这样建立的发展常模要提供原始分数与年龄当量或年级当量的对应表(这也称作常模表). 另一种是用一组题目作为指标, 也就是说, 用一批能使某年龄组或年级组大多被试都能通过的题目(如 80% 左右的被试都能通过)来代表该年龄组或年级组的发展水平. 例如, 8 岁小学生中大多数能通过的一组题目, 归于 8 岁年龄组; 9 岁小学生中大多数能通过的一组题目, 归于 9 岁年龄组; 以此类推, 即可建立测验的年龄常模.

组内常模(within-group norm)是指与被试同类的群体(例如, 某个地域、某类职业或某种性别)在某测验中的一般表现水平的常模资料, 它可以反映个体在其同类群体中的相对位置. 组内常模又可以分为百分等级常模和标准分数常模.

百分等级常模(percentile rank norm)就是基于某种测验的常模团体, 在原始分数与百分等级之间建立起对应关系的一种组内常模. 分数的百分等级(percentile rank)是指常模团体中低

① 读者可能有这样的印象: 有些考试得到低分容易, 得到高分难; 有些考试容易得到基本分, 得到低分和高分都不容易.

于该分数的人数百分比[①]. 例如, 若有半数分数低于 70 分, 那么 70 分就相当于 50 百分等级; 同样, 某分数是 98 百分等级就意味着 98% 的人低于这一分数.

解释测验分数在组内相对水平的另一种方法是确定测验分数的标准分. 标准分数常模(standard score norm)是指以常模团体在某一测验上的实测数据为基础, 在原始分数和标准分数之间建立起对应关系, 以确定被试在团体中的相对地位的一种组内常模. 标准分将在 1.3.3 节作专门介绍.

1.3.3 标准分

按评分标准对作答直接进行评判, 这样得到的分数称为原始分(raw score). 原始分存在如下缺陷:

(1) 原始分能反映作答正确程度, 但不能直接反映它在总体中的位次, 也不能直接反映它与其他分数之间的差异程度;

(2) 原始分不具有可比性, 即不同测验的原始分数价值不同, 不能比较优劣;

(3) 原始分不具有可加性, 即不同测验的单位分数“含金量”不同, 不等值.

解决上述问题的一个可行方案是考虑平均分和标准差对分数位次与价值的影响, 这也称为标准化. 原始分标准化后的分数称为标准分(standard score). 也就是说, 原始分是绝对分数, 标准分是相对分数.

常用的标准分有

1) Z 分数

Z 分数(Z score)表示原始分与平均分距离多少个标准差, 即

$$Z\text{分数}=\frac{\text{原始分}-\text{平均分}}{\text{标准差}}$$

这里, 平均分和标准差可以是总体的, 也可以是常模团体的.

Z 分数有正有负, 负值说明原始分低于平均分, 正值说明原始分高于平均分.

Z 分数可以直接反映被试在总体中的百分等级(表 1-1).

表 1-1　Z 分数与百分等级对照表

Z 分数	−3	−2	−1	0	1	2	3
百分等级	0.14	2.28	15.87	50.00	84.13	97.73	99.87

Z 分数的优点就在于它是以各自标准差为单位来度量原始分与各自平均分之间的离差, 从而无论各类测验的平均分与标准差多么不同, 一经转换, 它们就统一起来, 都变为平均分为 0, 标准差为 1 的标准形式[②], 就可以在同一标准的基础上进行相互比较.

原始分往往不呈正态分布, 而是有所偏倚, 此时要通过作正态转换得到 Z 分数. 具体过程包括: 将原始分按大小顺序排列; 求每个(组)分数的累积频率; 根据正态分布表, 查出每个累

① 百分等级还有一个相反的概念——百分位数(percentile value). 百分等级是分数对应的累积频率, 百分位数是累积频率对应的分数.

② 理论上有如下结论: 若 $X\sim\mathscr{N}(\mu,\sigma^2)$, 则 $\frac{X-\mu}{\sigma}\sim\mathscr{N}(0,1)$.

积频率对应的分值，此即每个原始分对应的 Z 分数.

2) Z 分数的线性变换

Z 分数常带有小数，并会出现负值，不易理解，也不便使用. 为了克服这个缺陷，常对 Z 分数进行线性变换 $Z'=\alpha Z+\beta\ (\alpha,\beta>0)$，从而发展起一系列其他形式的标准分. 容易知道，$\alpha$ 是分数膨胀率，也是标准分的标准差; β 是分数偏移量，也是标准分的平均值.

Z 分数的线性变换类似物理学中的单位换算，它只是调整测验的起评分与单位分值，而不改变分数的质性、位次以及分布形态.

这类标准分常用的有

T 分数: $T=50+10Z$

IQ: $100+15Z$

TOEFL: $500+70Z$

中国高考标准分: $500+100Z$

3) 标准 9 分和标准 10 分

标准 9 分(Stanine，是 STAndard NINE 的简称)是将 Z 分数或原始分划分为 9 段，最高段记 9 分，最低段记 1 分. 除 1 分和 9 分的范围较大外，其他分数的范围都是半个标准差(表 1-2).

表 1-2　标准 9 分与 Z 分数对照表

标准 9 分	1	2	3	4	5	6	7	8	9
Z 分数	<–1.75	–1.75～–1.25	–1.25～–0.75	–0.75～–0.25	–0.25～0.25	0.25～0.75	0.75～1.25	1.25～1.75	≥1.75

标准 9 分最早用于美国空军心理测验中，现在熟知的例子是 IELTS 考试.

标准 10 分是类似的做法(表 1-3).

表 1-3　标准 10 分与 Z 分数对照表

标准 10 分	1	2	3	4	5	6	7	8	9	10
Z 分数	<–2.32	–2.32～–1.47	–1.47～–0.99	–0.99～–0.49	–0.49～0.00	0.00～0.49	0.49～0.99	0.99～1.47	1.47～2.32	≥2.32

标准分的优越性是明显的，但要想推行标准分制度还需要克服不少障碍. 从目前我国的实践情况看，标准分存在如下不足:

(1) 概念抽象，不易理解. 原始分本质上只是得分率，理解起来比较简单. 而理解标准分的概念需要一定的统计知识.

(2) 换算复杂，缺乏直观. 原始分是最基本的分数，其意义也非常简单和直观，而标准分则是从原始分换算而来的. 而且，多数公众并不理解标准分换算的过程、原理与作用.

(3) 修正困难，殃及池鱼. 如果标准分是以名次计分，若评分有误，个别修正可能引发其他分数的连锁反应. 这是标准分的一个致命弱点.

可能是由于这些原因，尽管标准分制度在我国高考中自 1985 年广东率先试点后，已陆续在 7 个省份实施推行，但至 2016 年已基本不再使用，仅海南一省仍在坚持使用.

1.4　教育评价

1.4.1　教育评价的含义与功能

评价即评判价值的简称. 这个词英语译作 evaluate, 从词源学上讲, 它也是引出和阐发价值的意思. 因此, 评价泛指一切价值衡量和判断的活动.

价值是由客体满足主体需要的程度而决定的. 当主体在某一方面存在某种需要时, 客体在某种程度上满足了主体的需要, 这就形成了客体对于主体的价值. 这里, 主体的需要可以是个人需要, 也可以是社会需要; 可以是物质需要, 也可以是精神需要; 可以是当前现实需要, 也可以是将来潜在需要. 从而, 产生出个人价值与社会价值、物质价值与精神价值、现实价值与潜在价值等诸多不同的价值类型.

同样地, 个体及社会(包括国家)对教育的各种需要是构成教育价值的客观基础. 教育评价(educational evaluation)就是对教育活动满足个体与社会需要的程度作出分析与判断的过程, 以期达到教育价值增值的目的. 例如, 教师通过辛勤劳动为社会培养人才, 评价教师的工作就是对教师是否对社会作出贡献以及贡献有多大作一个价值判断, 并由此促进教师进一步提高教育质量, 产生更大的教育价值.

任何价值判断都需要以一定的事实判断为依据. 教育测量是以量化为主要特征的事实判断, 因此, 教育评价与教育测量之间存在基本而重要的联系. 正是在这样的意义上, 美国学者格朗兰德(Gronlund)①给出了一个极为简洁的公式:

$$评价 = 测量(定量描述) + 非测量(定性描述) + 价值判断$$

也就是说, 教育测量是教育评价的基础, 可以为教育评价提供价值判断的基本数量事实; 教育评价往往是教育测量过程的延续, 是对测量结果的解释与应用, 并朝着价值判断与释放教育功能的方向拓展. 教育评价整体上比教育测量所包含的内容更广泛、更综合.

总的说来, 教育评价具有鉴定、选拔、改进、服务等功能. 教育评价的鉴定功能是指教育评价能够判断和认定评价对象整体上或诸方面合格与否、优劣程度与水平高低. 教育评价的选拔功能是指教育评价是辨别个别差异的科学工具, 能够甄别、筛选适合享有更高教育或更高职位的评价对象. 教育评价的改进功能是指教育评价能够诊断教育缺失, 引导和促进评价对象为实现理想目标不断改进和完善. 教育评价的服务功能是指教育评价具有为教育决策服务的功效和能力.

1.4.2　教育评价的要素与类型

一个完整的教育评价包括评价目的、评价客体、评价主体、评价内容、评价准则、评价方法等诸多要素.

评价目的(evaluation purpose), 即为什么评的问题. 任何教育评价活动, 首先就是确定评价目的. “目的作为行动的直接动机指引和调整着各种行为, 并作为支配人的意志的内在规律贯穿在人的实践中”②. 评价目的指导并支配着整个教育评价的过程, 决定教育评价的发展方向.

---

① Gronlund N E. Measurement and Evaluation in Teaching. New York: Macmillan, 1971.

② 弗罗洛夫. 哲学辞典. 广州: 广东人民出版社, 1989: 104.

评价客体(evaluation object)，也称受评者或评价对象，即评价谁的问题. 教育是一个十分复杂的系统，教育评价的对象非常丰富，从宏观、中观到微观. 不仅可以涉及学生、教师等人的因素的评价，也可以涉及教育装备、教育条件、教育环境等物的因素的评价，还可以涉及诸如教育教学、教育科研、教师培训等事务活动的评价. 不仅可以评价教育结果，还可以评价各种教育要素(如教学内容、教学方法)和教育过程.

评价主体(evaluation subject)，也称评价者，即谁评价的问题. 评价主体是教育价值判断的组织者与实施者，评价主体和评价客体构成评价关系. 当然，评价客体有时也可以成为评价主体，教育评价的主体是多元的. 教育系统内部的评价主体，可以是各级教育行政部门，他们对办学具有宏观决策权；可以是教育督导机构，他们对教育管理具有行政监督权；可以是以校长为代表的学校领导，他们对学校教育具有微观管理权；可以是广大教职工，他们是教育教学活动的参与者；也可以是学生，他们是教学活动效果的体验者. 教育系统外部的评价主体主要是社会，包括相关部门、企业、社区和家庭等，它们是教育教学效果的受益者与最终检验者.

评价内容(evaluation content)，即评价什么的问题. 从某种意义上说，评价内容可以看作是评价目的的具体化，是达到评价目的的必要桥梁. 教育评价应该把那些反映评价目的的评价对象的本质属性作为评价内容，这样才具有信度和效度.

评价准则(evaluation criterion)，即依据什么评价的问题. 价值判断是教育评价的本质特征，评价准则是对评价对象价值的衡量尺度，因此，评价准则是教育评价的核心要素，是开展教育评价活动的先决条件和关键所在. 评价指标体系是评价准则的一般表现形态.

评价方法(evaluation method)，即如何评价的问题. 教育评价是一项实践性很强的操作性活动，评价活动的顺利开展很大程度上取决于评价方法和评价过程的科学性与有效性. 教育评价要选择与评价目的、评价内容相适应的评价方法与手段，规范有序地组织实施教育评价活动.

根据评价要素的差异，可以将教育评价分为不同的类型.

按照评价目的的不同，教育评价可以分为诊断性评价、形成性评价与终结性评价. 诊断性评价(diagnostic evaluation)是指在某项教育活动进行之前，为使其计划更有效地实施而进行的预测性、测定性评价，或对评价对象的现状和存在的问题作出鉴定. 诊断性评价的主要目的是了解评价对象的基础和情况，判断其是否具备进行某项活动的条件. 形成性评价(formative evaluation)是指在教育活动进行过程之中评价活动本身的效果，用以调节活动过程，保证教育目标的实现. 形成性评价的主要目的是了解工作过程中的情况，以便及时调整工作的状态. 终结性评价(summative evaluation)是指在某项教育活动结束时，对最终成果做出价值判断，也就是以预先设定的教育目标为基准，对评价对象达成目标的程度，即最终取得的成就或成绩进行评价，为各级决策人员提供参考依据. 终结性评价的主要目的是评定成绩，为教育成果作较全面的综合总结.

按照评价客体的不同，教育评价可以分为单项评价与综合评价. 单项评价(single-item evaluation)是对评价对象的某个侧面进行的评价. 综合评价(comprehensive evaluation)是对评价对象的整体进行的系统性评价. 单项评价是综合评价的基础与依据，综合评价是单项评价的汇总与整合. 在实际评价工作中，两者相辅相成、互为转化.

按照评价主体的不同，教育评价可以分为自我评价与他人评价. 自我评价(self evaluation)就是由评价者自己评价自己，他人评价(others evaluation)则是由受评者之外的他人进行评价. 自我评价可以大大减轻评价组织者的工作量，并能促使受评者主动寻找问题，从而有利于今后问题的解决. 他人评价的优点是要求严格, 评价结果的客观性较强. 对于规模较大的教育评价活动, 通常的做法是先进行自我评价, 在此基础上再组织适当规模的他人评价, 以求综合发挥两类评价的优势, 最大限度弥补各自的不足.

按照评价内容的不同, 教育评价可以分为条件评价、过程评价与成果评价. 条件评价(condition evaluation)是对方案可行性的评价, 也就是对达到目标所需条件的评价. 过程评价(process evaluation)是比较方案的执行过程和预定过程, 对方案实施情况进行的评价. 成果评价(outcome evaluation)就是测量、解释和判断教育的成就, 确证人们的需要被满足的程度.

按照评价准则中评价基准的不同, 教育评价可以分为相对评价、绝对评价与个体内差异评价. 相对评价(relative evaluation)是在评价对象的集合总体中选取一个或若干个对象作为基准, 然后将其余评价对象与之进行比较, 或者是用某种方法把所有评价对象排成先后顺序以分优劣. 相对评价主要用于选拔性和竞赛性活动. 绝对评价(absolute evaluation)是在评价对象集合之外, 预先确定一个客观基准, 将评价对象与之进行比较, 判断其达到基准的程度. 绝对评价主要用于合格性和达标性活动. 个体内差异评价(intra-individual difference evaluation)是把评价对象集合总体中的每个个体的过去和现在相比较(纵向比较), 或者一个个体的若干侧面相互比较(横向比较), 以了解评价对象的发展状况. 个体内差异评价不会对评价对象产生压力, 但同时它也是一种没有标准的比较, 因此个体评价一般要与其他评价结合起来使用.

按照评价方法的不同, 教育评价可以分为定量评价与定性评价. 定量评价(quantitative evaluation)是指采用数学的方法收集和处理数据资料, 对评价对象作出定量结论的评价. 定性评价(qualitative evaluation)是指不采用数学的方法, 而是根据评价者对评价对象平时的表现、现实的状态或文献资料的观察和分析, 直接对评价对象作出定性结论(包括评定等级、拟定评语等)的评价. 随着教育测量与评价理论的发展, 定量评价越来越得到广泛的应用, 但由于教育活动的复杂性和模糊性, 存在着许多难以量化的因素, 因此定性评价也是不可缺少的.

1.4.3 教育评价的信息收集

信息收集是教育评价中具有基础性意义的工作. 一般而言, 教育评价对信息有以下三方面要求.

其一, 信息的全面性. 全面的信息是作出科学的评价结论所必不可少的条件. 信息不全面, 以偏概全, 必然造成决策的失误. 当然, 教育是十分复杂的系统工程, 在有限的人力和物力的情况下, 要把各方面的信息收齐几乎是不可能的. 因而, 在尽可能全面收集信息的基础上, 还要特别注意有重点地收集信息.

其二, 信息的可靠性. 信息不可靠, 带有较大的误差, 就会误导评价者, 导致其评判失准, 甚至会完全丧失教育评价的意义. 信息的可靠性与信息的全面性成正比. 收集的信息越全面完整, 这些信息的可靠性一般也比较高. 信息的可靠性往往也与收集信息所投入的人力、物力有很大关系. 可靠的信息往往需要较多的时间收集, 要花较多的人力和物力去获取.

其三, 信息的有效性. 信息的有效性是判断信息价值的更深刻的指标. 有什么样的评价目的和评价内容, 就需要什么样的评价信息. 收集到的信息要能为获得评价结论服务, 成为支撑评价结论的不可或缺的重要事实依据. 强调信息的有效性, 还应注意在实施评价时具体情况具体分析, 灵活选用最适合的方法, 使教育评价达到最佳的效果.

如前所述, 评价者可以使用各种测量工具或测验测定被评价者某方面的品质或特性, 以此获得评价信息. 在测量或测验中, 由于被评价者愿意尽力表现其最高水平, 应试动机较强, 因此, 其结果往往比较客观可靠, 说服力强. 除了测量法或测验法外, 收集评价信息还可以使用调查法和文献法.

调查(survey study)法是收集评价信息的基本方法. 在教育评价中, 根据所获信息性质的不同, 调查可分为: 疑问性调查、证实性调查、评估性调查与经验性调查. 疑问性调查是对某一或某些问题还不清楚, 还不知其然, 为弄清情况而进行的调查. 证实性调查是对已知材料加以证实或证实不了加以否定的调查. 证实性调查可以及时纠正由主客观原因所造成的被调查者谎报、瞒报、漏报、误报等不当行为. 评估性调查是在了解事实的基础上, 调查人试图了解被调查者对某事物或客体的态度、情感或认知的调查. 与疑问性调查、证实性调查只了解事物的客观状态和事实不同, 评估性调查要了解的是被调查者对某事物或客体的主体感受与价值判断. 经验性调查是不针对特定的问题, 为发现某一单位在某一方面的经验或问题及其症结所在而进行的调查. 在一项教育改革措施出台并经过一个阶段实施后的评价中, 这类经验性调查运用相当广泛.

根据技术手段加以区分, 调查还可以分为以“问”为主的调查和以“看”为主的调查.

问卷与访谈是广泛运用的以“问”为主的调查. 问卷(questionnaire survey)是以书面调查表的形式向被调查者提出问题, 访谈(interview survey)则是调查者面对面地征求被调查者的意见. 两者比较, 问卷的优点是不受时间限制, 问题及人员覆盖面较宽, 便于统计处理, 可靠性较大. 访谈的优点则是可就某一问题作较为深入的调查研究.

访谈还有个别访谈、集体访谈等多种形式. 个别访谈包括非正式交谈型采访和正式专题型采访两种类型. 前者是调查者与被调查者自由交谈, 不做笔记, 保持非正式气氛, 当然调查人员要围绕目的控制谈话. 这种采访的好处是可能暴露正式交谈中不易出现的问题, 不足是费时且易受采访者的个人影响等. 后者恰好与前者相反. 因此可以把二者结合起来运用. 例如, 先用非正式交谈的方式搞个小规模预查, 然后在这个基础上进行正式专题采访.

集体访谈也包括两种类型, 即集会和座谈. 前者是召集有关人员广泛参加, 由调查人员向与会者提出问题. 后者是只邀请少部分人参加, 由与会者自己讨论某个题目, 而调查人员只是促进发言, 使会议集中在事先拟定的题目上. 集体采访有许多优点, 它比较经济, 一个人短期就可以采访许多人; 它有时能获得比个人采访更准确的信息, 因为在众人面前, 人们一般不愿意提供不准确的信息. 集体访谈也有一些缺点, 很多人不愿在公开场合对一些敏感的问题表明自己的观点, 而某些人常支配了讨论等.

观察法(observation method)属于以“看”作为主要手段的现场调查. 观察有自然条件下的观察与实验条件下的观察等多种类型. 在教育评价中, 运用比较多的是自然条件下的观察, 其中又以实地观察(如课堂观察)为最, 实验条件下的观察广泛地用于教育研究之中. 实地观察这种方法的优点是观察者亲临现场, 能真实准确地了解情况, 并能较及时地解决有关问题, 但缺点是要求观察者具有较丰富的专业知识和技能. 另外, 在被观察者有为应付观察而进行伪饰的行为时, 也极易造成观察结论的扭曲.

文献(literature research)法也是收集评价信息的重要方法. 文献法是依靠收集和分析记载

被评价对象情况的现成资料(文件、档案等)而获得所需信息的方法. 使用文献法收集评价信息有很多优点. 比如, 文献法不受时空限制, 评价者可全面了解情况, 随时查询和摘录, 并且费用不高, 避免了调查法可能出现的被调查者掩饰或改变行为等反应性问题, 文献也不会因评价者的主观偏见而改变. 当然, 现有的文献材料一般并不是为评价而准备的, 具有不完全性, 往往不能满足评价者的特定需要. 而且原始材料可能带有原记录者的个人偏见和虚假成分, 需要评价者认真地核实和甄别.

1.4.4　教育评价的发展趋势

教育评价活动伴随着教育活动而产生. 20 世纪 30 年代后, 教育评价成为教育学科群的一个重要分支. 经过近一个世纪的发展, 教育评价理论已历四代①, 它们分别以测量、描述、判断、建构为标志②. 在我国, 教育评价作为教育质量保障体系的核心备受关注和重视, 并在实践中得到广泛应用, 也进行了一些有益的探索. 概括起来, 当前我国的教育评价表现出如下发展趋势.

其一, 评价目的更重发展, 更显理性. 在发展早期, 教育评价多作为质量考核和优劣筛选的工具, 着重发挥其鉴定、选拔的功能. 现代教育评价则开始突出教育评价的发展性功能, 更加重视教育评价的改进、激励作用. 例如, 在学生评价中, 评价者所着重思考的不再是如何对学生加以鉴定, 而是如何对学生产生激励作用; 不再是注重学生是否达到了规定的要求, 而是更注重学生与自己以前的水平相比是否有成长和进步; 不再是只注意检查学生的知识技能掌握情况, 而是更关注学生的学习过程与学习方法, 以及学习过程中的情感、态度与价值观念的形成. 评价者更加强调评价只是一种发现问题的手段, 它的目的是要帮助学生分析现实状况及可能的发展路径, 指导学生改进学习计划与学习方式, 从而最终为学生的发展服务.

其二, 评价内容更涉广泛, 更求细致. 传统教育评价所涉范围比较狭窄, 局限于某几个领域或某几个方面. 随着教育实践的不断深化与发展, 现代教育评价范围拓展到整个教育领域, 教育活动从宏观、中观到微观皆可进行评价. 甚至可以说, 教育评价的范围将逐渐扩大到“一切教育和教育的一切”. 同时, 教育评价的内容也越来越丰富, 越来越细致, 特别是, 过去比较忽视的人文因素诸如科学态度、责任意识、团队精神等得到应有的尊重. 比如, 过去我国基础教育较少涉及课程评价, 当前随着课程改革的深入, 课程计划评价、课程标准评价与课程教材评价纷至沓来, 渐成气候. 再比如, 传统教师评价差不多是以“学生学业成绩”作为评价的全部内容, 现代教师评价的评价内容则更加广阔、更加全面. 教学成果评价、教学行为评价、教师素质评价成为三种基本评价类型, 它们综合使用, 相互补充, 相互检验.

其三, 评价过程更趋开放, 更呈多样性. 传统教育评价多是一个封闭的环路, 现代教育评价则将各种背景条件、外部因素全都纳入评价过程, 呈现为开放式网络. 具体表现在:

评价主体多元化. 传统教育评价往往是以管理者为主的单一评价主体, 被评价者只能被动、无条件地接受. 这种受行政控制、主体单一的评价方式既有违教育的民主化与人性化, 也不易克服评价者的主观性, 从而降低评价的实效性. 现代教育评价提倡教育评价主体的多元化, 力争把教育活动的参与者、教育活动的相关利益者、教育评价信息的使用者等都纳入教育评价的主体中来, 建立起学生、教师、家长、管理者、社区和专家等共同参与的评价制度, 以

---

① Guba E G, Lincoln Y S. Fourth Generation Evaluation. Newbury Park: Sage Publications, Inc, 1989: 148.

② 卢立涛. 测量、描述、判断与建构——四代教育评价理论述评. 教育测量与评价(理论版), 2009, (3): 4-7.

多渠道的反馈信息促进被评价者的发展. 特别是, 现代教育评价尤其强调自我评价. 通过评价对象的主动参与, 教育评价进化成被评价者自我反思、自我觉悟、自我教育、自我学习的过程, 同时也改善评价者与被评价者的对立关系, 营造出相互信任、相互倾听、彼此合作、民主协商的和谐氛围.

评价方法多元化. 传统教育评价主要考虑提高评价的客观性和标准化, 最大限度排除评价者的主观影响, 因此多采用定量评价, 甚至把它看作是唯一科学有效的方法. 现代教育评价更多注意到教育活动的复杂性与不确定性, 以及评价自身的整体性与动态性, 注重将定量评价与定性评价结合起来使用. 事实上, 定性分析和定量分析这两种方法各有所长, 都无法单独解释所有问题. 从评价者角度说, 定性评价提供应用框架, 定量评价走向深入细致. 从被评价者角度说, 定性评价更有利于改进工作①, 定量评价对综合评比更有价值. 也正是通过量化方法和质性方法的互为补充、互相支持, 现代教育评价才能够更加真实全面地反映评价对象的状况, 提供更为综合有效的评判. 例如, 对于教师课堂行为的观察量表, 可先作质的评价, 在获知数据同质性后, 又可通过等级赋值进行量化统计.

评价标准多元化. 传统教育评价较少注意到背景因素的多样性及其背后的价值差异, 忽视评价对象的主体价值, 加之公平性的考虑, 往往强调“一把尺子量到底”, 采用统一的评价标准甚至是唯一的评价指标来衡量优劣得失, 从而不可避免产生刻板呆滞、简单粗放等弊端, 甚至造成教育活动的畸形发展. 现代教育评价对教育的认识产生很大的变化, 更加宽容、理解和尊重个体差异与个性发展, 更加提倡、引导和契合创想创意和创造创新. 它通过引进分类评价体系, 使用多元化的评价标准, 构建灵活弹性的评价机制, 保护教育生态的多样性, 鼓励评价对象扬长避短、特色发展. 评价标准的多元化本质上也是现代社会多元化价值观和多元化利益诉求的反映.

---

① 相比定量评价, 定性评价对于改进教育工作的帮助往往更大. 举个例子说, 对某个教师进行教学评价, 如果最后只告诉他一个分数, 这个分数提供的信息对改进教学是很有限的. 但如果能够告诉他一些定性意见, 比如告诉他的讲课有三方面的问题, 显然, 这位教师就能针对这些问题采取措施, 不断改进自己的工作.

第 2 章　统 计 基 础

“统计学是关于收集和分析数据的科学和艺术”[①]. 总的来说, 统计学可以分为描述性统计(统计描述)和推断性统计(统计推断). 概率论是统计学方法的理论基础, 概率论与统计学的结合形成了数理统计. 本章简要回顾概率论与数理统计的一些重要概念和基础知识, 并对统计图和统计表这两个基本统计工具进行梳理.

2.1　随 机 变 量

2.1.1　概率与随机变量

概率(probability)是概率论最基本的概念, 概率论用它来表示随机事件发生可能性的大小[②].

数学上讲, 概率是事件集上的规范化测度. 具体而言, 概率空间(probability space)是一个三元组$(\Omega, \mathscr{F}, P)$. 其中, 第一项 Ω 是一个非空集合, 称为“样本空间”, 集合 Ω 的元素称为“样本点”, 常记作 ω; 第二项 $\mathscr{F}$ 是集合 Ω 上的 σ-代数, 也就是说, $\mathscr{F}$ 是集合 Ω 的幂集的一个非空子集, 而且满足: ① $\varnothing \in \mathscr{F}$; ② 若 $A \in \mathscr{F}$, 则 $\overline{A} \in \mathscr{F}$; ③ 若 $A_n \in \mathscr{F}, n = 1,2,\cdots$, 则 $\bigcup_{n=1}^{\infty} A_n \in \mathscr{F}$. 集合 $\mathscr{F}$ 称为事件域, 集合 $\mathscr{F}$ 的元素(它是样本空间 Ω 的子集)称为事件(random event), $(\Omega, \mathscr{F})$ 也称为可测空间; 第三项 P 是定义在集合 $\mathscr{F}$ 上的实值函数, 而且满足①非负性: 设 $A \in \mathscr{F}$, 则 $P(A) \geqslant 0$; ②规范性: $P(\Omega) = 1$; ③可列可加性: 设 $A_n \in \mathscr{F}$ 且 $A_i \cap A_j = \varnothing, n,i,j = 1,2,\cdots, i \neq j$, 则 $P\left(\bigcup_{n=1}^{\infty} A_n\right) = \sum_{n=1}^{\infty} P(A_n)$. P 称为概率或者概率测度(probability measure).

随机变量(random variable)是随机事件的数量化[③]. 数学形式上, 概率空间$(\Omega, \mathscr{F}, P)$上的随机变量 X 是定义在样本空间 Ω 上的实值可测函数. 也就是说, 对于任意实数 x, 集合$\{\omega \in \Omega: X(\omega) \leqslant x\}$是事件域 $\mathscr{F}$ 中的元素, 即事件. 事件$\{\omega \in \Omega: X(\omega) \leqslant x\}$常简记作$\{X \leqslant x\}$, 并称实数集上的函数 $F(x) = P\{X \leqslant x\}, -\infty < x < +\infty$ 为随机变量 X 的分布函数(probability distribution function).

随机向量(random vector)是定义在样本空间 Ω 上的向量值可测函数. 设 $X_1(\omega), X_2(\omega), \cdots, X_n(\omega)$是同一概率空间$(\Omega, \mathscr{F}, P)$上的 n 个随机变量, 则称 $X(\omega) = (X_1(\omega), X_2(\omega), \cdots, X_n(\omega))$为概率空间$(\Omega, \mathscr{F}, P)$上的 n 维随机向量. 事件$\{\omega \in \Omega: X_1(\omega) \leqslant x_1, X_2(\omega) \leqslant x_2, \cdots, X_n(\omega) \leqslant x_n\}$常简记作$\{X_1 \leqslant x_1, X_2 \leqslant x_2, \cdots, X_n \leqslant x_n\}$, 并称 n 维欧氏空间上的函数 $F(x_1, x_2, \cdots, x_n) = P(X_1 \leqslant x_1, X_2 \leqslant x_2, \cdots, X_n \leqslant x_n)$ $((x_1, x_2, \cdots, x_n) \in \mathbf{R}^n)$为 n 维随机向量 X 的(联合)分布函数(joint distribution

---

① 这是《不列颠百科全书》对统计学的定义.

② 概率的诠释通常有两种: 第一种诠释是客观的, 它将概率理解为多次独立重复试验随机事件发生的频率, 这被称为概率的频率论解释. 第二种诠释是主观的, 它将概率理解为在事件发生前, 对某一特定结果出现的可能性的一种猜测, 这被称为概率的贝叶斯(Thomas Bayes)解释. 统计学家经常争论两者孰是孰非.

③ 随机事件不论与数量是否直接有关, 都可以数量化. 例如, 试验结果的阳性或阴性是非数量标志, 但如果我们规定阳性为 1, 阴性为 0, 则也可以用数量来表示.

function)．由n个随机变量中任意$m(m<n)$个随机变量所组成的m维随机向量的分布函数，也称作是由这n个随机变量组成的n维随机向量的边缘分布函数(marginal distribution function)．显然，随机变量可以看作是一维随机向量.

随机变量(或随机向量)的取值可以是离散的，也可以充满某个区间(或区域)或整个实数轴(或空间)．前者称为离散型随机变量(discrete random variable)，后者称为连续型随机变量(continuous random variable)．描述离散型随机变量的概率分布常采用概率分布列或分布律(probability distribution law)，描述连续型随机变量的概率分布常采用概率密度函数(probability density function).

2.1.2 随机变量的独立性

2.1.2.1 随机事件的独立性

设A, B是两个随机事件，若$P(AB)=P(A)P(B)$，则称事件A与事件B相互独立(mutually independent).

容易得到:

(1) 设A是随机事件，若$P(A)=0$或1，则事件A与任何事件都相互独立.

(2) 若事件A与事件B相互独立，且$P(B)>0$，则$P(A|B)=P(A)$.

(3) 若事件A与事件B相互独立，则事件A与事件$\overline{B}$、事件$\overline{A}$与事件B、事件$\overline{A}$与事件$\overline{B}$也相互独立.

设$A_1, A_2, \cdots, A_n\ (n>2)$是$n$个随机事件．若对于其中任意$k$个事件$A_{i_1}, A_{i_2}, \cdots, A_{i_k}$，$1\leqslant i_1<i_2<\cdots<i_k\leqslant n$，都有$P(A_{i_1}A_{i_2}\cdots A_{i_k})=P(A_{i_1})P(A_{i_2})\cdots P(A_{i_k})$，则称事件$A_1, A_2, \cdots, A_n$相互独立.

多个事件相互独立比多个事件两两独立要强一些，前者成立后者一定成立，后者成立前者未必成立.

容易得到:

(1) 若事件$A_1, A_2, \cdots, A_n$相互独立，则事件$A_{i_1}, A_{i_2}, \cdots, A_{i_k}$ $(1\leqslant i_1<i_2<\cdots<i_k\leqslant n, k>1)$也相互独立.

(2) 若事件$A_1, A_2, \cdots, A_n$相互独立，则事件$B_1, B_2, \cdots, B_n$也相互独立，其中，B_i为A_i或$\overline{A_i}$，$i=1, 2, \cdots, n$.

(3) 若事件$A_1, A_2, \cdots, A_n$相互独立，则事件$B_1B_2\cdots B_{r_1}$, $B_{r_1+1}B_{r_1+2}\cdots B_{r_2}$, $\cdots$, $B_{r_{m-1}+1}B_{r_{m-1}+2}\cdots B_n$也相互独立，其中，$B_i$为$A_i$或$\overline{A_i}$，$i=1, 2, \cdots, n$.

2.1.2.2 随机变量的独立性

设$X_1, X_2, \cdots, X_n\,(n\geqslant 2)$是$n$个随机变量．若对于任意$n$个实数集$A_1, A_2, \cdots, A_n$都有$P(X_1\in A_1, X_2\in A_2, \cdots, X_n\in A_n)=P(X_1\in A_1)P(X_2\in A_2)\cdots P(X_n\in A_n)$，则称变量$X_1, X_2, \cdots, X_n$相互独立.

随机变量相互独立有下列等价条件:

(1) 设$X_1, X_2, \cdots, X_n$是n个随机变量，它们的联合分布函数是$F(x_1, x_2, \cdots, x_n)$，各自的边缘分布函数是$F_1(x)$, $F_2(x)$, $\cdots$, $F_n(x)$，则变量$X_1, X_2, \cdots, X_n$相互独立的充要条件是$F(x_1, x_2, \cdots, x_n)=F_1(x_1)F_2(x_2)\cdots F_n(x_n)$.

(2) 设$X_1, X_2, \cdots, X_n$是n个连续型随机变量，它们的联合概率密度函数是$f(x_1, x_2, \cdots, x_n)$，各自的边缘概率密度函数是$f_1(x), f_2(x), \cdots, f_n(x)$，则变量$X_1, X_2, \cdots, X_n$相互独立的充要条件是

$f(x_1, x_2, \cdots, x_n) = f_1(x_1)f_2(x_2)\cdots f_n(x_n)$几乎处处成立.

(3) 设$X_1, X_2, \cdots, X_n$是n个离散型随机变量, 则变量$X_1, X_2, \cdots, X_n$相互独立的充要条件是对于任意实数值 $x_1, x_2, \cdots, x_n$, 都有 $P\{X_1 = x_1, X_2 = x_2, \cdots, X_n = x_n\} = P\{X_1 = x_1\}P\{X_2 = x_2\}\cdot\cdots\cdot P\{X_n = x_n\}$.

(4) 设X, Y是两个随机变量, 则变量X, Y相互独立的充要条件是给定Y时X的条件分布与X的边缘分布相同.

可以得到:

(1) 常量(即退化分布或单点分布)与任何随机变量都相互独立.

(2) 若$X_1, X_2, \cdots, X_n$相互独立, 则$X_{i_1}, X_{i_2}, \cdots, X_{i_k}$ $(1\leqslant i_1 < i_2 < \cdots < i_k \leqslant n, k > 1)$也相互独立.

(3) 若$X_{11}, X_{12}, \cdots, X_{1m_1}$, $X_{21}, X_{22}, \cdots, X_{2m_2}$, $\cdots$, $X_{n1}, X_{n2}, \cdots, X_{nm_n}$ 相互独立, 则$g_1(X_{11}, X_{12}, \cdots, X_{1m_1})$, $g_2(X_{21}, X_{22}, \cdots, X_{2m_2})$, $\cdots$, $g_n(X_{n1}, X_{n2}, \cdots, X_{nm_n})$也相互独立. 其中, $g_1(\cdot), g_2(\cdot), \cdots, g_n(\cdot)$是$m_1, m_2, \cdots, m_n$个实变量的实值连续函数.

设X是m维随机向量, Y是n维随机向量, 若对于任意集合$A\subseteq\mathbf{R}^m$, $B\subseteq\mathbf{R}^n$, 都有$P\{X\in A, Y\in B\} = P\{X\in A\}P\{Y\in B\}$, 则称随机向量$X, Y$相互独立.

随机向量相互独立有下述等价条件: 设X是m维随机向量, Y是n维随机向量, 它们的联合分布函数是 $F(x_1, x_2, \cdots, x_m; y_1, y_2, \cdots, y_n)$, 各自的边缘分布函数是 $F_X(x_1, x_2, \cdots, x_m)$, $F_Y(y_1, y_2, \cdots, y_n)$, 则变量$X, Y$相互独立的充要条件是$F(x_1, x_2, \cdots, x_m; y_1, y_2, \cdots, y_n) = F_X(x_1, x_2, \cdots, x_m)F_Y(y_1, y_2, \cdots, y_n)$.

可以得到:

(1) 若$X_1, X_2, \cdots, X_m, Y_1, Y_2, \cdots, Y_n$相互独立, 则$(X_1, X_2, \cdots, X_m)$与$(Y_1, Y_2, \cdots, Y_n)$相互独立.

(2) 若$(X_1, X_2, \cdots, X_m)$与$(Y_1, Y_2, \cdots, Y_n)$相互独立, $X_1, X_2, \cdots, X_m$相互独立, $Y_1, Y_2, \cdots, Y_n$相互独立, 则$X_1, X_2, \cdots, X_m, Y_1, Y_2, \cdots, Y_n$相互独立.

2.1.3 随机变量的数字特征

2.1.3.1 数学期望

数学期望(mathematical expectation), 也称均值(mean), 它描述随机变量的平均取值.

设X是离散型随机变量, X的概率分布列是$P\{X = x_i\} = p_i, i = 1, 2, \cdots$. 若级数$\sum_{i=1}^{+\infty}|x_i|p_i$收敛, 则称随机变量$X$存在数学期望$E(X)$, 且$E(X) = \sum_{i=1}^{\infty}x_i p_i$.

设X是连续型随机变量, X的概率密度函数是$f(x)$. 若级数$\int_{-\infty}^{+\infty}|x|f(x)\mathrm{d}x$收敛, 则称随机变量$X$存在数学期望$E(X)$, 且$E(X) = \int_{-\infty}^{+\infty}xf(x)\mathrm{d}x$.

数学期望具有如下性质:

(1) $E(c) = c$, 其中, c是常数即退化分布或单点分布.

(2) $E(aX + b) = aE(X) + b$, 其中, a, b是常数, X是随机变量.

(3) $E(aX + bY) = aE(X) + bE(Y)$, 其中, a, b是常数, X, Y是随机变量.

(4) 若X, Y相互独立, 则$E(XY) = E(X)E(Y)$.

2.1.3.2　方差

方差(variance)描述随机变量的取值相对均值的离散程度.

设 X 是随机变量，若 $E((X-EX)^2)$存在，则称 $\mathrm{Var}(X)=E((X-EX)^2)$为 X 的方差. 这里, EX 是 $E(X)$的简写. $\sqrt{\mathrm{Var}(X)}$ 称为 X 的均方差(root mean square)或标准差(standard deviation).

方差具有如下性质:

(1) $\mathrm{Var}(X)=E(X^2)-(EX)^2$.

(2) $\mathrm{Var}(X)=0$ 当且仅当 X 是常数，即退化分布或单点分布.

(3) $\mathrm{Var}(aX+b)=a^2\mathrm{Var}(X)$，其中, a, b 是常数, X 是随机变量.

(4) 若 X, Y 相互独立，则 $\mathrm{Var}(X+Y)=\mathrm{Var}(X)+\mathrm{Var}(Y)$.

(5) $\mathrm{Var}(X)\geqslant 0$.

(6) $\mathrm{Var}(X)\leqslant E((X-c)^2)$，其中, c 是常数.

(7) (Chebyshev 不等式) $P\left\{|X-EX|\geqslant k\sqrt{\mathrm{Var}(X)}\right\}\leqslant\dfrac{1}{k^2}$，其中, k 是正常数.

2.1.3.3　协方差

协方差(covariance)描述两个随机变量之间的线性联系程度.

设 X, Y 是两个随机变量，若 $E((X-EX)(Y-EY))$存在，则称 $\mathrm{Cov}(X,Y)=E((X-EX)(Y-EY))$ 为 X 和 Y 的协方差. 这里, EX 是 $E(X)$的简写, EY 是 $E(Y)$的简写.

显然，当 $\mathrm{Cov}(X,Y)>0$ 时, X, Y 有相同的变化趋势；当 $\mathrm{Cov}(X,Y)<0$ 时, X, Y 有相反的变化趋势.

协方差具有如下性质:

(1) $\mathrm{Cov}(X,Y)=E(XY)-E(X)E(Y)$.

(2) $\mathrm{Cov}(X,Y)=\mathrm{Cov}(Y,X)$.

(3) $\mathrm{Cov}(X,c)=0$，其中, c 是常数即退化分布或单点分布.

(4) $\mathrm{Cov}(aX+b, cY+d)=ac\mathrm{Cov}(X,Y)$，其中, a, b, c, d 是常数, X, Y 是随机变量.

(5) $\mathrm{Cov}(aX_1+bX_2, cY_1+dY_2)=ac\mathrm{Cov}(X_1,Y_1)+ad\mathrm{Cov}(X_1,Y_2)+bc\mathrm{Cov}(X_2,Y_1)+bd\mathrm{Cov}(X_2,Y_2)$. 其中, a, b, c, d 是常数, X_1, X_2, Y_1, Y_2 是随机变量.

(6) 若 X, Y 相互独立，则 $\mathrm{Cov}(X,Y)=0$.

方差可看作是协方差的特殊情形:

(1) $\mathrm{Var}(X)=\mathrm{Cov}(X,X)$.

(2) $\mathrm{Var}(aX_1+bX_2)=\mathrm{Cov}(aX_1+bX_2, aX_1+bX_2)=a^2\mathrm{Cov}(X_1,X_1)+2ab\mathrm{Cov}(X_1,X_2)+b^2\mathrm{Cov}(X_2,X_2)$. 特别地，当 X, Y 相互独立时, $\mathrm{Var}(aX_1+bX_2)=a^2\mathrm{Var}(X_1)+b^2\mathrm{Var}(X_2)$.

(3) $|\mathrm{Cov}(X,Y)|\leqslant\sqrt{\mathrm{Var}(X)}\sqrt{\mathrm{Var}(Y)}$，等号成立当且仅当 X 与 Y 之间呈线性关系，即存在常数 $a\neq 0, b$ 使得 $P(Y=aX+b)=1$. 而且, $\mathrm{Cov}(X,Y)$与 a 的符号相同.

2.1.3.4　相关系数

相关系数(correlation coefficient)描述两个随机变量之间的线性相关程度. 与协方差相比，相关系数是一个无量纲的量.

设 X, Y 是两个随机变量，若 $\mathrm{Cov}(X,Y)$存在，$\mathrm{Var}(X)>0$，$\mathrm{Var}(Y)>0$，则称 $\rho(X,Y)=\dfrac{\mathrm{Cov}(X,Y)}{\sqrt{\mathrm{Var}(X)}\sqrt{\mathrm{Var}(Y)}}$ 为 X 和 Y 的相关系数. 当 $\rho(X,Y)=0$ 时，也称 X 和 Y 不相关.

显然，当 $\rho(X, Y)>0$ 时，X, Y 有相同的变化趋势；当 $\rho(X, Y)<0$ 时，X, Y 有相反的变化趋势.

相关系数具有如下性质:

(1) $\rho(X, Y)=\rho(Y, X)$.

(2) $\rho(X, c)=0$，其中，c 是常数，即退化分布或单点分布.

(3) $\rho(aX+b, cY+d)=\rho(X, Y)$，其中，$a, b, c, d$ 是常数，X, Y 是随机变量.

(4) 若 X, Y 相互独立，则 $\rho(X, Y)=0$.

(5) $|\rho(X, Y)|\leqslant 1$. 而且，$|\rho(X, Y)|=1$ 当且仅当 X 与 Y 之间有线性关系，即存在常数 $a\neq 0, b$ 使得 $P\{Y=aX+b\}=1$. 具言之，当 $a>0$ 时，$\rho(X, Y)=1$；当 $a<0$ 时，$\rho(X, Y)=-1$.

2.2　总体、样本与统计量

总体、样本、统计量是统计学中最重要的三个随机变量.

总体或母体(population)就是研究对象的全体，组成总体的每个最小单位则是个体. 限于总体的个体数量庞大以及试验可能带来的破坏性，加之成本等方面的考虑，很多时候我们只可能从总体中选取部分个体加以考查，根据这些个体的状况在一定可靠度上推断总体的状况. 这种从总体中抽取部分个体的方法，通常称之为抽样或取样(sampling). 抽样抽取的这部分用来代表总体的个体，称为样本或子样(sample). 统计学仅关注数量指标(characteristic)，因此总体、个体和样本实质上指的都是数据.

要从样本的观察或试验结果出发对总体进行估计与推断，一方面自然要研究如何从总体中抽取样本，使得样本能尽可能好地反映总体的特性；同时也必须建立一套方法，使得依据样本对总体作出的推断比较有效.

为达到这样的目的，一般总是采用随机抽样的方法. 所谓随机抽样(random sampling)，具体要求包括两方面：一是独立性，即诸次抽样之间相互没有影响；二是代表性，即每次抽样每个个体有同样的机会①. 随机抽样的方法很多，最基本的有五种：简单随机抽样(包括放回和不放回两类)、分层抽样、整群抽样、多级抽样、系统抽样. 简单随机抽样在理论上最易于处理，是所有抽样方法的基础. 抽样的随机性，一方面通过无差别对待个体，保证所抽得的样本不因掺杂人为因素而损害它的代表性；另一方面也有利于借助概率论进行数学处理，从而估计抽样结果产生的误差.

抽样样本所含个体数，也称为样本容量(sample size). 统计学上常称容量大于 30 的样本为大样本，小于或等于 30 的样本为小样本. 很多情况下，大样本和小样本所用的统计方法不太相同②. 应该说明，尽管增大样本容量可适当提高统计推断的可靠性，但并不能保证这样的益处是显著值得的. 采用有效的方法，较小容量的样本有时也能得到较好的推断结果.

统计学中往往要对多个总体进行比较. 比较时，诸总体的抽样方式可能是独立的，也可能存在对应关系. 得到的样本，前者称为独立样本(independent sample)，后者称为相关样本(correlative sample). 相关样本的获得通常有两种方式：①同一被试先后接受多种不同处理，从而得到多个具有对应关系的样本数据，再将它们分属于不同处理的总体；②诸被试先进行同质

---

① 严格说来，这里的随机抽样指的是放回简单随机抽样(simple random sampling with replacement, SRSWR). 随机抽样也称概率抽样，它是一种从总体中按一定概率(可能相等也可能不相等)取样的方法. 相比非概率抽样，概率抽样更为科学，应用也更为广泛.

② 小样本问题需要求统计量的精确分布，大样本问题需要求统计量的极限分布，前者通常比后者要困难得多.

配对(相对于研究所关注的特征)，配对组内被试再分别接受不同处理，最后将得到的相关样本数据分属于不同处理的总体. 用配对方式得到的相关样本也称为配对样本(paired sample).

抽样的随机性可以帮助我们进一步从本质上理解总体与样本的概念.

总体，即研究对象的数量指标，它的取值客观上满足一定的分布. 从总体抽取个体，即进行一次随机试验，而试验结果则可视为随机变量X. 显然随机变量X的分布即总体的分布. 正是基于这样的考虑，数理统计学不区分总体和相应随机变量. 也就是说，我们对总体的研究也就是对相应随机变量的研究. 由此观察，抽样即在相同条件下对总体进行n次独立重复试验，试验结果$X_1, X_2, X_3, \cdots, X_n$是具有与总体$X$相同分布的相互独立的随机变量①.

一般地，我们有如下形式化定义.

设X是随机变量，若$X_1, X_2, X_3, \cdots, X_n$是与$X$具有同分布的相互独立的随机变量，则称$n$维随机向量$(X_1, X_2, X_3, \cdots, X_n)$为来自总体$X$的简单随机样本，简称样本，$n$为样本容量. 样本$(X_1, X_2, X_3, \cdots, X_n)$的一组确定取值$(x_1, x_2, x_3, \cdots, x_n)$称为样本观测值，也称为样本值(sample value).

引入上述定义后，总体作为随机变量也就有了期望(或均值)、方差、协方差、相关系数等数字特征. 于是，统计的基本问题就可以表述为根据来自总体X的样本$(X_1, X_2, X_3, \cdots, X_n)$对总体$X$的分布、参数及数字特征进行推断.

样本是进行统计推断的依据. 应用时往往不好直接使用样本本身，而是要进行数学上的浓缩加工，针对不同问题构造样本的适当函数，利用这些样本函数进行统计推断. 统计学上，不含未知参数的任意样本函数称为统计量(statistic)②，样本观测值处统计量的值称作统计值. 统计量的分布称为抽样分布(sampling distribution).

常用的样本统计量有 样本均值、样本方差、样本矩、样本相关系数等.

样本均值描述样本取值的整体水平. 设$X_1, X_2, X_3, \cdots, X_n$是容量为$n$的样本，统计量$\bar{X}=\frac{1}{n}\sum_{i=1}^{n}X_i$称为样本均值. 样本均值常用于估计总体均值或期望.

样本方差描述样本取值的离散程度. 设$X_1, X_2, X_3, \cdots, X_n$是容量为$n$的样本，统计量$S^2=\frac{1}{n}\sum_{i=1}^{n}(X_i-\bar{X})^2$(其中，$\bar{X}$是样本均值)称为样本方差③. 样本方差常用于估计总体方差.

样本矩是样本均值和样本方差的推广. 设$X_1, X_2, X_3, \cdots, X_n$是容量为$n$的样本，$k$是正整数，统计量$A_k=\frac{1}{n}\sum_{i=1}^{n}X_i^k$称为样本的$k$阶原点矩($k$-th moment about origin)，$M_k=\frac{1}{n}\sum_{i=1}^{n}(X_i-\bar{X})^k$(其中，$\bar{X}$是样本均值)称为样本的$k$阶中心矩($k$-th moment about center). 显然，样本均值是1阶原点矩，样本方差是二阶中心矩. 样本均值常用于估计总体相应矩.

样本相关系数描述二维样本分量取值的相关性. 所谓相关性，一般来说有两种意义. 第一种意义指的是线性相关性. 也就是说，相关关系刻画的是两个分量取值有多大程度上是线性关系. 第二种意义指的是更广泛意义的相关性. 也就是说，当一个分量取值增大时另一分量取值是否有以及多大程度上有增大或减小的趋势. 这也是通常意义下的相关性. 显然，线

---

① 对于无放回随机抽样，$X_1, X_2, X_3, \cdots, X_n$理论上并不是独立同分布. 但在实际应用中，如果样本容量相对母体所占比例很小(10%内)，则仍可近似看作独立同分布.

② 统计学还有一种重要的样本函数称为枢轴量(pivot quantity)，它可含有未知参数但分布与未知参数无关.

③ 通常会用$\frac{1}{n-1}$替代式中的$\frac{1}{n}$，这样得到的样本方差是总体方差的无偏估计.

性相关性蕴含通常意义下的相关性，反之则未必. 相关系数一般总是设定在–1到1之间. 其中，符号差异反映两个分量取值的增减方向是相同的还是不同的，绝对值大小反映两个分量取值相关性的强弱或稳定程度. 相关系数为 1 时称两个分量完全正相关，相关系数为–1 时称两个分量完全负相关，相关系数为0时则称两个分量不相关. 样本相关系数种类很多，3.6节将会作更详尽介绍. 样本相关系数常用于估计总体相关系数①.

总体与样本的概念，尽管直觉上容易理解，但应用起来未必简单，有时总体与样本是抽象的. 例如，假设我们要研究某种教学方法的教学效果，如果只考虑对学生学习成绩的影响，我们所关注的总体就应不仅包括采用该方法过去学生获得的成绩，还要包括采用该方法将来学生获得的成绩，显然它们构成一个无限总体. 再例如，数学教育需要测试学生的学业成绩，而教育测量常将某位学生理论上的真实成绩也视为总体(满足一定的误差分布)，他的某几次考试成绩则视为对总体抽样后得到的样本. 上述问题还可以这样理解：该学生参加考试获得什么样的成绩，其实是一个随机事件，于是相应随机变量的分布可视为总体. 而他的每次考试相当于进行独立重复试验，从而相应考试成绩又可视为样本.

2.3　常用统计图

2.3.1　箱线图

箱线图(box plot)，也称箱须图(box-whisker plot)，通过直观显示中位数、上下四分位数②、上下限及异常值来简洁表示一组数据分布的主要特征. 这里，异常值是指距上下四分位数 1.5 倍四分位距之外的数据，而除异常值外所有数据的最大最小值则确定为上下限.

图 2-1 标示了箱线图中主要线与点表示的意义. 图 2-2 标示了正态分布的箱线图代表的意义. 图 2-3 是箱线图的一个实例.

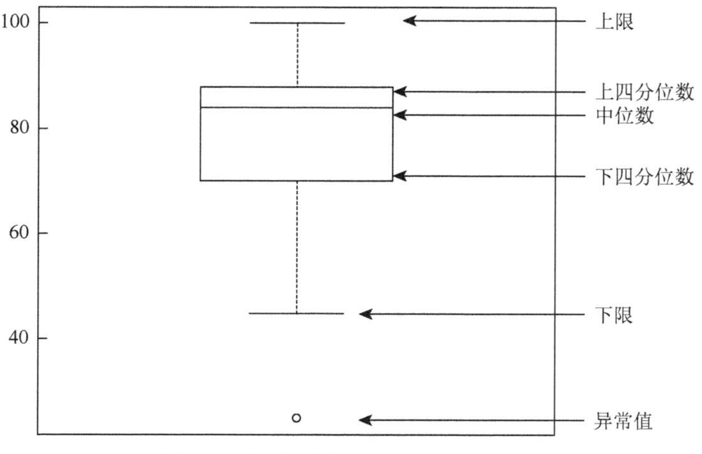

图 2-1　箱线图中主要线与点的意义

① 应特别指出，高相关系数只是说明两个变量数值上存在的倾向或趋势，并不能揭示两者之间存在本质联系或因果关系. 后者的确认，必须根据有关专业知识作进一步的分析和研究.

② 分位数(quantile)也称分位点，是样本数据按从小到大排列后几等分的数值点. 四分位数是四分点，一共有三个，分别记为 Q_1，Q_2 和 Q_3，它们其实也就是第 25 百分位数、第 50 百分位数、第 75 百分位数. 第一四分位数与第三四分位数之间的差距 $Q_3–Q_1$ 称为四分位距，记为 IQR.

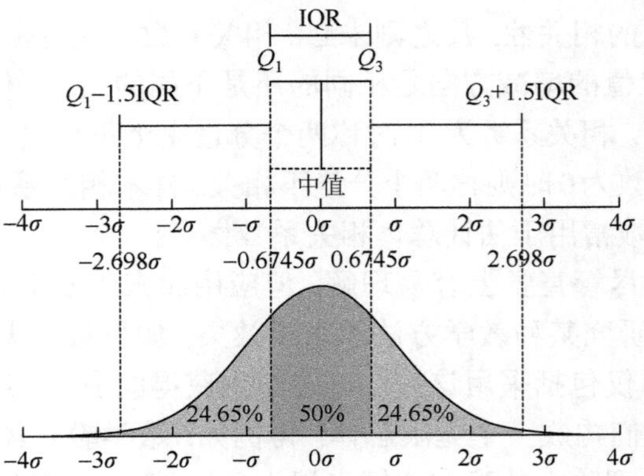

图 2-2　正态分布的箱线图及其意义

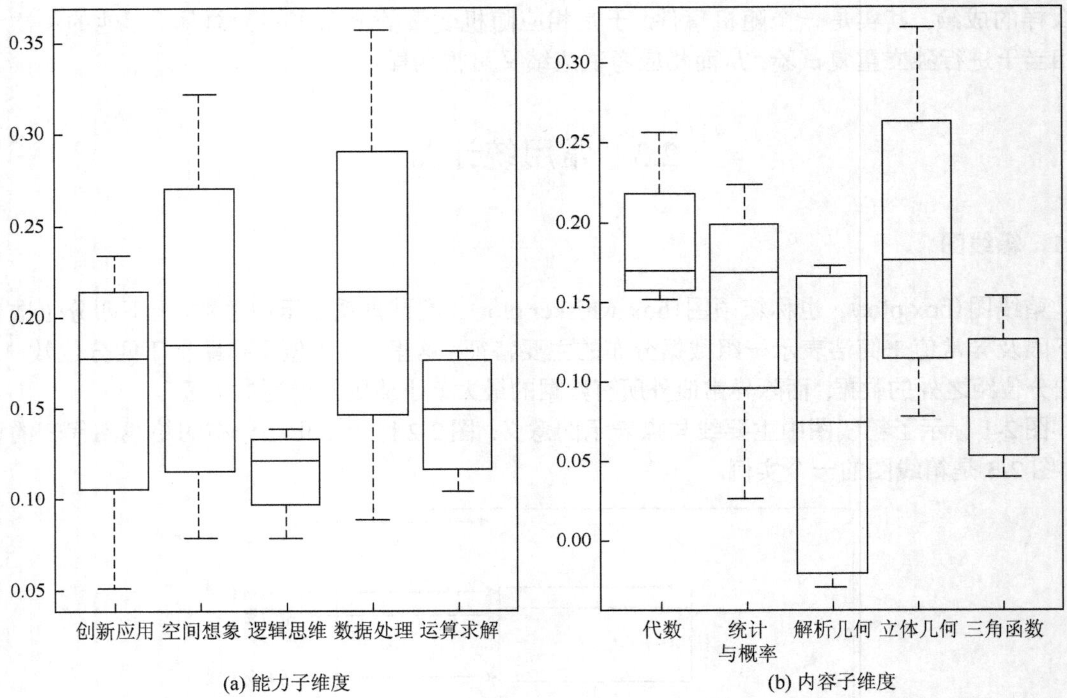

图 2-3　箱线图实例：某省 2010～2013 年数学高考文理科分项得分率差异箱线图①

2.3.2　茎叶图

茎叶图(stem-and-leaf display)，也称枝叶图，它是将数据按高位数值(一位或多位)进行分组整理而成的. 高位数值逐行罗列组成茎；低位数值枚举于高位数值后组成叶. 茎叶图可以清楚地看到各数据段的频次或频率. 图 2-4 是茎叶图的一个实例.

2.3.3　条形图

条形图(bar chart)，也称柱形图(column chart)，它用同宽度的条形或柱形的高度或长度来表示数据的数值. 图 2-5 是条形图的几个实例.

① 任子朝，符华均，黄正正，等. 高中文理科学生数学水平比较研究. 课程·教材·教法，2015，(6)：62-67.

```
0|9 = 900 feet                                   0 | 98766562
                                                 1 | 97719630
                                                 2 | 699877665444222110 09850
                                                 3 | 876655412099551426
                                                 4 | 999884433192943336 1107
                                                 5 | 976666665544222100 97731
                                                 6 | 898665441077761065
                                                 7 | 988554311006521080 73
                                                 8 | 653322122937
                                                 9 | 377655421000493
                                                10 | 0984433165212
Stem-and-leaf displays:                         11 | 4963201631
heights of 218 volcanoes, unit 100 feet.        12 | 45421164
                                                13 | 47830
                                                14 | 00
                                                15 | 676
                                                16 | 52
                                                17 | 92
                                                18 | 5
19|3 = 19 300 feet                              19 | 39730
```

图 2-4　茎叶图实例: 218 座火山的高度[①]

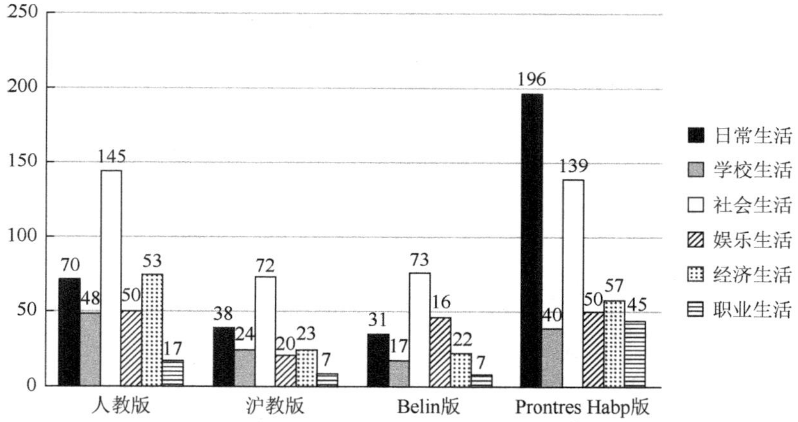

(a) 四版本高中数学教材涉及现实生活内容数量比较[②]

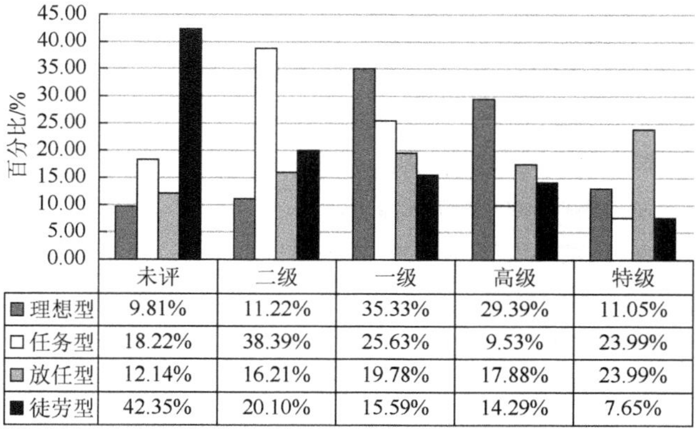

	未评	二级	一级	高级	特级
■ 理想型	9.81%	11.22%	35.33%	29.39%	11.05%
□ 任务型	18.22%	38.39%	25.63%	9.53%	23.99%
■ 放任型	12.14%	16.21%	19.78%	17.88%	23.99%
■ 徒劳型	42.35%	20.10%	15.59%	14.29%	7.65%

(b) 湖北省咸宁市八所中学不同职称教师的关怀行为比较[③]

① Tufte E R. The Visual Display of Quantitative Information. Cheshire, Connecticut: Graphics Press, 2001: 140.

② 王建磐, 汪晓勤, 洪燕君. 中、法、美高中数学教科书中的数学文化比较研究. 教育发展研究, 2015, (20): 28-32.

③ 雷浩. 中学教师关怀行为的发展特征及其干预策略研究. 中国教育学刊, 2015, (4): 70-74.

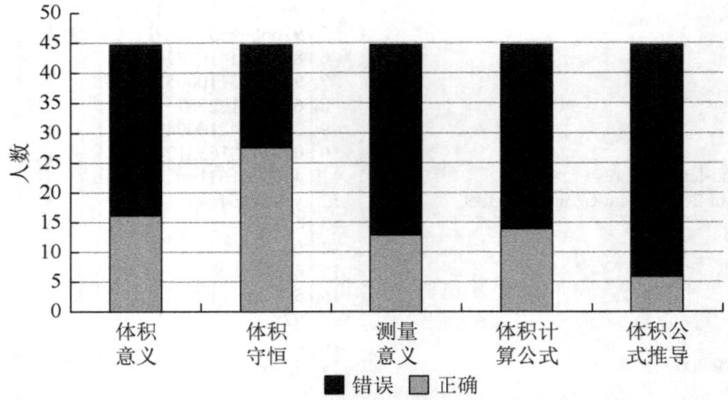

(c) 五年级学生“长方体的体积”单元知识基础调查结果统计图①

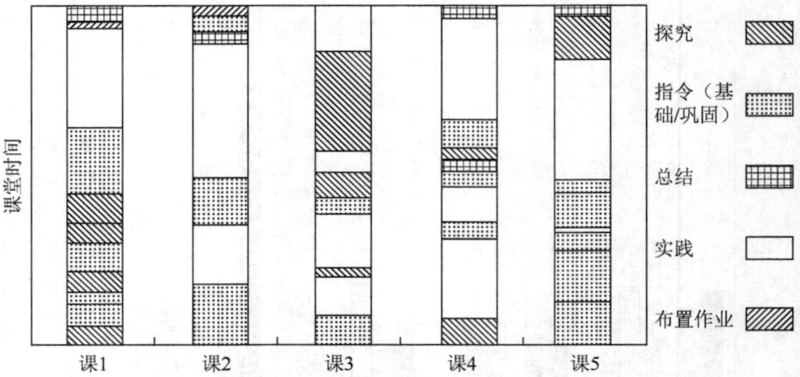

(d) 上海5节数学课教师教学方法时间分配比较②

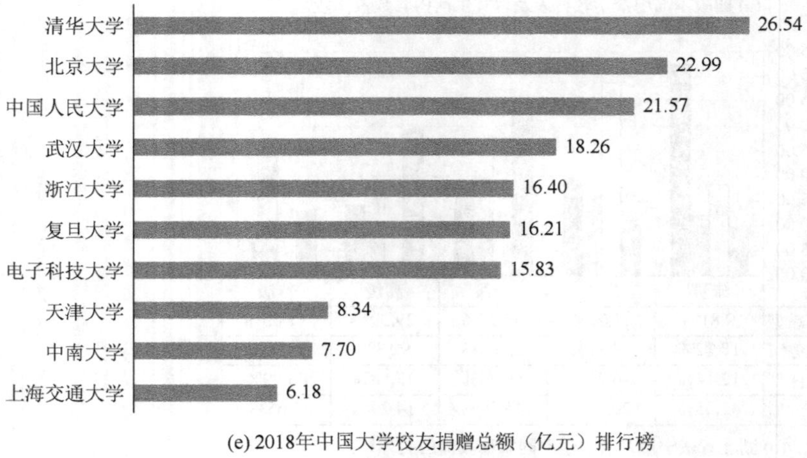

(e) 2018年中国大学校友捐赠总额（亿元）排行榜

数据来源：艾瑞深中国校友会

① 刘艳平, 熊梅. 小学个性化教学课程开发实践探索——以五年级“长方体的体积”单元为例. 中国教育学刊, 2015, (3): 65-70.

② 范良火. 华人如何学习数学. 南京: 江苏教育出版社, 2005: 316.

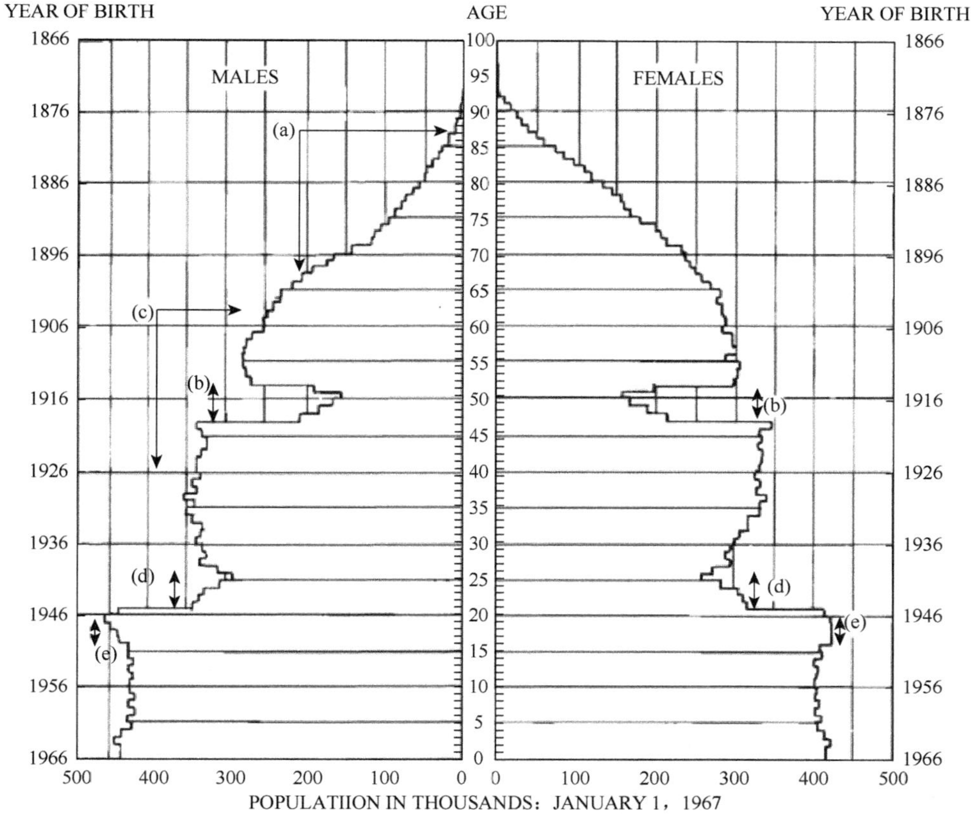

(a) Military losses in World War Ⅰ
(b) Daficit of births during World War Ⅰ
(c) Military losses in World War Ⅱ
(d) Daficit of births during World War Ⅱ
(e) Rise of births due to demobilization after World War Ⅱ

(f) 1967 年法国人口性别及年龄分布图①

图 2-5 条形图实例

如果用条形表示一类数据出现的频数，这样得到的统计图称为频数分布图(frequency distribution graph). 严格说来，只有定性数据的频数分布图才称作条形图，而定量数据的频数分布图则使用直方图.

所谓直方图(histogram)，是指按照一定数量间距(也称为组距)对数据进行分组，以横轴表示数据组别，纵轴表示数据频数密度而得到的条形图. 两类频数分布图的主要区别在于：条形图用条形的高度或长度表示频数，直方图用条形的面积表示频数(由于直方图多选择等距分组，从而直方图条形的高度或长度也常可用来指代频数)；条形图中条形宽度无实质意义，直方图中条形宽度表示各组组距；条形图中诸条形为求醒目一般应分开排列，直方图则只能按大小顺序连续排列；条形图的数据分组一般比较明确，直方图的数据分组需要合理选择. 不同的数据分组，往往直接影响直方图的表达效果. 图 2-6 是直方图的一个实例.

① Tufte E R. The Visual Display of Quantitative Information. Cheshire, Connecticut: Graphics Press, 2001: 113.

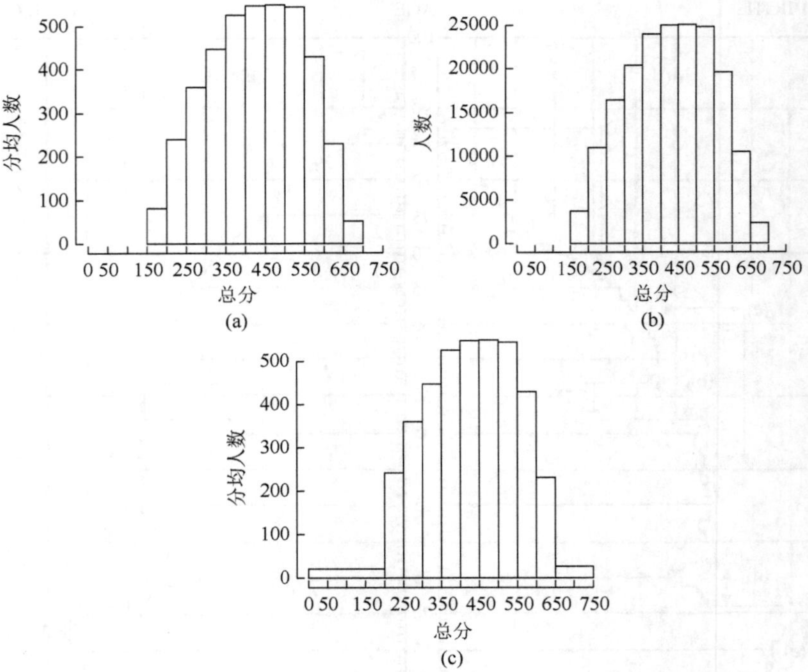

图 2-6　直方图实例：湖北省 2018 年高考成绩分布直方图

数据来源：湖北省 2018 年高考成绩总分一分一段表(理工)

茎叶图实质上也可以看作直方图，只不过它还保留原始资料的信息.

2.3.4　扇形图

扇形图(sector diagram)，也称环形图(ring diagram)或饼形图(pie chart)，它用圆面积表示总体数据，圆内扇形面积表示部分数据. 扇形图也可看作百分比图，两者本质上是一致的. 扇形图的最大优势在于可以清楚表达整体与部分之间的数量比例关系(图 2-7 和图 2-8).

图 2-7 和图 2-8 是扇形图的几个实例.

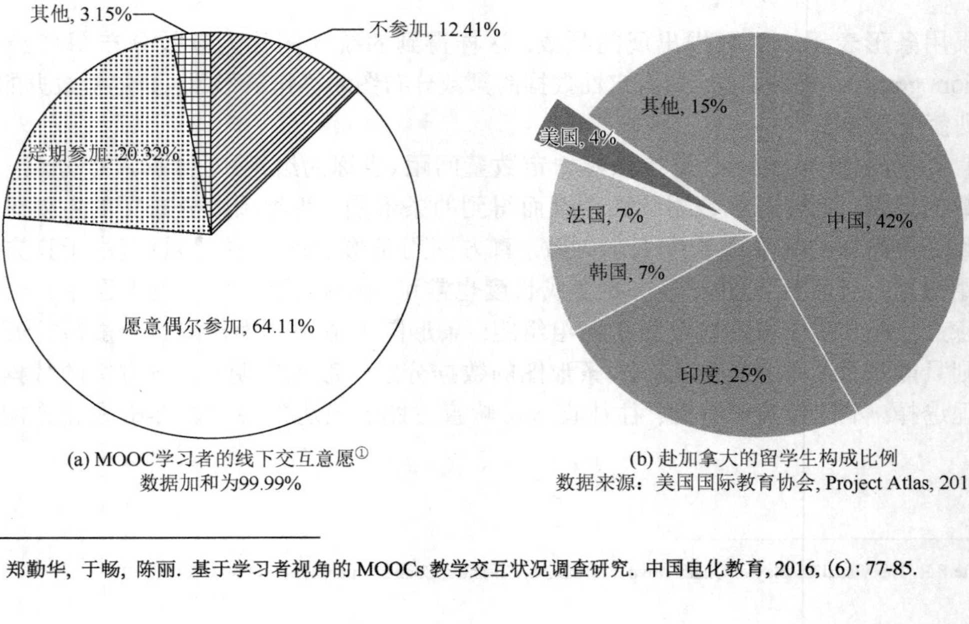

(a) MOOC学习者的线下交互意愿[①]
数据加和为99.99%

(b) 赴加拿大的留学生构成比例
数据来源：美国国际教育协会, Project Atlas, 2017

① 郑勤华，于畅，陈丽. 基于学习者视角的 MOOCs 教学交互状况调查研究. 中国电化教育, 2016, (6): 77-85.

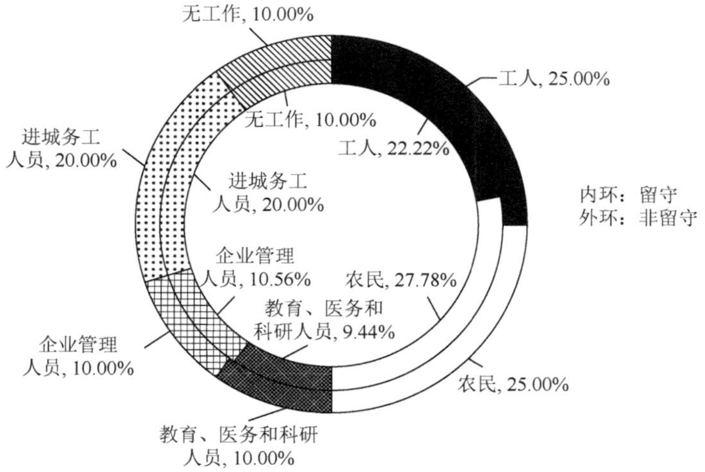

(c) 株洲市小学留守儿童与非留守儿童父亲职业分布比较①

图 2-7 扇形图实例

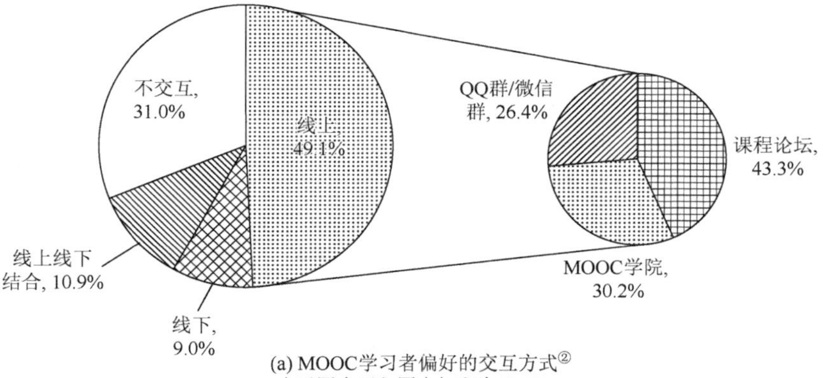

(a) MOOC学习者偏好的交互方式②
由于四舍五入图中加和为99.99%

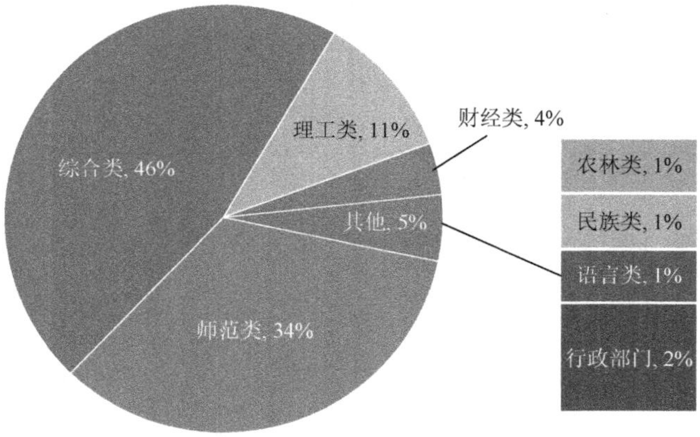

(b) 2006～2015年教育部优秀成果奖(马克思理论学科)获奖高校(单位)类型③

图 2-8 扇形图的组合使用

① 胡咏梅, 梁安安. 不同类型数据可视化方法在教育研究中的应用. 教育测量与评价, 2016, (8): 10-23.

② 郑勤华, 于畅, 陈丽. 基于学习者视角的MOOCs教学交互状况调查研究. 中国电化教育, 2016, (6): 77-85.

③ 王军. 马克思主义理论学科近十年发展的研究报告——基于教育部第四至七届优秀成果奖的统计分析. 中国高等教育, 2016, (12): 16-20.

2.3.5 散点图

散点图(scatter plot)用坐标系下点的坐标值来表示数据值. 散点图能直观反映两个变量之间的变化关系或相关性, 根据它还可以选择合适的函数曲线对数据点进行拟合.

如需要考查多个变量时, 可绘制散点图矩阵. 两个变量如果有一个是定性数据, 这样得到的散点图一般称为点图(dot plot). 图 2-9 和图 2-10 是散点图的几个实例, 图 2-11 和图 2-12 是点图的几个实例.

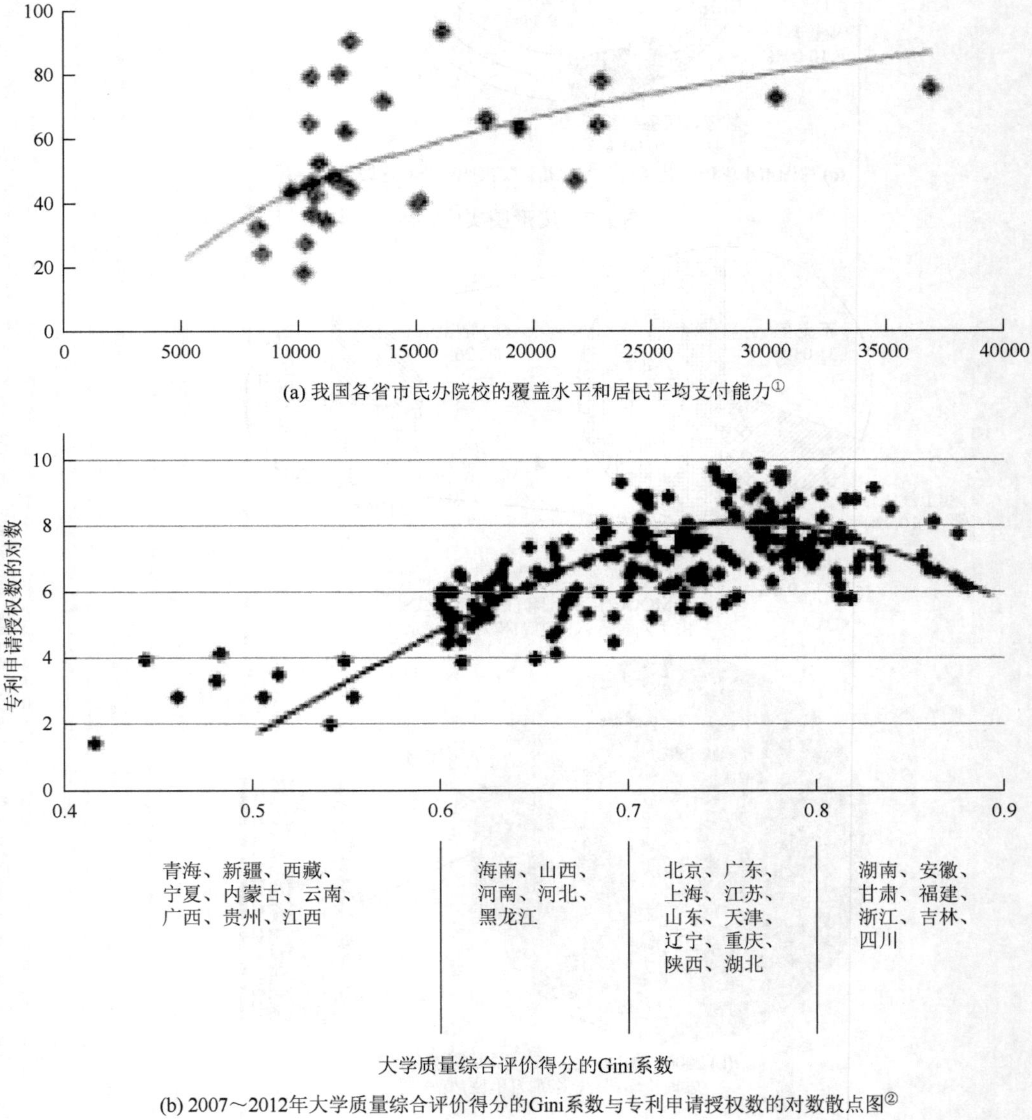

(a) 我国各省市民办院校的覆盖水平和居民平均支付能力①

(b) 2007～2012年大学质量综合评价得分的Gini系数与专利申请授权数的对数散点图②

图 2-9　散点图实例

① 王旭辉. 我国民办高等教育的需求特征及需求制约因素分析——基于浙江省考生选择的实证研究. 教育发展研究, 2015, (13): 43-49.

② 赖德胜, 王琦, 石丹淅. 高等教育质量差异与区域创新. 教育研究, 2015, (2): 41-50.

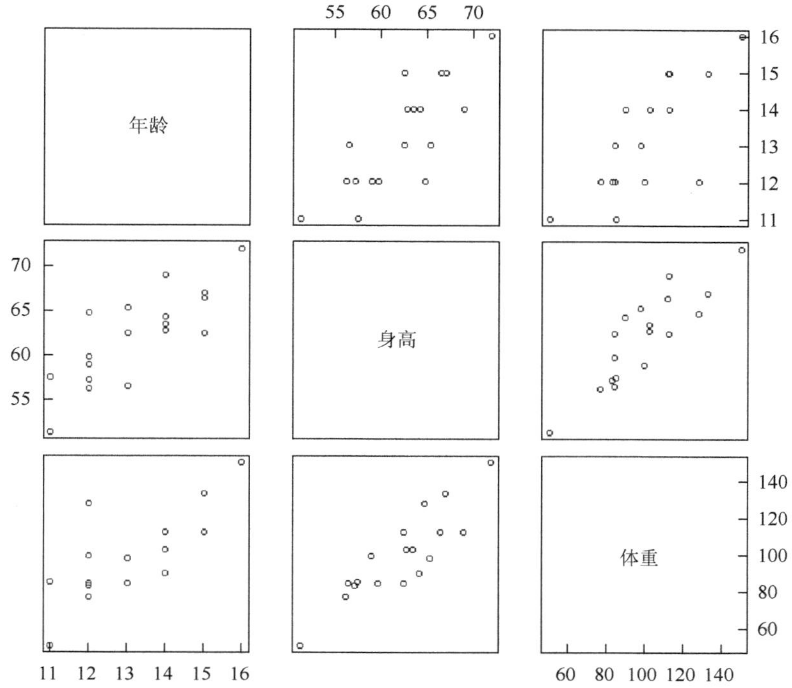

(a) 18名学生年龄、身高、体重散点图①

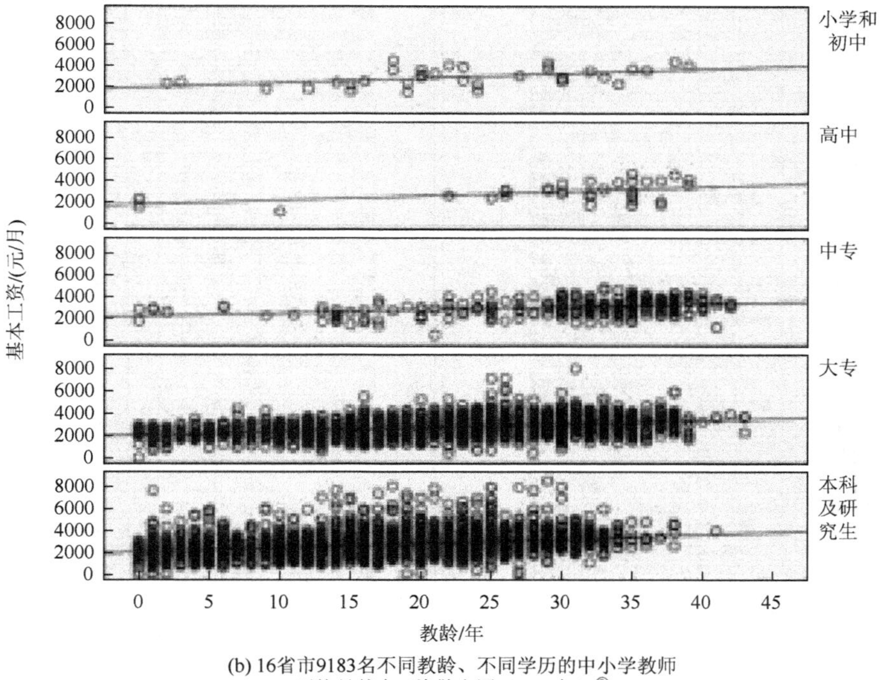

(b) 16省市9183名不同教龄、不同学历的中小学教师平均月基本工资散点图（2013年）②

图 2-10　散点图矩阵实例

① 薛毅, 陈立萍. 统计建模与 R 软件(上册). 北京: 清华大学出版社, 2007: 155.

② 安雪慧. 从资历到能力与业绩: 义务教育学校教师工资等级和结构决定因素. 教育研究, 2015, (12): 25-35.

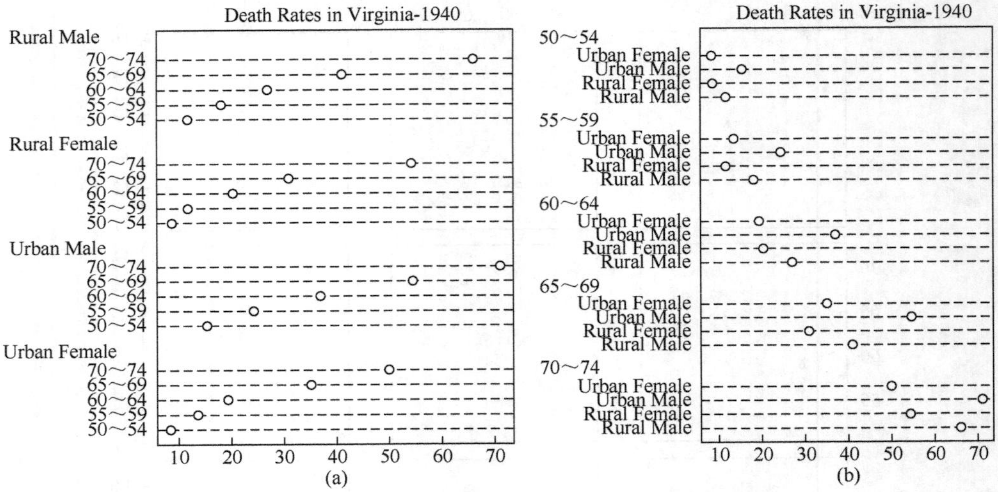

图 2-11　点图实例: 1940 年 Virginia 州人口死亡率①

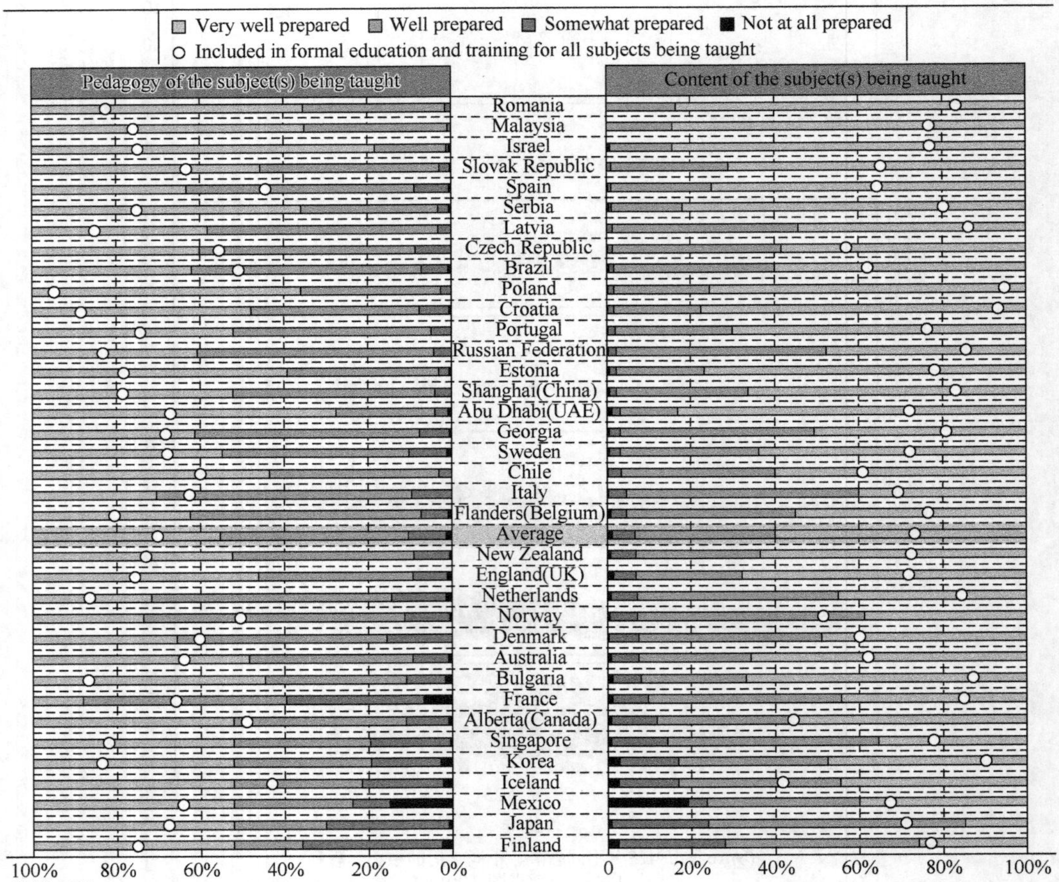

资料来源: OECD,TALIS 2013 complete database

图 2-12　点图的组合使用: Teachers' feelings of preparedness for teaching②

① 薛毅, 陈立萍. 统计建模与 R 软件(上册). 北京: 清华大学出版社, 2007: 158.

② Andreas Schleicher. Teaching Excellence through Professional Learning and Policy Reform: Lessons from around the World. Paris: OECD Publishing, 2016: 42.

2.3.6 气泡图

散点图是二维数据的分布图, 气泡图(bubble diagram)可以看作是三维数据的分布图. 它用点的横纵坐标值表示其中的二维数据, 用坐标点的大小即气泡大小表示第三维数据. 图 2-13 是气泡图的一个实例.

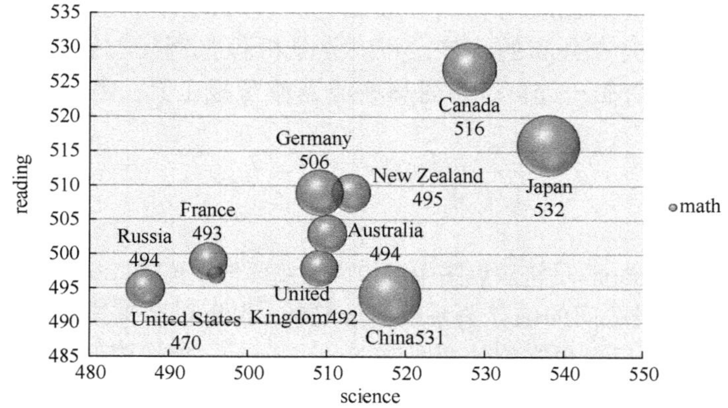

图 2-13 气泡图实例: PISA2015 部分国家科学、阅读、数学平均得分

数据来源：OECD, PISA2015 Database

2.3.7 点聚图

与气泡图类似, 点聚图(scatter diagram)也可以看作三维数据的散点图, 只不过它的第三维数据是定性数据, 因此可选用几种特殊符号表示第三维数据的数据值. 点聚图可以使用直角坐标, 也可使用极坐标.

图 2-14 是点聚图的一个实例. 它根据 1956～1960 年北京 10 月份气象资料制作, 用于预报北京 24 小时内有无降水. 作图过程如下: 选定每日 17 时气温和水汽压作为降水相关因素.

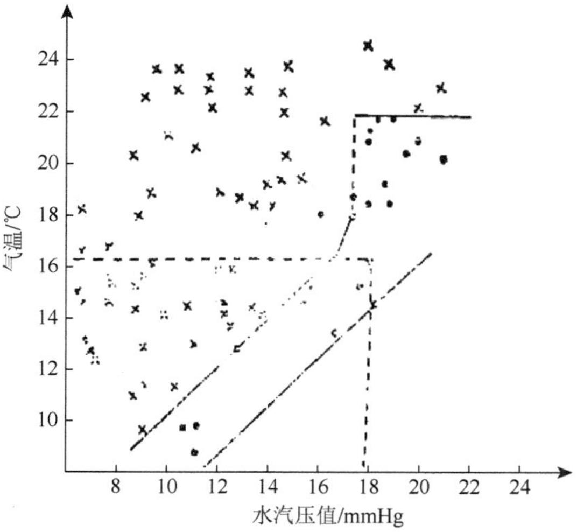

图 2-14 点聚图实例: 北京 10 月份降水预报点聚图[①]

① 王轩. 未雨绸缪——天气预报. 北京: 中国建材工业出版社, 1998: 69.

凡当日 18 时至次日 18 时出现过降水，就以当日 17 时气温和水汽压值作为坐标值点上黑点，否则在相应坐标位置点上叉点．诸点标注完后，在黑点与叉点明显分界的地方画条线将它们分开，线的两边分别指示 24 小时内有无降水的区域．预报时，根据北京当日 17 时观测到的气温及水汽压值，在点聚图上找到相应坐标位置，根据点所落区域即可预报未来 24 小时内有无降水．

点聚图能建立预报对象出现与否的界限线、出现时间的等时线或出现严重程度的等值线．点聚图能图示异类点分离的程度，并以此分析预报因子与预报对象之间的关系是否密切．如果诸类点混杂在一起，则此图解不能当作预报工具，需另行选定预报因子，反之则可．

2.3.8　折线图

折线图(broken line graph)是将散点图中各点用直线段依次连接起来得到的统计图(图 2-15)．折线图可以用来描绘变量之间的依存关系或变动趋势，也可以用来描绘某整体事项及其诸部分或诸指标的数据状况．后者也常称轮廓图(outline graph)．折线图还可以与条形图、扇形图等组合起来使用(图 2-16)．

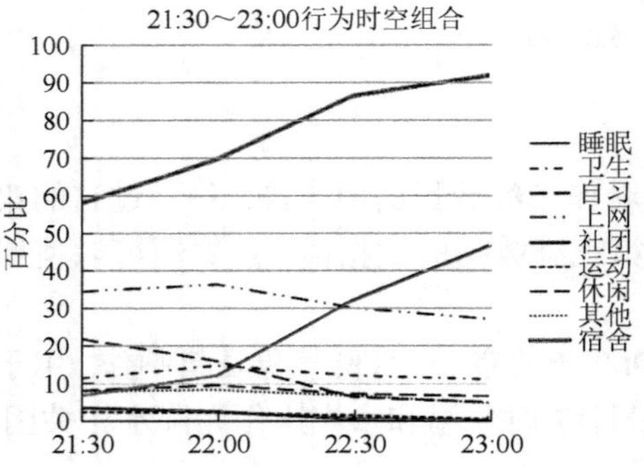

(a) 十所高校“90后”大学生工作日晚间宿舍行为组合曲线[①]

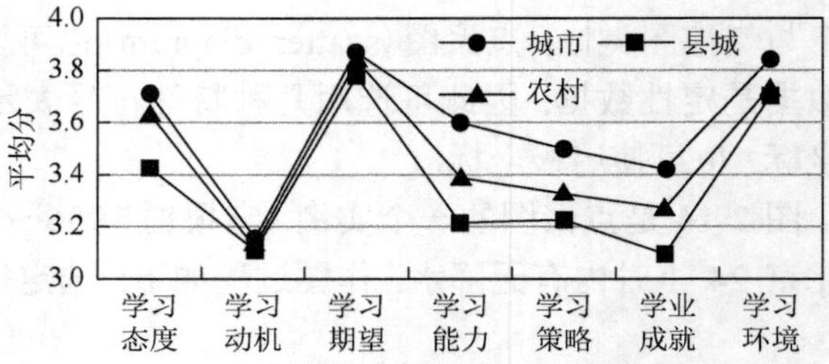

(b) 辽宁省、甘肃省、河北省等省市中小学生学习效能表现水平[②]

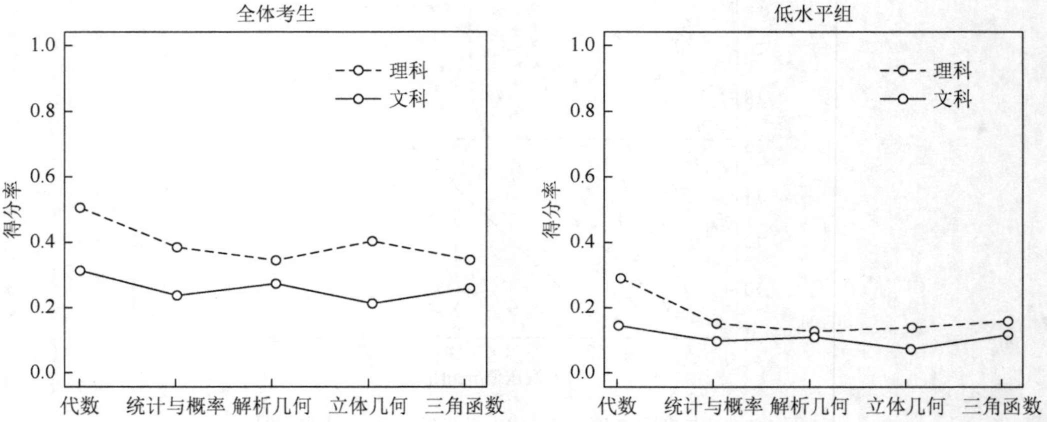

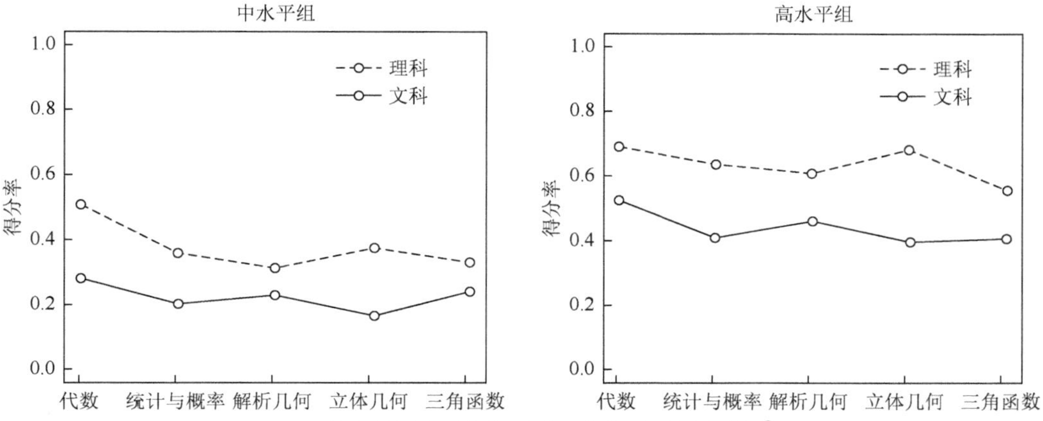

(c) 2012年某省高考数学各分支内容平均得分率比较③

图 2-15　折线图实例

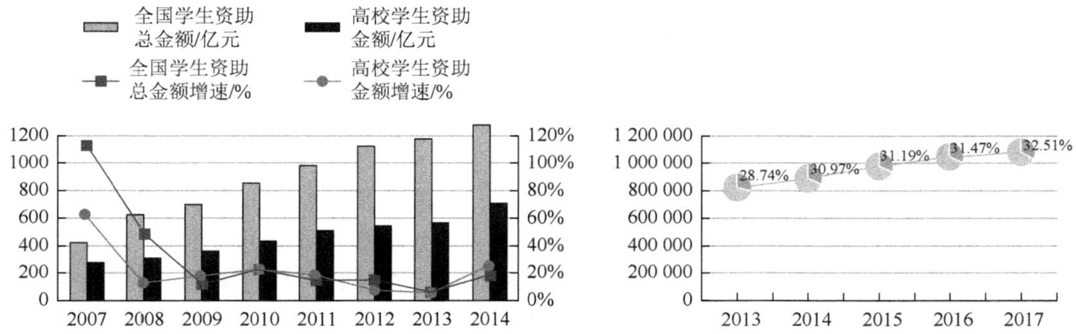

(a) 2007～2014年全国及高校学生资助金额与增速演变图④

数据来源：2007～2014年全国学生资助发展报告

■ 中国留学生 ■ 其他国家留学生

(b) 2013～2017年赴美留学人数及中国学生占比

数据来源：Project Atlas

图 2-16　折线图的组合使用

2.3.9　调和曲线图

轮廓图可以用于数据的聚类分析⑤，同类事物的轮廓图应该大致聚集在一起. 轮廓图作聚类分析很多时候显得粗糙，效果往往难以保证. 聚类分析使用调和曲线图效果更好(图 2-17).

一个 n 维数据 $(x_1, x_2, x_3, \cdots, x_n)$ 所对应的平面曲线

$$f(t)=\frac{x_1}{\sqrt{2}}+x_2\sin t+x_3\cos t+x_4\sin 2t+x_5\cos 2t+\cdots,\quad -\pi\leqslant t\leqslant\pi$$

① 刘澍. "90 后"大学生日常行为的时空特征分析——基于行为地理学研究方法. 教育研究, 2015, (11): 49-55.

② 靳玉乐. 中小学生学习效能的现状及提升策略. 中国教育学刊, 2015, (8): 34-39.

③ 任子朝, 符华均, 黄正正, 等. 高中文理科学生数学水平比较研究. 课程·教材·教法, 2015, (6): 62-67.

④ 范晓婷, 曲绍卫. 经济新常态下全国高校学生资助经费管理研究——基于 2007～2013 年学生资助发展报告统计数据分析. 教育发展研究, 2015, (19): 47-52.

⑤ 聚类分析(cluster analysis)是一类依据数据信息对相应对象进行分类的统计方法.

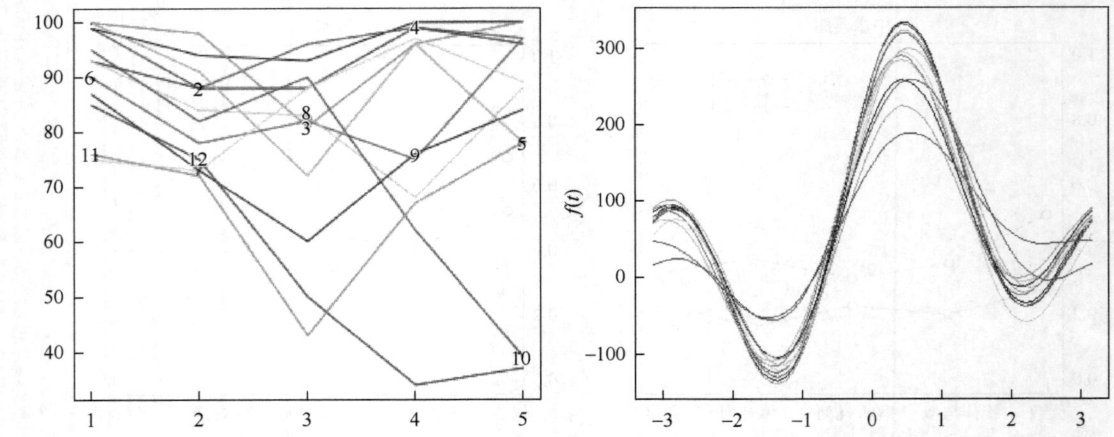

(a) 同样12组数据的轮廓图　　(b) 同样12组数据的调和曲线图

图 2-17　轮廓图和调和曲线图聚类分析效果比较

称为这个 n 维数据所对应的调和曲线. 将所有多维数据的调和曲线绘制在坐标平面上就得到调和曲线图(unison graph). 调和曲线的思想来自安德鲁斯.

2.3.10　雷达图

雷达图(radar chart), 也称蛛网图(spider chart), 它是用封闭折线来表示多维数据. 具体而言, 以平面内某点为起点作射线, 将整个平面等分, 等分数即多维数据的维数. 每条射线代表数据的一个维度, 在每条射线上标出数据在相应维度下的数值所在的位置, 将所有位置点依次用直线段连接起来形成一个闭环, 这样就得到了雷达图. 雷达图可以一目了然地比较各项指标及整体的优劣. 图 2-18 是雷达图的两个实例.

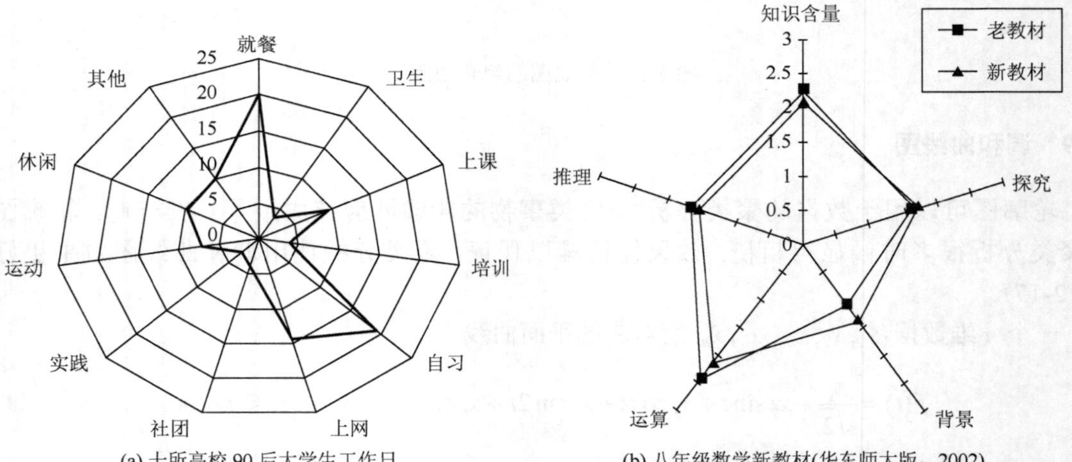

(a) 十所高校 90 后大学生工作日 18:30 行为雷达图 (2015年)[①]　　(b) 八年级数学新教材(华东师大版，2002)与老教材 (人教版，2001)综合难度比较[②]

图 2-18　雷达图实例

① 刘澍. “90 后”大学生日常行为的时空特征分析——基于行为地理学研究方法. 教育研究, 2015(11): 49-55.

② 范良火. 华人如何学习数学. 南京: 江苏教育出版社, 2005: 182.

2.3.11　网状图

网状图(network graph)，也称三角网状图，专用于内部组成为三项结构的数据，它将三项所占整体的百分比用三角坐标来表示．三角坐标系是一个正三角形[①]，正三角形的三条边代表三条坐标轴，三个顶点代表三条坐标轴的三个原点．过正三角形内任意点 P 作三条坐标轴的平行线，三条平行线分别与每条坐标轴交于两点(有时可能为同一点)，两点之中较小坐标值即为点 P 在该条坐标轴上的坐标值．点 P 在三条坐标轴上的三个坐标值组成点 P 的三角坐标．如图 2-19，P 点的三角坐标是(40%, 40%, 20%)．这里，坐标值对应的坐标轴是从横轴开始，按顺时针方向排序的．图 2-20 是网状图的一个实例．

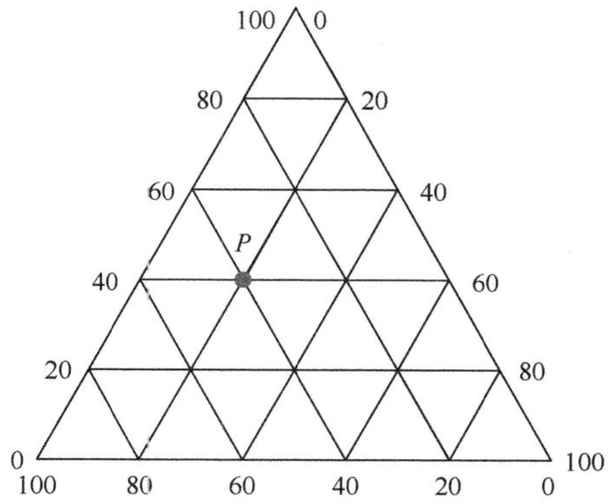

图 2-19　三角坐标示例

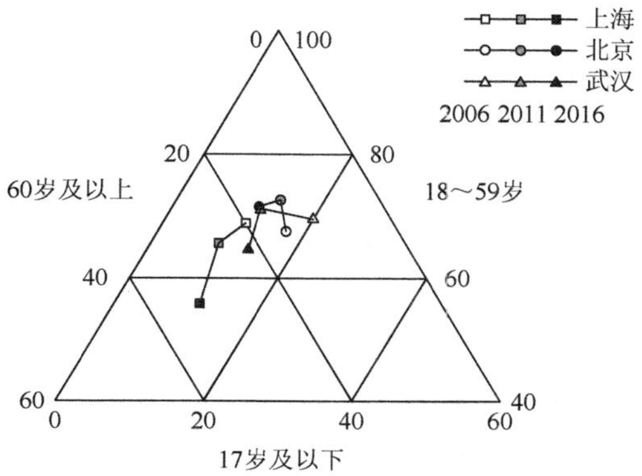

注：数据来源于《上海市统计年鉴》(2007, 2012, 2017)、《北京市统计年鉴》(2007, 2012, 2017)、《武汉市统计年鉴》(2007, 2012, 2017)

图 2-20　网状图实例：北京、上海和武汉人口年龄结构演变图

2.3.12　象形图

象形图(pictogram)是用实物形象或象形符号的众寡来代表数值大小的统计图．象形符号的使用使得统计图更生动有趣，更易于理解、更利于传播，能起到超越文字语言的作用，这也是象形图能得到广泛应用的原因．图 2-21 是象形图的一个实例．

2.3.13　等值线图

等值线图(contour sheet)，也称等值图，是由一系列等值线组成的统计图．等值线，是由某种现象数值相等的各点连接而成的平滑曲线，一般用细线加现象数值来标注．因所表示的现象不同，等值线有不同的名称．例如，表示陆地或海底地形的称为等高线或等深线，表示气温或水温的称为等温线，表示降水量的称为等降水量线．

查看某条特定的等值线，可以识别对应等值现象的分布特点．查看相邻等值线的间距，又可以大致了解所关注现象的变化趋势．等值线密集表示现象数值变化快，等值线稀疏表示现象数值变化慢．

等值线图上还常常在等值线之间铺染深浅不同的颜色来加强直观性和反映数量差异．

① 可以证明，三角坐标系若采用非正三角形也是可行的．

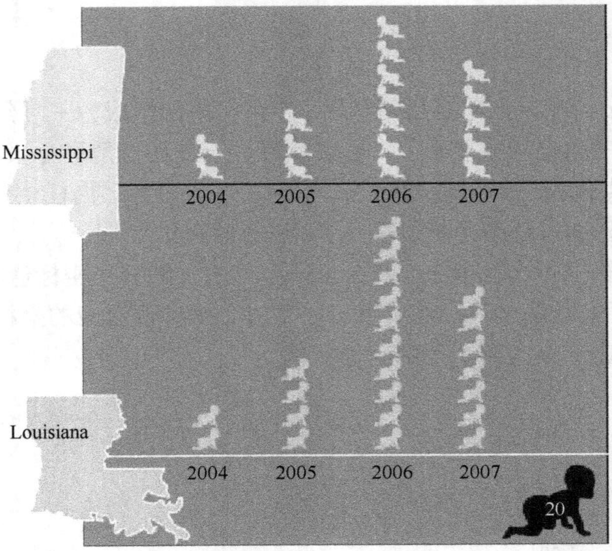

图 2-21　象形图实例: 2004～2007 年两州取名 Katrina 的新生儿人数

2.3.14　统计地图

统计地图(statistical map)可以分为线纹地图、颜色地图、点地图、标志地图和象形地图等多种形式, 它以地图为底本, 运用线纹、颜色、点、标志或象形的变化(如线纹的疏密, 颜色的深浅, 方点、圆点、标针或标旗的多少, 象形的大小等)来表示不同地区统计指标数值大小. 一般说来, 规模类指标宜用点、标志、象形来表示, 强度或密度类指标宜用线纹、颜色来表示.

统计地图是统计图与地图的结合, 主要用于描述某种现象的地域分布状况, 并通过地区比较, 反映该种现象与所处地理位置及其他自然条件之间的关系等.

2.4　常用统计分布

2.4.1　0-1 分布①

设 X 是离散型随机变量, $0<p<1$ 是常数, 若 X 的概率分布列是

$$P\{X=k\}=p^k(1-p)^{1-k},\quad k=0,1$$

则称 X 服从参数为 p 的 0-1 分布, 记作 $X\sim B(1,p)$. 0-1 分布的概率分布列常常记作 $b(k;1,p)$.

0-1 分布具有如下性质:

(1) 若 $X\sim B(1,p)$, 则 $1-X\sim B(1,1-p)$. 从而, $b(k;1,p)=b(1-k;1,1-p)$, $k=0, 1$.

(2) 若 $X\sim B(1,p)$, 则 $E(x)=p$, $\mathrm{Var}(X)=p(1-p)$.

2.4.2　正态分布②

设 X 是连续型随机变量, $\mu, \sigma>0$ 是两个常数, 若 X 的概率密度函数是

① 0-1 分布又称伯努利分布(Bernoulli distribution).

② 正态分布又称为正态分布或高斯分布(Normal distribution 或 Gaussian distribution).

$$f(x)=\frac{1}{\sqrt{2\pi}\sigma}\mathrm{e}^{\frac{-(x-\mu)^2}{2\sigma^2}},\quad -\infty<x<+\infty$$

则称 X 服从参数为 μ,σ 的正态分布或高斯(Gauss)分布，记作 $X\sim\mathcal{N}(\mu,\sigma^2)$. 如图 2-22.

特别地, $\mathcal{N}(0,1)$也称作标准正态分布(standard normal distribution). 标准正态分布的概率分布函数和概率密度函数常常记作 $\Phi(x)$和 $\varphi(x)$.

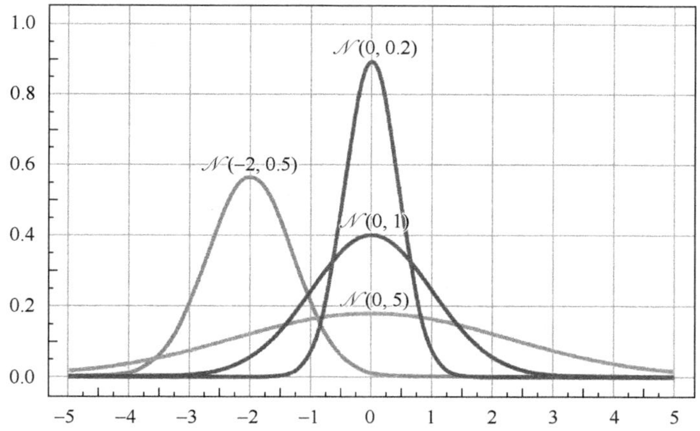

图 2-22 正态分布的概率密度曲线

正态分布具有如下性质:

(1) $f(x)$在 $x=\mu$ 处取得最大值，在 $x=\mu\pm\sigma$ 处取得拐点.

(2) $f(\mu+x)=f(\mu-x)$, 即正态分布是关于 $x=\mu$ 的对称分布. 从而, $Z_{1-\alpha}=-Z_\alpha$. 这里, Z_α表示标准正态分布的上 α 分位点.

(3) $f(x)=\dfrac{1}{\sigma}\varphi\left(\dfrac{x-\mu}{\sigma}\right)$. 从而，从 $\mathcal{N}(0,1)$的概率密度曲线 $\varphi(x)$出发，先相对 x 轴作伸缩变换至原来的$\dfrac{1}{\sigma}$，再相对 y 轴作伸缩变换变至原来的 σ 倍，最后沿 x 轴方向平移 μ 个单位，这样就可得到 $\mathcal{N}(\mu,\sigma^2)$的概率密度曲线 $f(x)$.

由此可知，若 $X_1\sim\mathcal{N}(\mu_1,\sigma_1^2)$, $X_2\sim\mathcal{N}(\mu_2,\sigma_2^2)$，则

$$P\{|X_1-\mu_1|<\lambda\sigma_1\}=P\{|X_2-\mu_2|<\lambda\sigma_2\}$$

$$P\{|X_1-\mu_1|>\lambda\sigma_1\}=P\{|X_2-\mu_2|>\lambda\sigma_2\}$$

(4) 若 $X\sim\mathcal{N}(\mu,\sigma^2)$，则 $P\{\mu-3\sigma\leqslant X\leqslant\mu+3\sigma\}=0.997$. 这就是著名的 3σ 准则(three-sigma rule)(图 2-23).

(5) 若 $X\sim\mathcal{N}(\mu,\sigma^2)$，则 $aX+b\sim\mathcal{N}(a\mu+b,a^2\sigma^2)$. 其中, $a\neq0$, b 是常数.

特别地,

(i) 若 $X\sim\mathcal{N}(\mu,\sigma^2)$，则 $Y=\dfrac{X-\mu}{\pm\sigma}\sim\mathcal{N}(0,1)$. 从而, $P\{X>\mu+Z_\alpha\sigma\}=P\{X<\mu-Z_\alpha\sigma\}=\alpha$.

(ii) 若 $X\sim\mathcal{N}(0,1)$，则 $Y=\mu\pm\sigma X\sim\mathcal{N}(\mu,\sigma^2)$.

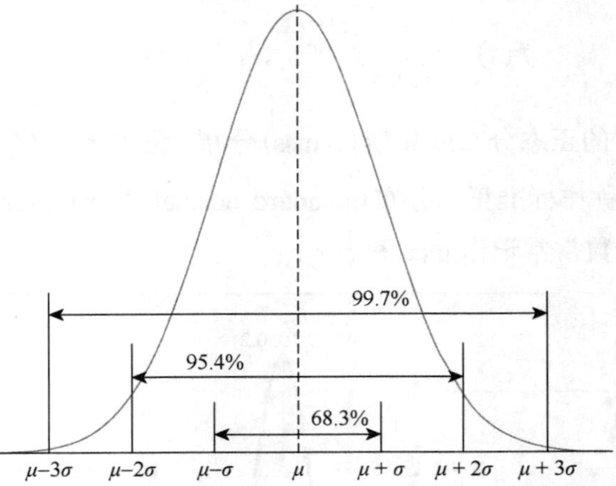

图 2-23　正态分布的 3σ 准则

(6) 若 $X_1 \sim \mathcal{N}(\mu_1, \sigma_1^2)$, $X_2 \sim \mathcal{N}(\mu_2, \sigma_2^2)$, 且 X_1, X_2 相互独立, 则 $a_1X_1 + a_2X_2 \sim \mathcal{N}(a_1\mu_1 + a_2\mu_2, a_1^2\sigma_1^2 + a_2^2\sigma_2^2)$, 其中, a_1, a_2 是常数, 且 $a_1^2 + a_2^2 \neq 0$. 特别地, $X_1 + X_2 \sim \mathcal{N}(\mu_1 + \mu_2, \sigma_1^2 + \sigma_2^2)$ (正态分布的可加性).

(7) 若 $X \sim \mathcal{N}(\mu, \sigma^2)$, 则 $E(X) = \mu$, $\mathrm{Var}(X) = \sigma^2$.

设 (X, Y) 是二维随机向量, $\mu_1, \mu_2, \sigma_1 > 0, \sigma_2 > 0, -1 < \rho < 1$ 是常数, 若 (X, Y) 的联合概率密度函数是

$$f(x,y) = \frac{1}{2\pi\sigma_1\sigma_2\sqrt{1-\rho^2}} \mathrm{e}^{\frac{1}{2(1-\rho^2)}\left(\frac{(x-\mu_1)^2}{\sigma_1^2} - \frac{2\rho(x-\mu_1)(y-\mu_2)}{\sigma_1\sigma_2} + \frac{(y-\mu_2)^2}{\sigma_2^2}\right)}, \quad -\infty < x, y < +\infty$$

则称 (X, Y) 服从参数为 $\mu_1, \mu_2, \sigma_1, \sigma_2, \rho$ 的二元正态分布①, 记作 $(X, Y) \sim \mathcal{N}(\mu_1, \mu_2, \sigma_1^2, \sigma_2^2, \rho)$. 特别地, $\mathcal{N}(0, 0, 1, 1, 0)$ 也称作二元标准正态分布 (图 2-24).

---

① 二元正态分布还有其他定义:

(1) 设 X 是二维随机向量, 若 X 的概率密度函数是

$$f(x) = (2\pi)^{-1} |\Sigma|^{-\frac{1}{2}} \mathrm{e}^{-\frac{1}{2}(x-\mu)^{\mathrm{T}}\Sigma^{-1}(x-\mu)}, \quad x \in \mathbf{R}^2$$

其中

$$\mu = \begin{pmatrix} \mu_1 \\ \mu_2 \end{pmatrix}, \quad \Sigma = \begin{pmatrix} \sigma_1^2 & \rho\sigma_1\sigma_2 \\ \rho\sigma_1\sigma_2 & \sigma_2^2 \end{pmatrix}$$

则称 X 服从参数为 μ, Σ 的二元正态分布, 记作 $X \sim \mathcal{N}_2(\mu, \Sigma)$. 特别地, $\mathcal{N}_2(0, I_2)$ 也称作二元标准正态分布.

(2) 设 X 是二维随机向量, 若 X 的概率密度函数是

$$f(x) = (2\pi)^{-1} |\Sigma|^{-\frac{1}{2}} \mathrm{e}^{-\frac{1}{2}(x-\mu)^{\mathrm{T}}\Sigma^{-1}(x-\mu)}, \quad x \in \mathbf{R}^2$$

其中, μ 是任意二维随机向量, Σ 是任意二维正定对称矩阵, 则称 X 服从参数为 μ, Σ 的二元正态分布, 记作 $X \sim \mathcal{N}_2(\mu, \Sigma)$. 特别地, $\mathcal{N}_2(0, I_2)$ 也称作二元标准正态分布.

(3) 设 $X = (X_1, X_2, \cdots, X_n)^{\mathrm{T}}$, $X_i \sim \mathcal{N}(0, 1)$, $i = 1, 2, \cdots, n$, 且 $X_1, X_2, \cdots, X_n$ 相互独立, A 是 $2 \times n$ 常数矩阵, μ 是二维常向量, 则称二维随机向量 $Y = AX + \mu$ 服从二元正态分布, 记作 $Y \sim \mathcal{N}_2(\mu, AA^{\mathrm{T}})$.

(4) 设 (X, Y) 是二维随机向量, 若 X, Y 的任何线性组合 $aX + bY$ (a, b 是常数) 均服从一元正态分布, 则称 (X, Y) 服从二元正态分布.

后两个定义与前三个定义并不等价, 它们是广义的正态分布, 其中包含了如下假定: 单点分布 (常数) 看作服从退化的正态分布; 设 X 服从正态分布, 当 $\Sigma = AA^{\mathrm{T}}$ 非正定 (注: AA^{T} 总是半正定的) 时, $Y=AX+\mu$ 看作是服从退化的正态分布. 后面也作这样的理解.

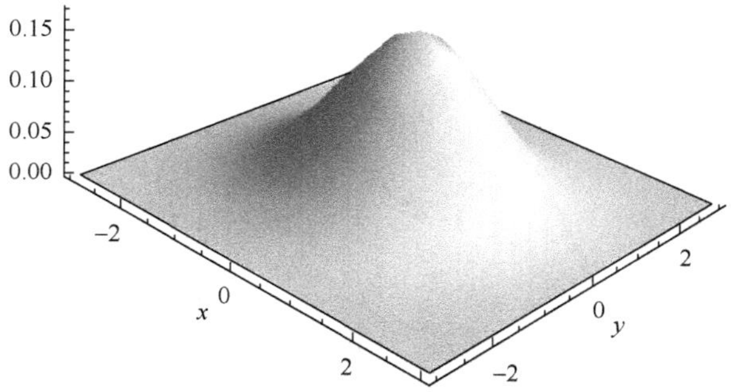

图 2-24　二元标准正态分布的概率密度曲面

$\mu_1=\mu_2=0, \sigma_1=\sigma_2=1, \rho=0$, 如图 2-24 所示. $\mu_1=\mu_2=0, \sigma_1=1, \sigma_2=2$, 如图 2-25 所示.

二元正态分布具有如下性质:

(1) 若 $(X, Y)\sim\mathcal{N}(\mu_1, \mu_2, \sigma_1^2, \sigma_2^2, \rho)$, 则

$$X\mid Y=y\sim\mathcal{N}\left(\mu_1+\frac{\sigma_1}{\sigma_2}\rho(y-\mu_2),\quad \sigma_1^2(1-\rho^2)\right)$$

$$Y\mid X=x\sim\mathcal{N}\left(\mu_2+\frac{\sigma_2}{\sigma_1}\rho(x-\mu_1),\quad \sigma_2^2(1-\rho^2)\right)$$

即二元正态分布的条件分布仍然是正态分布.

(2) 若 $(X, Y)\sim\mathcal{N}(\mu_1, \mu_2, \sigma_1^2, \sigma_2^2, \rho)$, 则 $aX+bY+c\sim\mathcal{N}(a\mu_1+b\mu_2+c, a^2\sigma_1^2+2ab\rho\sigma_1\sigma_2+b^2\sigma_2^2)$. 其中, a, b, c 是常数. 特别地, $X\sim\mathcal{N}(\mu_1,\sigma_1^2)$, $Y\sim\mathcal{N}(\mu_2,\sigma_2^2)$, 即二元正态分布的边缘分布仍然是正态分布, 如图 2-26 所示.

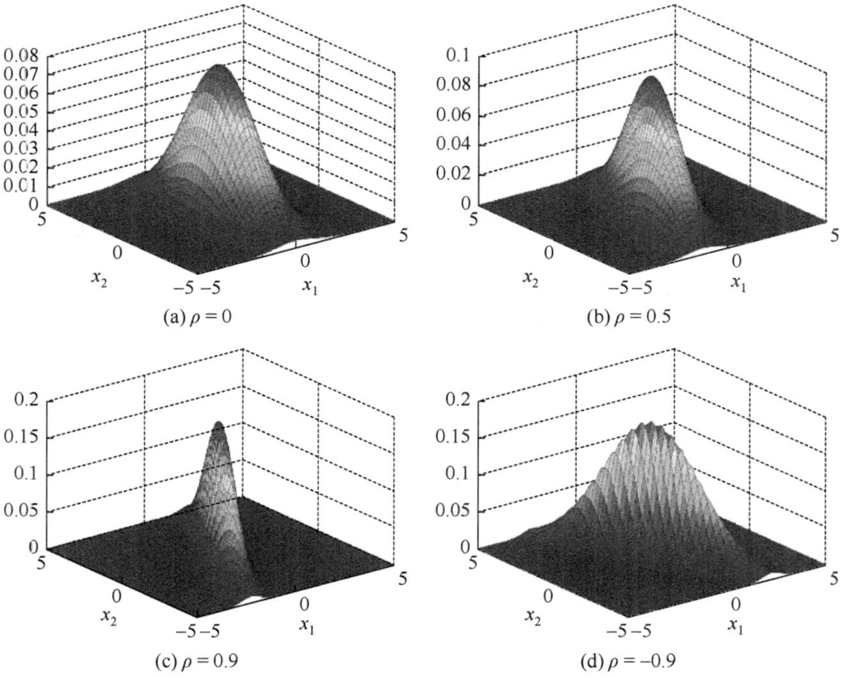

图 2-25　二元正态分布的概率密度曲面

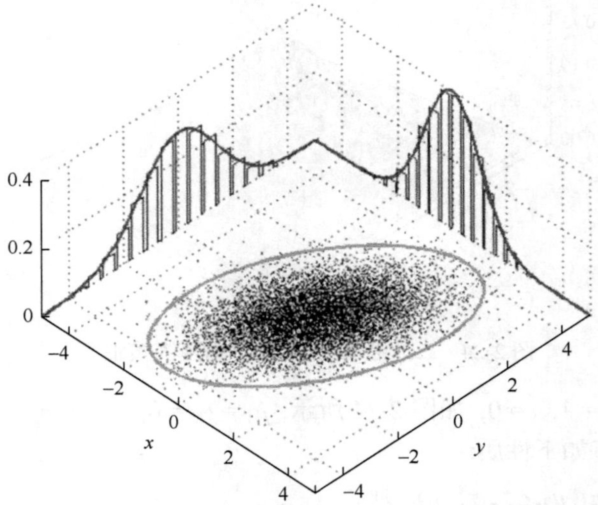

图 2-26 二元正态分布的边缘分布

(3) 若 $X \sim \mathcal{N}(\mu, \Sigma)$, 则 $AX+b \sim \mathcal{N}(A\mu+b, A\Sigma A^{\mathrm{T}})$. 其中, A 是 2×2 常数矩阵, b 是二维常向量.

特别地,

(i) 若 $X \sim \mathcal{N}(\mu, \Sigma)$, 则 $aX \sim \mathcal{N}(a\mu, a^2\Sigma)$, 其中, a 是常数;

(ii) 若 $X \sim \mathcal{N}(0, I_2)$, 则 $AX+\mu \sim \mathcal{N}(\mu, \Sigma)$, 其中, $\Sigma = AA^{\mathrm{T}}$;

(iii) 若 $X \sim \mathcal{N}(\mu, \Sigma)$, Σ 是正定阵, 则 $\Sigma^{\frac{1}{2}}(X-\mu) \sim \mathcal{N}(0, I_2)$, 其中, $\Sigma^{\frac{1}{2}}$ 表示 Σ 的对称平方根, 即 $(\Sigma^{\frac{1}{2}})^2 = \Sigma$, 且 $\Sigma^{\frac{1}{2}}$ 是对称阵.

(4) 若 $X_1 \sim \mathcal{N}(\mu_1, \Sigma_1), X_2 \sim \mathcal{N}(\mu_2, \Sigma_2), \cdots, X_n \sim \mathcal{N}(\mu_n, \Sigma_n)$, 且 $X_1, X_2, \cdots, X_n$ 相互独立, 则

$$b_1X_1 + b_2X_2 + \cdots + b_nX_n \sim \mathcal{N}(b_1\mu_1 + b_2\mu_2 + \cdots + b_n\mu_n, b_1\Sigma_1 b_1^{\mathrm{T}} + b_2\Sigma_2 b_2^{\mathrm{T}} + \cdots + b_n\Sigma_n b_n^{\mathrm{T}})$$

其中, $b_1^{\mathrm{T}}, b_2^{\mathrm{T}}, \cdots, b_n^{\mathrm{T}}$ 是二维常向量. 特别地, 若 $(X_1, Y_1) \sim \mathcal{N}(\mu_{11}, \mu_{12}, \sigma_{11}^2, \sigma_{12}^2, \rho_1)$, $(X_2, Y_2) \sim \mathcal{N}(\mu_{21}, \mu_{22}, \sigma_{21}^2, \sigma_{22}^2, \rho_2), \cdots, (X_n, Y_n) \sim \mathcal{N}(\mu_{n1}, \mu_{n2}, \sigma_{n1}^2, \sigma_{n2}^2, \rho_n)$, 且 $(X_1, Y_1), (X_2, Y_2), \cdots, (X_n, Y_n)$ 相互独立, 则

$$X_1 + X_2 + \cdots + X_n \sim \mathcal{N}(\mu_{11} + \mu_{21} + \cdots + \mu_{n1}, \sigma_{11}^2 + \sigma_{21}^2 + \cdots + \sigma_{n1}^2)$$

$$Y_1 + Y_2 + \cdots + Y_n \sim \mathcal{N}(\mu_{12} + \mu_{22} + \cdots + \mu_{n2}, \sigma_{12}^2 + \sigma_{22}^2 + \cdots + \sigma_{n2}^2)$$

(5) 若 $X_1 \sim \mathcal{N}(\mu_1, \Sigma_1), X_2 \sim \mathcal{N}(\mu_2, \Sigma_2), \cdots, X_n \sim \mathcal{N}(\mu_n, \Sigma_n), X_1, X_2, \cdots, X_n$ 相互独立, 则

$$A_1X_1 + A_2X_2 + \cdots + A_nX_n \sim \mathcal{N}(A_1\mu_1 + A_2\mu_2 + \cdots + A_n\mu_n, A_1\Sigma_1 A_1^{\mathrm{T}} + A_2\Sigma_2 A_2^{\mathrm{T}} + \cdots + A_n\Sigma_n A_n^{\mathrm{T}})$$

其中, $A_1, A_2, \cdots, A_n$ 是 2×2 常数矩阵. 特别地, $X_1 + X_2 + \cdots + X_n \sim \mathcal{N}(\mu_1 + \mu_2 + \cdots + \mu_n, \Sigma_1 + \Sigma_2 + \cdots + \Sigma_n)$(二元正态分布的可加性).

(6) 若 $(X, Y) \sim \mathcal{N}(\mu_1, \mu_2, \sigma_1^2, \sigma_2^2, \rho)$, 则 X, Y 相互独立当且仅当 $\rho = 0$. 一般地, 若 $X \sim \mathcal{N}(\mu, \Sigma)$, 则 AX, BX 相互独立当且仅当 $A\Sigma B^{\mathrm{T}} = 0$, 其中, A, B 是 n×2 常数矩阵.

(7) 若 $(X_1, Y_1) \sim \mathcal{N}(\mu_1, \mu_2, \sigma_1^2, \sigma_2^2, \rho)$, 则 $E(X) = \mu_1, \mathrm{Var}(X) = \sigma_1^2, E(Y) = \mu_2, \mathrm{Var}(Y) = \sigma_2^2$, $\rho(X, Y) = \rho$.

2.4.3 二项分布[①]

设$X_1, X_2, \cdots, X_n$是相互独立的离散型随机变量, $X_i \sim B(1, p)$, $i = 1, 2, \cdots, n$, 则称$X = \sum_{i=1}^{n} X_i$服从参数为n, p的二项分布, 记作$X \sim B(n, p)$. 二项分布$B(n, p)$的概率分布列是

$$P\{X = k\} = \mathrm{C}_n^k p^k (1-p)^{n-k}, \quad k = 0, 1, 2, \cdots, n$$

记作$b(k; n, p)$. 如图 2-27.

二项分布具有如下性质:

(1) $b(k; n, p)$在$k = \max\{(n+1)p, 1\}$处取得最大值.

(2) 若$X \sim B(n, p)$, 则$n-X \sim B(n, 1-p)$. 从而$b(k; n, p) = b(n-k; n, 1-p)$, $k = 0, 1, 2, \cdots, n$.特别地, 当$p = \frac{1}{2}$时, $b\left(k; n, \frac{1}{2}\right) = b\left(n-k; n, \frac{1}{2}\right)$, $k = 0, 1, 2, \cdots, n$, 即二项分布是对称分布.

(3) 若X_1, X_2相互独立, 且$X_i \sim B(n_i, p)$, $i = 1, 2$, 则$X = X_1 + X_2 \sim B(n_1 + n_2, p)$.

(4) 若$X \sim B(n, p)$, 则$E(x) = np$, $\mathrm{Var}(X) = np(1-p)$.

(5) 若$X_n \sim B(n, p_n)$, $n = 1, 2, \cdots$, 且当$n \to \infty$时, $np_n \to \lambda$, 则当$n \to \infty$时, $X_n \xrightarrow{d} P(\lambda)$, 其中, $P(\lambda)$是 Poisson 分布.

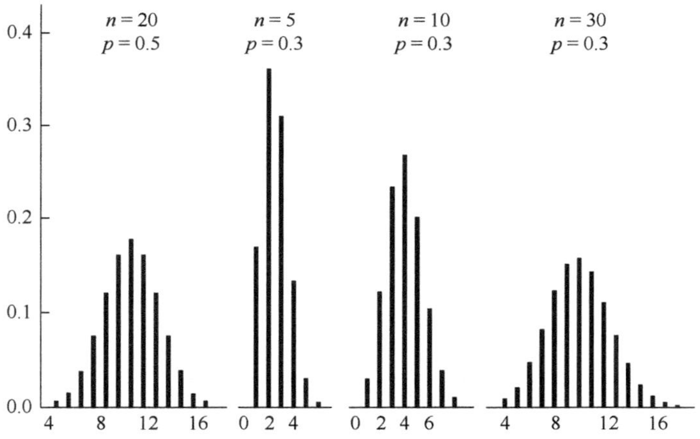

图 2-27 二项分布列

(6) 若$X_n \sim B(n, p_n)$, $n = 1, 2, \cdots$, 则当$n \to \infty$时, $\dfrac{X_n - np_n}{\sqrt{np_n(1-p_n)}} \xrightarrow{d} \mathcal{N}(0,1)$.

所以, 当n很大时, 如果p很小或者$1-p$很小, 二项分布$B(n, p)$可用 Poisson 分布逼近; 否则, 用正态分布逼近.

2.4.4 χ^2分布[②]

设 $X_1, X_2, \cdots, X_n$ 是相互独立的连续型随机变量, $X_i \sim \mathcal{N}(0, 1)$, $i = 1, 2, \cdots, n$, 则称

① 二项分布(Binomial distribution).

② χ^2分布(chi-squared distribution).

$X=\sum_{i=1}^{n} X_i^2$ 服从自由度为 n 的 χ^2 分布，记作 $X\sim\chi^2(n)$. χ^2 分布 $\chi^2(n)$的概率密度函数是

$$f(x)=\begin{cases}\dfrac{2^{\frac{-n}{2}}}{\Gamma\left(\dfrac{n}{2}\right)}x^{\frac{n}{2}-1}\mathrm{e}^{\frac{-x}{2}}, & x>0,\\ 0, & x\leqslant 0\end{cases}$$

其中，$\Gamma(n)$是 Gamma 函数①. 如图 2-28.

χ^2 分布具有如下性质:

(1) 若 $X\sim\mathcal{N}(\mu,\Sigma)$, 则$(X-\mu)^{\mathrm{T}}\Sigma^{-1}(X-\mu)\sim\chi^2(2)$.

(2) 若 X_1, X_2 相互独立，且 $X_i\sim\chi^2(n_i)$, $i=1, 2$, 则 $X=X_1+X_2\sim\chi^2(n_1+n_2)$.

(3) 若 $X\sim\chi^2(n)$, 则 $E(X)=n$, $\mathrm{Var}(X)=2n$.

(4) 若 $X_n\sim\chi^2(n)$, $n=1, 2, \cdots$, 则当 $n\to\infty$ 时，$\dfrac{X_n-n}{\sqrt{2n}}\xrightarrow{d}\mathcal{N}(0,1)$.

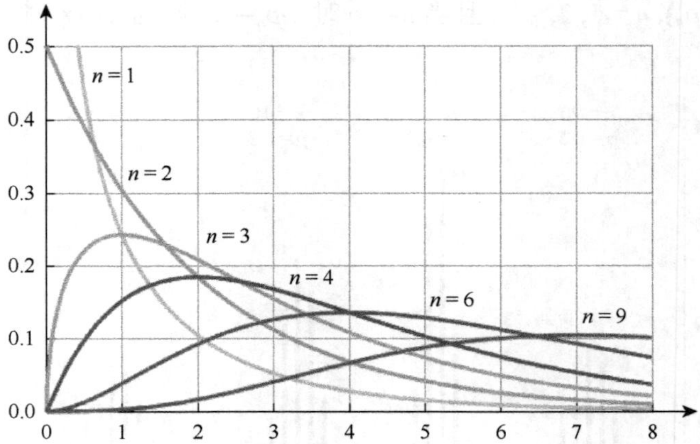

图 2-28　χ^2 分布的概率密度曲线

2.4.5　*t* 分布②

设 X_1, X_2 是相互独立的连续型随机变量，$X_1\sim\mathcal{N}(0, 1)$, $X_2\sim\chi^2(n)$, 则称 $X=\dfrac{X_1}{\sqrt{\dfrac{X_2}{n}}}$ 服从自由度为 n 的 t 分布，记作 $X\sim t(n)$. t 分布 $t(n)$ 的概率密度函数是

---

① Gamma 函数 $\Gamma(n)$是阶乘的推广，它在实数域的定义如下:

$$\Gamma(x)=\int_0^{+\infty} t^{x-1}\mathrm{e}^{-t}\mathrm{d}t,\quad x\neq 0,-1,-2,-3,\cdots$$

特别地，对于任意正整数 n, 有

$$\Gamma(n)=(n-1)!,\qquad \Gamma\left(\frac{1}{2}\right)=\sqrt{\pi},\qquad \Gamma\left(\frac{1}{2}+n\right)=\frac{(2n-1)!!}{2^n}\sqrt{\pi},\qquad \Gamma\left(\frac{1}{2}-n\right)=\frac{(-2)^n}{(2n-1)!!}\sqrt{\pi}$$

② t 分布 (t-distribution).

$$f(x)=\frac{\Gamma\left(\frac{n+1}{2}\right)}{\sqrt{n\pi}\,\Gamma\left(\frac{n}{2}\right)}\left(1+\frac{x^2}{n}\right)^{-\frac{n+1}{2}},\quad -\infty<x<+\infty$$

如图 2-29.

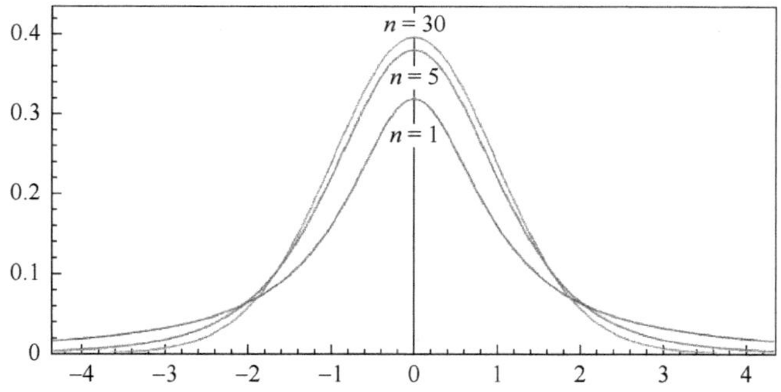

图 2-29　t 分布的概率密度曲线

t 分布具有如下性质:

(1) t 分布是关于 $x=0$ 的对称分布. 从而, $t_{1-\alpha}(n)=-t_\alpha(n)$. 这里, $t_\alpha(n)$表示 t 分布的上 α 分位点.

(2) 若 X_1, X_2 相互独立, 且 $X_i \sim \chi^2(n)$, $i=1,2$, 则 $X=\frac{\sqrt{n}}{2}\left(\sqrt{\frac{X_1}{X_2}}-\sqrt{\frac{X_2}{X_1}}\right)\sim t(n)$.

(3) 若 $X\sim t(n)$, 则 $E(X)=0$, $\operatorname{Var}(X)=\frac{n}{n-2}$ $(n>2)$.

(4) 当 $n\to\infty$ 时, $t(n)\xrightarrow{d}\mathcal{N}(0,1)$.

2.4.6　*F*分布①

设 X_1, X_2 是相互独立的连续型随机变量, $X_1\sim\chi^2(n_1)$, $X_2\sim\chi^2(n_2)$, 则称 $X=\dfrac{\frac{X_1}{n_1}}{\frac{X_2}{n_2}}$ 服从自由度为(n_1, n_2)的 F 分布, 记作 $X\sim F(n_1, n_2)$. F 分布 $F(n_1, n_2)$的概率密度函数是

$$f(x)=\begin{cases}\dfrac{\Gamma\left(\frac{n_1+n_2}{2}\right)}{\Gamma\left(\frac{n_1}{2}\right)\Gamma\left(\frac{n_2}{2}\right)}n_1^{\frac{n_1}{2}}n_2^{\frac{n_2}{2}}x^{\frac{n_1}{2}-1}(n_1x+n_2)^{-\frac{n_1+n_2}{2}}, & x>0,\\ 0, & x\leqslant 0\end{cases}$$

如图 2-30.

① F 分布 (F-distribution or Fisher-Snedecor distribution).

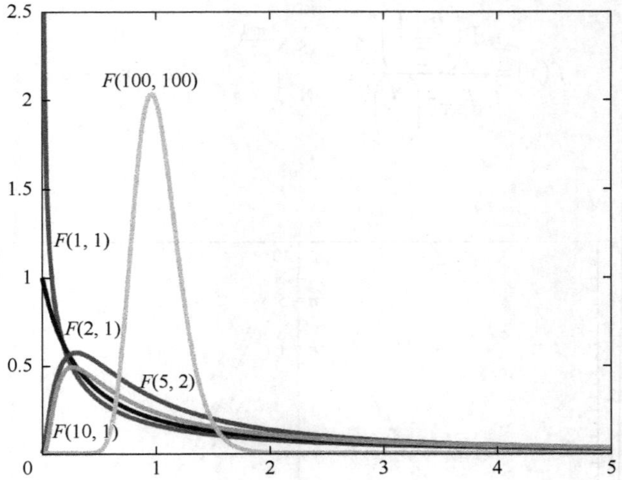

图 2-30　F 分布的概率密度曲线

F 分布具有如下性质:

(1) 若 $X \sim F(n_1, n_2)$, 则 $\dfrac{1}{X} \sim F(n_2, n_1)$. 从而, $F_\alpha(n_1, n_2)F_{1-\alpha}(n_2, n_1) = 1$. 这里, $F_\alpha(n_1, n_2)$表示 F 分布的上 α 分位点.

(2) 若 $X \sim t(n)$, 则 $X^2 \sim F(1, n)$. 从而, $t_\alpha^2(n) = F_{2\alpha}(1,n)$.

(3) 若 $X \sim F(n_1, n_2)$, 则 $E(X) = \dfrac{n_2}{n_2 - 2}\,(n_2 > 2)$, $\operatorname{Var}(X) = \dfrac{2n_2^2(n_1 + n_2 - 2)}{n_1(n_2 - 2)^2(n_2 - 4)}\,(n_2 > 4)$.

(4) 设 $n_2 > 4$. 若 $X_{n_1} \sim F(n_1, n_2)$, $n_1 = 1, 2, \cdots$, 则当 $n_1 \to \infty$时,

$$\frac{X_{n_1} - \dfrac{n_2}{n_2 - 2}}{\dfrac{n_2}{n_2 - 2}\sqrt{\dfrac{2(n_1 + n_2 - 2)}{n_1(n_2 - 4)}}} \xrightarrow{d} \mathcal{N}(0,1)$$

(5) 若 $X_{n_1,n_2} \sim F(n_1, n_2)$, $n_1, n_2 = 1, 2, \cdots$, 则当 $n_1 \to \infty$, $n_2 \to \infty$时, 有

$$\frac{\ln X_{n_1,n_2} + \dfrac{1}{2}\left(\dfrac{1}{n_1} - \dfrac{1}{n_2}\right)}{\sqrt{\dfrac{1}{2}\left(\dfrac{1}{n_1} + \dfrac{1}{n_2}\right)}} \xrightarrow{d} \mathcal{N}(0,1)$$

理论和实践表明, 结论(4)的近似效果不如结论(5).

第 3 章 统 计 推 断

统计推断(statistical inference)是指由样本所提供的信息, 对总体的分布及参数作出具有一定可信程度的推断. 本章主要介绍统计推断的一些最基本内容, 包括三类假设检验和三类统计分析. 这些知识是讨论教育测评技术的基础.

3.1 假设检验原理

假设检验(hypothesis testing), 是指对某个关于总体特性的假设, 利用样本信息进行检验, 断定它是否成立. 或者说, 假设检验是判断所给样本是否来自某个事先假定的总体.

假设检验是一种基于小概率事件原理的推理统计方法. 小概率事件原理, 是指概率很小的事件在一次试验中实际上是不可能发生的. 假设检验的基本思想是: 首先在假设成立的前提下选择一个合适的统计量并确定它的分布, 再根据此分布确立一个小概率事件, 最后利用样本信息判断小概率事件是否真的发生. 若发生, 则根据小概率事件原理, 有理由怀疑推导统计量分布所依据的假设是错误的, 从而拒绝它; 若不发生, 则便没有理由推翻先前所作的假设, 从而只能选择接受.

很显然, 假设检验有较强的反证法味道[①].

在假设检验中, 我们需要一个在假设下不含未知参数的检验统计量. 这个统计量的分布由假设确定, 同时它的分布又相应决定了用于检验的小概率事件. 正是在这个意义上说, 检验统计量完全确定了检验的性质. 因此, 如何根据不同问题选择合适的检验统计量[②]是实现假设检验的关键.

3.1.1 零假设与备择假设

假设检验涉及两个关于总体分布状态的相互对立(但并非一定矛盾)的假设: 零假设与备择假设.

零假设(null hypothesis), 也称为原假设或虚无假设, 是假设检验予以进一步推理的前提, 零假设一般用 H_0 表示. 备择假设(alternative hypothesis), 是零假设如遭否定后应予以接受的设定, 备择假设一般用 H_1 表示.

假设的建立要依据具体问题背景而定, 有很强的“无罪推定”的色彩[③]. 通常把没有充分理由不能轻易否定的假设(它往往就是历史惯性)作为零假设, 而把研究者期待根据样本信息予以证实的假设作为备择假设.

---

① 有人将假设检验的基本思想概括成一句话, 即“概率性质的反证法”. 这里用到了反证法的思想, 但这种推理与纯数学上的反证法还是有区别的. 不合理并非形式逻辑上的绝对矛盾, 而是基于人们在实践中普遍使用的一个原则: 小概率事件在一次观察中可认为不会发生.

② 在参数检验中, 检验统计量的选择往往与参数的估计统计量有关.

③ 用统计检验解决问题的思路类似于司法界的“无罪推定论”: 法官在办案时, 首先建立一个“被告无罪”的原假设, 谁说被告有罪谁就必须拿出证据. 经过双方陈述和法庭辩论, 如果证据确凿, 法官就推翻原假设, 认定罪行成立; 如果证据不足, 法官就维持原假设, 宣布被告无罪. 国际司法界的长期实践证明, 按无罪推定论判案是比较合理的.

3.1.2　显著性水平

多大概率算小概率，这是一个关于显著性水平的问题．假设检验所选用的小概率事件的概率值，称为显著性水平(level of significance)．它说明假设检验的严苛程度．

显然，如果该值越小，说明拒绝零假设越困难，接受零假设越容易；反之，如果该值越大，说明接受零假设越困难，拒绝零假设越容易．从而，如果显著性水平值小时我们拒绝了零假设，那么显著性水平值大时必然也会拒绝零假设．如果显著性水平值大时我们接受了零假设，那么显著性水平值小时也必然会接受零假设．

这同时也说明，如果显著性水平值小时我们接受了零假设，那么显著性水平值大时我们未必不能拒绝．如果显著性水平值大时我们拒绝了零假设，那么显著性水平值小时我们未必不能接受．

因此，一个有意义的完整的假设检验的结论除了要指出接受或拒绝零假设外，还应明确说明相应的显著性水平．在统计实践中，我们通常选用两级显著性水平 $\alpha = 0.05$ 与 $\alpha = 0.01$．

3.1.3　单侧检验与双侧检验

假设检验确定小概率事件，总是通过选择一个理论上能知晓其分布的统计量来借以实现．例如，很多时候我们所选择的统计量是符合正态分布的，此时确立一个小概率事件可以是 $z \leqslant -z_\alpha$ 或 $z \geqslant z_\alpha$，也可以是 $|z| \geqslant z_{\alpha/2}$．前者称为单侧检验(one-tailed test)，包括左侧检验和右侧检验，后者称为双侧检验(two-tailed test)，如图 3-1 所示．

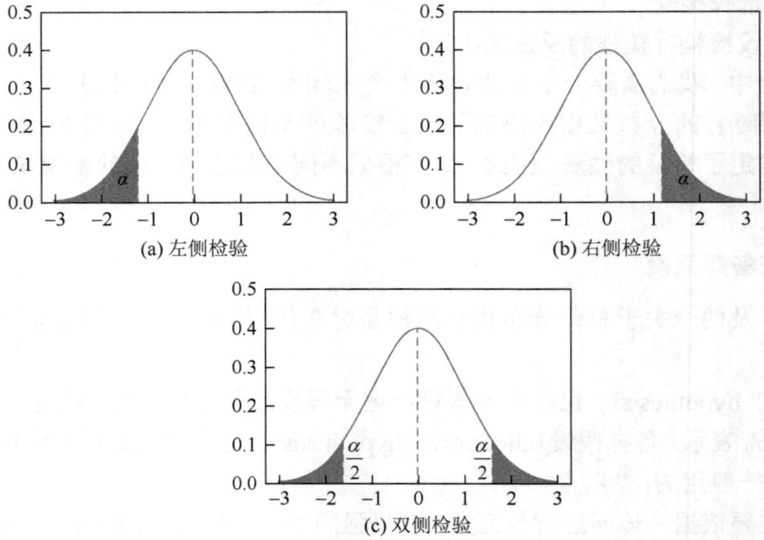

图 3-1　单侧检验与双侧检验

究竟选用何种检验形式，这与所选用的备择假设有关．

图 3-2 给出了备择假设的一种情形，右线代表根据零假设确立的统计量的分布曲线，左线代表根据备择假设确立的统计量的分布曲线．

图 3-2 中，根据事件 $z \geqslant z_\alpha$ 是不能区分两者的．因为这个事件对右线和左线都是小概率事件，从而无论在何种假设情形下它都是不会发生的．而选择事件 $z \leqslant -z_\alpha$ 是适宜的，因为，这个事件只对右线是小概率事件，而对左线则不是．从而如果它没有发生，则应接受零假设；如

果它发生了，则应拒绝零假设，而接受备择假设.

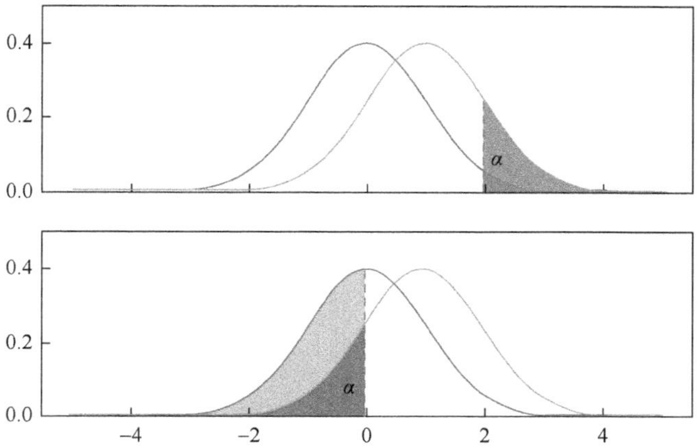

图 3-2　左侧检验与右侧检验的适用性

对于备择假设的另一种情形可以作同样的分析，容易发现此时应选择右侧检验.

当然，备择假设也可能只能说明它所对应的统计量的分布曲线不同于零假设，并不知两者确切的位置关系. 为了兼顾上述提到的两种情形，我们选择双侧检验比较合适. 这是因为，不管备择假设事实上对应的是何种分布曲线，这一检验对零假设都是小概率事件，而对备择假设则不是.

3.1.4　拒绝域、接受域、临界值与 *P* 值

在零假设及给定显著性水平下，小概率事件发生时检验统计量可能取值的范围称为拒绝域(rejection region)，拒绝域之外的检验统计量的取值范围称为接受域(acceptance region).

如果拒绝域(或接受域)是诸如$(-\infty, c)$或$(c, +\infty)$一类区间，这时也称 c 为临界值(critical value). 显然，知道了拒绝域、接受域或临界值，我们就可以根据计算得到的检验统计量值是否落入拒绝域、接受域或位于临界值内外来决定接受或拒绝零假设.

显著性水平值越小越有利于接受零假设，越大越有利于拒绝零假设. 因此，为增强说服力，人们总是选择尽可能大的 α 值以接受零假设，选择尽可能小的 α 值以拒绝零假设. 要达到此目的，常常不事先指定显著性水平，而是先去计算样本观察值下检验统计量的 P 值.

所谓 P 值(P-value)是一个概率值，在左侧检验时 P 值为检验统计量小于等于统计值的概率，在右侧检验时 P 值为检验统计量大于等于统计值的概率，双侧检验则为上述两类概率之和，其中一个取统计值，另一个取统计值的对称值.

P 值其实就是可以拒绝(接受)零假设的 α 的最小(大)值. 也就是说，当 α 大于 P 值时拒绝零假设，否则就接受. 因此，P 值也被称为观测到的显著性水平或者显著概率(表 3-1).

表 3-1　右侧 Z 检验统计决断规则

Z 值	P 值	显著性	检验结果
$Z<Z_{0.05}$	$P>0.05$	不显著	接受 H_0，拒绝 H_1
$Z_{0.05}\leqslant Z^{*}<Z_{0.01}$	$0.01<P\leqslant 0.05$	显著*	在 $\alpha=0.01$ 水平，接受 H_0，拒绝 H_1 在 $\alpha=0.05$ 水平，拒绝 H_0，接受 H_1
$Z^{**}\geqslant Z_{0.01}$	$P\leqslant 0.01$	极其显著**	拒绝 H_0，接受 H_1

3.1.5 两类错误

假设检验是基于概率特性的检验，它可能会犯两类错误．一类错误是假设正确却被拒绝，另一类错误是假设错误却被接受．

假定我们是在显著性水平值 α 下作假设检验，从图 3-3 可以看出，犯第一类错误(error of the first kind)的概率正好就是 α(因此第一类错误也称为 α 错误)，而犯第二类错误(error of the second kind)的概率则为另一阴影部分面积，设为 β(因此第二类错误也称为 β 错误)．

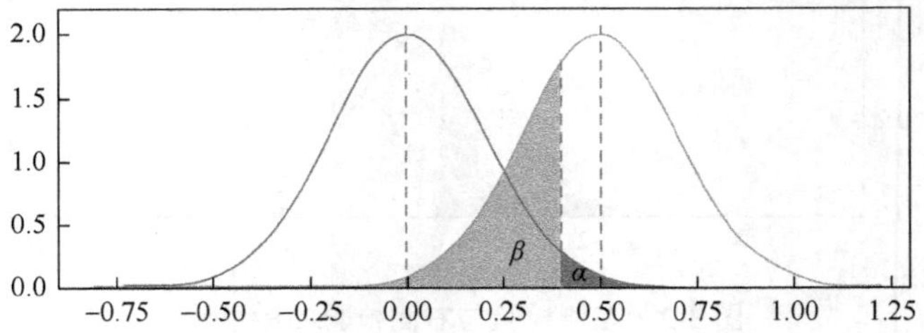

图 3-3　两类错误的概率

从图 3-3 中还可以看出，两类错误的概率有一种此消彼长的关系．控制一类错误的概率变小，必然导致另一类错误的概率变大．也就是说，我们不能期望通过改变显著性水平而使两类错误的概率都变小．因此，实践中我们需要在两类错误间作出折中或取舍，选择合适的显著性水平．

比如，当拒绝一个属真的假设其后果是非常严重的，这时可选用较小的显著性水平值．而当拒绝一个属真的假设其后果不甚严重，这时选用的显著性水平可大些．通常情况下我们总是希望犯第一类错误的概率要小些．

同时控制两类错误可行的方法是增大样本的容量．这是因为样本容量越大，统计量的抽样误差就会越小（如就样本均值而言，它的标准差为 $\frac{\sigma}{\sqrt{n}}$，其随 n 的增大而减小），于是其概率分布曲线就会越趋高狭，从而两类假设对应的分布曲线就会越分离．从图 3-4 可以看出，$n=100$ 比起 $n=25$，犯两类错误的概率都较小些．

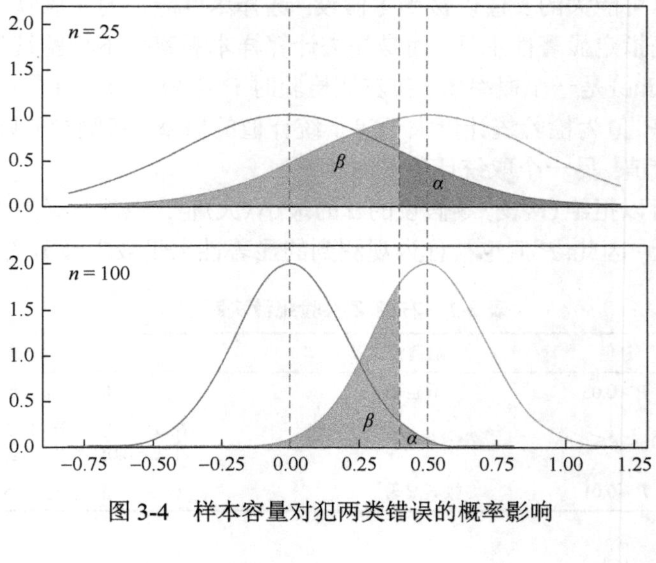

图 3-4　样本容量对犯两类错误的概率影响

3.2 参数检验

参数检验(parametric test)是在总体分布类型已知，但其中参数未知的条件下，统计假设只涉及未知参数的假设检验.

3.2.1 正态总体的抽样分布定理

定理 3-1 设 $X_1, X_2, \cdots, X_n$ 是来自总体 $\mathscr{N}(\mu,\sigma^2)$ 的样本，样本均值和样本方差①分别为 $\bar{X}, S^2$. 则有

(1) $\dfrac{\bar{X}-\mu}{\dfrac{\sigma}{\sqrt{n}}} \sim \mathscr{N}(0,1)$;

(2) $\dfrac{(n-1)S^2}{\sigma^2} \sim \chi^2(n-1)$;

(3) $\dfrac{\bar{X}-\mu}{\dfrac{S}{\sqrt{n}}} \sim t(n-1)$ 且 $\bar{X}$ 与 S^2 相互独立.

定理 3-2 设 $X_1, X_2, \cdots, X_{n_1}$ 是来自总体 $\mathscr{N}(\mu_1,\sigma_1^2)$ 的样本，样本均值和样本方差②分别为 $\bar{X}, S_1^2$. $Y_1, Y_2, \cdots, Y_{n_2}$ 是来自总体 $\mathscr{N}(\mu_2,\sigma_2^2)$ 的样本，样本均值和样本方差分别为 $\bar{Y}, S_2^2$，且 $X_1, X_2, \cdots, X_{n_1}$ 与 $Y_1, Y_2, \cdots, Y_{n_2}$ 之间相互独立，则有

(1) $\dfrac{(\bar{X}-\bar{Y})-(\mu_1-\mu_2)}{\sqrt{\dfrac{\sigma_1^2}{n_1}+\dfrac{\sigma_2^2}{n_2}}} \sim \mathscr{N}(0,1)$;

(2) $\dfrac{S_1^2}{S_2^2} \Big/ \dfrac{\sigma_1^2}{\sigma_2^2} \sim F(n_1-1, n_2-1)$;

(3) 当 $\sigma_1^2=\sigma_2^2$ 时，$\dfrac{(\bar{X}-\bar{Y})-(\mu_1-\mu_2)}{\sqrt{\dfrac{(n_1-1)S_1^2+(n_2-1)S_2^2}{n_1+n_2-2}\cdot\left(\dfrac{1}{n_1}+\dfrac{1}{n_2}\right)}} \sim t(n_1+n_2-2)$.

3.2.2 单正态总体均值检验

设 $X \sim \mathscr{N}(\mu, \sigma^2)$，$\mu$ 未知. 已知 $X_1, X_2, \cdots, X_n$ 是来自总体 X 的样本，要根据此检验假设

$$H_0: \mu = \mu_0$$

其中，μ_0 是已知的常数.

这是单正态总体均值检验问题，它的检验方法总结为表 3-2.

---

① 这里的样本方差指总体方差的无偏估计. 3.2 节都采用同样的意义.

② 同①.

表 3-2　单正态总体均值检验

适用情形		检验统计量	检验类型	备注
σ 已知		$Z=\dfrac{\overline{X}-\mu_0}{\dfrac{\sigma}{\sqrt{n}}}$	Z 检验	
σ 未知	小样本 ($n \leqslant 30$)	$t=\dfrac{\overline{X}-\mu_0}{\dfrac{S}{\sqrt{n}}}$	t 检验	$\mathrm{df}=n-1$
	大样本 ($n>30$)	$Z=\dfrac{\overline{X}-\mu_0}{\dfrac{S}{\sqrt{n}}}$	Z 检验	大样本时 t 分布近似正态

3.2.3　双正态总体均值差异检验

双正态总体的均值差异检验有时需要事先进行方差齐性检验(homogeneity test of variance). 设 $X\sim\mathcal{N}(\mu_1,\sigma_1^2)$, $Y\sim\mathcal{N}(\mu_2,\sigma_2^2)$, σ_1, σ_2 未知. 已知 $X_1, X_2, \cdots, X_{n_1}$ 是来自总体 X 的样本, $Y_1, Y_2, \cdots, Y_{n_2}$ 是来自总体 Y 的样本, 要根据此检验假设

$$H_0\colon \sigma_1=\sigma_2$$

总体 X 的样本 $X_1,X_2,\cdots,X_{n_1}$ 与总体 Y 的样本 $Y_1,Y_2,\cdots,Y_{n_2}$ 之间可能是独立的, 也可能是相关的. 这里, 相关样本的假定: $(X_1, Y_1), (X_2, Y_2), \cdots, (X_n, Y_n)$是来自总体$(X, Y)$的样本. 不同情形有不同检验方法, 如表 3-3 所示.

表 3-3　双正态总体方差齐性检验

适用情形	检验统计量	检验类型	备注
独立样本	$F=\dfrac{S_1^2}{S_2^2}$	F 检验	$\mathrm{df}_1=n_1-1, \mathrm{df}_2=n_2-1$ F 值表只列有右侧临界值, 故 F 检验多采用右侧检验, 此时计算 F 值时应选择 $S_1^2 \geqslant S_2^2$
相关样本	$t=\dfrac{S_1^2-S_2^2}{\sqrt{\dfrac{4S_1^2S_2^2(1-r^2)}{n-2}}}$	t 检验	$r=\dfrac{\sum_{i=1}^{n}(X_i-\overline{X})(y_i-y)}{(n-1)S_1\cdot S_2}$,　$\mathrm{df}=n-1$

设 $X\sim\mathcal{N}(\mu_1,\sigma_1^2)$, $Y\sim\mathcal{N}(\mu_2,\sigma_2^2)$, μ_1, μ_2 未知. 已知 $X_1,X_2,\cdots,X_{n_1}$ 是来自总体 X 的样本, $Y_1,Y_2,\cdots,Y_{n_2}$ 是来自总体 Y 的样本, 要根据此检验假设

$$H_0\colon \mu_1=\mu_2$$

这是双正态总体的均值差异检验. 同样地, 两总体的样本之间可能是独立的, 也可能是相关的, 两类样本的检验方法如表 3-4 所示.

表 3-4 双正态总体均值差异检验

适用情形			检验统计量	检验类型	备注
独立样本	小样本 $(\exists n_i \leqslant 30)$	σ_1,σ_2 已知	$Z=\dfrac{\overline{X}-\overline{Y}}{\sqrt{\dfrac{\sigma_1^2}{n_1}+\dfrac{\sigma_2^2}{n_2}}}$	Z 检验	
		$\sigma_1=\sigma_2$	$t=\dfrac{\overline{X}-\overline{Y}}{\sqrt{\dfrac{(n_1-1)S_1^2+(n_2-1)S_2^2}{n_1+n_2-2}\cdot\dfrac{n_1+n_2}{n_1n_2}}}$	t 检验	$\mathrm{df}=n_1+n_2-2$
		$\sigma_1\neq\sigma_2$	$t'=\dfrac{\overline{X}-\overline{Y}}{\sqrt{\dfrac{S_1^2}{n_1}+\dfrac{S_2^2}{n_2}}}$	t'检验	t' 检验临界值的计算公式: $t'_\alpha=\dfrac{\dfrac{S_1^2}{n_1}t_\alpha(n_1-1)+\dfrac{S_2^2}{n_2}t_\alpha(n_2-1)}{\dfrac{S_1^2}{n_1}+\dfrac{S_2^2}{n_2}}$
	大样本 $(\forall n_i>30)$		$Z=\dfrac{\overline{X}-\overline{Y}}{\sqrt{\dfrac{(n_1-1)S_1^2}{n_1^2}+\dfrac{(n_2-1)S_2^2}{n_2^2}}}\approx\dfrac{\overline{X}-\overline{Y}}{\sqrt{\dfrac{S_1^2}{n_1}+\dfrac{S_2^2}{n_2}}}$	Z 检验	大样本时 t' 分布近似正态
相关样本	小样本 $(n\leqslant 30)$		$t=\dfrac{\overline{X}-\overline{Y}}{\sqrt{\dfrac{S_1^2+S_2^2-2rS_1S_2}{n}}}$	t 检验	$r=\dfrac{\sum_{i=1}^{n}(X_i-\overline{X})(y_i-y)}{(n-1)S_1\cdot S_2}$, $\mathrm{df}=n-1$
	大样本 $(n>30)$		$Z=\dfrac{\overline{X}-\overline{Y}}{\sqrt{\dfrac{S_1^2+S_2^2-2rS_1S_2}{n}}}$	Z 检验	$r=\dfrac{\sum_{i=1}^{n}(X_i-\overline{X})(y_i-y)}{(n-1)S_1\cdot S_2}$, 大样本时 t 分布近似正态

3.2.4 两个例题

例 3-1 今年某市中考数学平均分为 65, 从中随机抽取某校 20 份试卷, 成绩如下: 72, 76, 68, 78, 62, 59, 64, 85, 70, 75, 61, 74, 87, 83, 54, 76, 56, 66, 68, 62. 问该校全部考生平均分与全市是否一致?

解 这是一个单正态总体均值检验问题.

(1) 建立假设.

$$H_0:\ \mu=65,\quad H_1:\ \mu\neq 65$$

(2) 选择检验统计量并计算其值.

考虑到 σ 未知, $n=20$, 选择检验统计量 $t=\dfrac{\overline{X}-\mu_0}{\dfrac{S}{\sqrt{n}}}$, 其样本观察值为

$$t=\frac{\overline{X}-\mu_0}{\dfrac{S}{\sqrt{n}}}=\frac{69.8-65}{\dfrac{9.474}{\sqrt{20}}}=2.266$$

(3) 确定检验形式.

采用双侧检验.

(4) 作出统计决断.

(法一) 根据 $\mathrm{df}=n-1=19$, 查表 (附表 3) 得 $t_{0.025}=2.093$, $t_{0.005}=2.861$. 由于 $2.093<$

$|2.266^*|<2.861$，所以在 $\alpha=0.05$ 的显著性水平上拒绝 H_0 而接受 H_1，在 $\alpha=0.01$ 的显著性水平上接受 H_0 而拒绝 H_1，即该校全部考生平均分与全市有显著性差异(*).

(法二)根据 $df=n-1=19$，查表(附表 3)得 $t=2.266$ 对应的双侧 P 值为 0.04. 由于 $0.01<0.04<0.05$，所以该校全部考生平均分与全市有显著性差异(*).

例 3-2 为了解某种教学新法的教学效果，现从高中生中随机抽取 19 名学生，分成两个小组进行对比实验：实验组采用改革新法，对照组沿用传统旧法. 经过一段时间教学后，两组进行统一测验，结果如表 3-5 所示. 问改革新法是否优于传统旧法？

表 3-5　教法对比实验分组测验成绩表

组别	人数	测验成绩
实验组	10	64, 58, 65, 56, 58, 45, 55, 63, 66, 69
对照组	9	60, 59, 57, 41, 38, 52, 46, 51, 49

解　先作双正态总体方差齐性检验.

(1) 建立假设

$$H_0:\ \sigma_1^2=\sigma_2^2,\quad H_1:\ \sigma_1^2\neq\sigma_2^2$$

(2) 选择统计量并计算其值.

考虑到独立样本，选择检验统计量 $F=\dfrac{S_2^2}{S_1^2}$，其样本观察值为 $F=\dfrac{S_2^2}{S_1^2}=\dfrac{59.500}{48.989}=1.21$.

(3) 确定检验形式.

采用右侧检验.

(4) 作出统计决断.

根据 $df_2=n_2-1=8$，$df_1=n_1-1=9$，查表(附表 4)得 $F_{0.05}=3.23$，$F_{0.01}=5.47$. 由于 $1.21<3.23<5.47$，所以在 $\alpha=0.05$ 及 $\alpha=0.01$ 显著性水平上都是接受 H_0，而拒绝 H_1，即两总体方差齐性.

再作双正态总体均值差异检验.

(1) 建立假设

$$H_0:\ \mu_1=\mu_2,\quad H_1:\ \mu_1>\mu_2$$

(2) 选择检验统计量并计算其值.

考虑到独立样本，$n_1=10$，$n_2=9$，$\sigma_1=\sigma_2$，选择检验统计量 $t=\dfrac{\overline{X}-\overline{Y}}{\sqrt{\dfrac{(n_1-1)S_1^2+(n_2-1)S_2^2}{n_1+n_2-2}\cdot\dfrac{n_1+n_2}{n_1n_2}}}$，

其样本观察值为

$$t=\frac{\overline{X}-\overline{Y}}{\sqrt{\dfrac{(n_1-1)S_1^2+(n_2-1)S_2^2}{n_1+n_2-2}\cdot\dfrac{n_1+n_2}{n_1n_2}}}=\frac{59.900-50.333}{\sqrt{\dfrac{(10-1)\times48.989+(9-1)\times59.500}{10+9-2}\cdot\dfrac{10+9}{10\times9}}}=2.835$$

(3) 确定检验形式.

采用右侧检验.

(4) 作出统计决断.

根据 $df = n_1 + n_2 - 2 = 17$，查表(附表 3)得，$t_{0.05} = 1.740$，$t_{0.01} = 2.567$. 由于 $1.740 < 2.567 < 2.835^{**}$，所以在 $\alpha = 0.05$ 及 $\alpha = 0.01$ 显著性水平上都是拒绝 H_0，而接受 H_1，即改革新法与传统旧法相比，有极其显著(**)的优越性.

3.3 分 布 检 验

3.3.1 顺序统计量与经验分布函数

检验总体分布是否具有某种指定的类型，称为分布拟合检验(goodness of fit test). 分布拟合检验需要用到顺序统计量与经验分布函数.

设 $X_1, X_2, \cdots, X_n$ 是来自总体 X 的样本，$X_{(1)}, X_{(2)}, \cdots, X_{(n)}$ 是 $X_1, X_2, \cdots, X_n$ 的一个重排，且 $X_{(1)} \leqslant X_{(2)} \leqslant \cdots \leqslant X_{(n)}$，则称 $X_{(1)}, X_{(2)}, \cdots, X_{(n)}$ 是由样本 $X_1, X_2, \cdots, X_n$ 生成的顺序统计量(order statistic).

设 $X_1, X_2, \cdots, X_n$ 是来自总体 X 的样本，称 $F_n(x) = \dfrac{1}{n}K(x)$，$-\infty < x < +\infty$ 为样本 $X_1, X_2, \cdots, X_n$ 的经验分布函数(empirical distribution function). 其中，$K(x)$ 表示 $X_1, X_2, \cdots, X_n$ 中不大于 x 的个数.

对给定样本 $X_1, X_2, \cdots, X_n$，$F_n(x)$ 作为 x 的函数是一个分布函数，也是一个阶梯跳跃函数，每个样本值都是跳跃点，每次跳跃度是 $\dfrac{1}{n}$；对给定 x 值，$F_n(x)$ 作为样本 $X_1, X_2, \cdots, X_n$ 的函数是一个统计量.

经验分布函数有如下重要结果(Glivenko, 1933)：

$$P\{\lim_{n\to\infty} \sup_{-\infty<x<+\infty} |F_n(x) - F(x)| = 0\} = 1$$

3.3.2 P-P 图与 Q-Q 图

通过直方图和经验分布图可以直观判断样本数据是否服从某种分布或分布类型，如图 3-5 和图 3-6 所示.

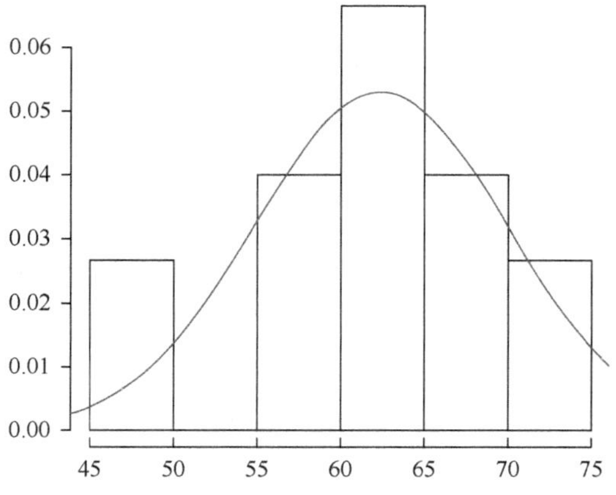

图 3-5　直方图估计总体分布

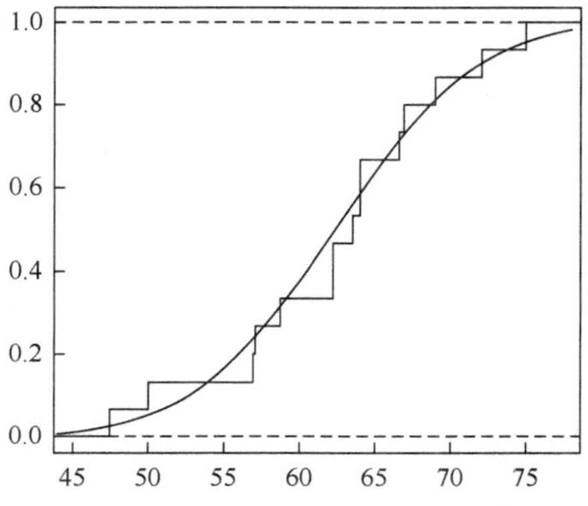

图 3-6　经验分布图估计总体分布

分布检验更好的直观工具是 P-P 图和 Q-Q 图. P-P 图是将数据的累积频率与理论累积频率进行比较, Q-Q 图是将数据的分位数与理论分位数进行比较.

P-P 图(percent-percent plot 或 probability-probability plot 或 P value plot)是由样本数据的累积频率①与指定分布的累积频率所绘制的散点图, 如图 3-7 所示. P-P 图可以检验样本数据是否符合指定的分布. 如果 P-P 图中各点近似成直线 $y=x$, 则样本数据符合指定分布. 如果不满足, 但有一定规律, 可先对样本数据作适当变换再绘图判断.

Q-Q 图(quantile-quantile plot)是由样本数据的分位数与指定分布的分位数所绘制的散点图, 如图 3-8 所示. Q-Q 图和 P-P 图的用途完全相同, 只是检验方法略有差异, 要更方便些. 如果 Q-Q 图中各点近似呈直线 $y=x$, 则样本数据符合指定分布. 如果只是近似呈直线, 但不一定在直线 $y=x$ 上, 则样本的线性函数符合指定分布, 或者说样本数据分布与指定分布线性相关②. 我们也可先对样本数据作适当变换再绘制 Q-Q 图判断.

利用 Q-Q 图鉴别样本数据是否符合正态分布显得特别方便, 只需看 Q-Q 图上的点是否近似地在一条直线上. 若成立, 则该直线的斜率为正态分布的标准差 σ, 截距为正态分布的均值 μ.

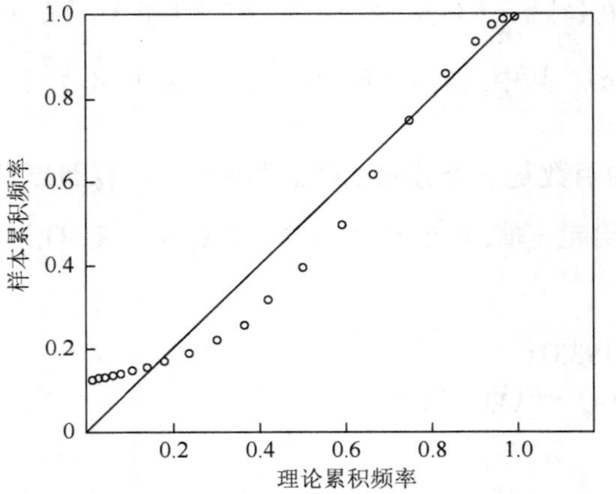

图 3-7　P-P 图与总体分布检验图

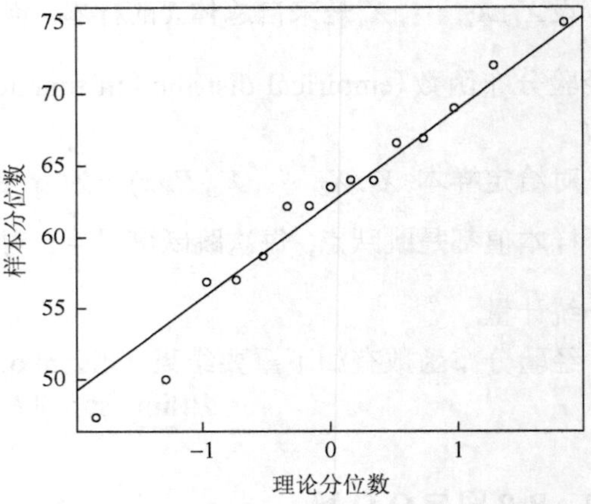

图 3-8　Q-Q 图与总体分布检验

3.3.3　皮尔逊拟合优度 χ^2 检验

3.3.3.1　分布检验

设 $X \sim F(x)$, $F(x)$未知. 已知 $X_1, X_2, \cdots, X_n$ 是来自总体 X 的样本, 要根据此检验假设

$$H_0: F(x) = F_0(x), \quad H_1: F(x) \neq F_0(x)$$

其中, $F_0(x)$是某个已知的分布函数.

将 X 的值域 I 剖分成 m 个两两不相交的区域 $I_1, I_2, \cdots, I_m$. 设 p_i $(i=1, 2, \cdots, m)$表示按分布 $F_0(x)$, 随机变量 X 落在区域 I_i 的概率, 即

$$p_i = P_{F_0}\{X \in I_i\}, \quad i = 1,2,\cdots,m$$

---

① 统计实践中, 第 i 个顺序数据的累积频率往往采用如下修正公式计算: $\dfrac{i-0.375}{n+0.25}, i=1,2,\cdots,n$.

② 理论依据: 若 $y=ax+b$, 则 $\dfrac{y-b}{a}=x$.

则假设 H_0 即

$$P\{X \in I_i\} = p_i, \quad i = 1, 2, \cdots, m$$

引进皮尔逊(Pearson)χ^2 统计量

$$K_n = \sum_{i=1}^{m} \frac{(n_i - np_i)^2}{np_i}$$

其中，n_i 表示 $X_1, X_2, \cdots, X_n$ 落在区间 I_i 的个数. 显然，K_n 值越小，实际分布与假设分布差别越小. 在假设 H_0 成立的条件下，当 $n \to \infty$ 时，皮尔逊 χ^2 统计量 K_n 有渐近分布 $\chi^2(m-1)$. 因此，在大样本情形下，对于给定显著性水平 α，当 $K_n > \chi^2_\alpha(m-1)$ 时，拒绝原假设.

例 3-3 从某小学随机抽取76名学生进行调查，其中50人不喜欢数学，26人喜欢数学，问该校学生喜欢和不喜欢数学的人数是否相等？

解 这是一个分布检验问题.

(1) 建立假设.

H_0: 喜欢和不喜欢数学人数比率为 1∶1

H_1: 喜欢和不喜欢数学人数比率不为 1∶1

(2) 计算 χ^2 值(表 3-6).

表 3-6 χ^2 值计算表(例 3-3)

组别	实际频数	理论频数	频数差异	χ^2 值
喜欢数学	26	38	−12	3.79
不喜欢数学	50	38	12	3.79
总和	76	76	0	7.58

(3) 作出统计决断.

根据 df = m−1 = 1，查表(附表 2)得，$\chi^2_{0.01} = 6.63$，$\chi^2_{0.05} = 3.84$. 由于 3.84＜6.63＜7.58**，所以在显著性水平 $\alpha = 0.05$ 及 $\alpha = 0.01$ 上都是拒绝 H_0，而接受 H_1，即该校喜欢和不喜欢数学的学生人数不相等，并有极显著(**)的差异.

3.3.3.2 分布族检验

设 $X \sim F(x)$, $F(x)$未知. 已知 $X_1, X_2, \cdots, X_n$ 是来自总体 X 的样本，要根据此检验假设

$$H_0: F(x) \in \{F_\theta(x) : \theta \in \Theta\}, \quad H_1: F(x) \notin \{F_\theta(x) : \theta \in \Theta\}$$

其中，$F_\theta(x)$是某个包含未知参数 θ 的分布函数.

可按下述方法进行检验:

先通过样本作出 θ 的极大似然估计 $\hat{\theta}$，再按前述过程检验假设

$$H_0: F(x) = F_{\hat{\theta}}(x)$$

不同的是，此时皮尔逊 χ^2 统计量 K_n 近似服从 $\chi^2(m-r-1)$，其中 r 表示未知参数 θ 的维数，$m > r+1$.

例 3-4 某班有 33 名学生，数学考试成绩如下:

45, 50, 54, 55, 61, 64, 68, 71, 72, 75, 75

76, 76, 78, 79, 81, 83, 84, 84, 84, 85, 86
86, 86, 87, 89, 89, 89, 90, 91, 91, 92, 98

检验这次数学成绩是否服从正态分布.

解　先作直观判断: 作 Q-Q 图（图 3-9），发现散点落在一条直线上直观上不明显, 所以不易判断数学成绩是否服从正态分布.

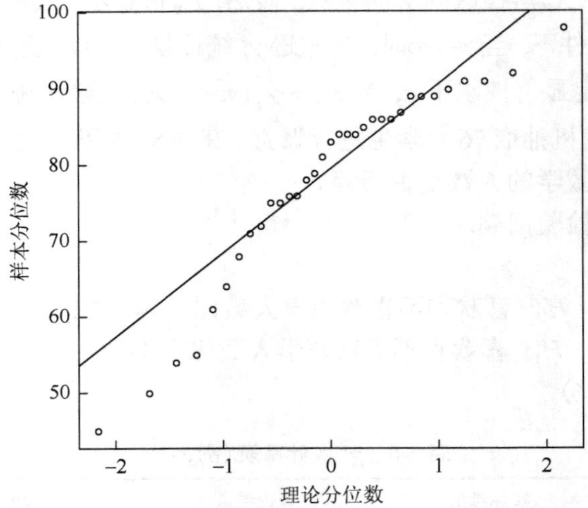

图 3-9　某班学生数学考试成绩正态 Q-Q 图

再作假设检验:

(1) 计算样本均值和样本方差.

$$\overline{X}=78,\quad S^2=13.21^2$$

(2) 建立假设.

$$H_0:\ X\sim\mathcal{N}(78,13.21^2),\quad H_1: X\text{不服从正态分布}$$

(3) 样本分组并计算 χ^2 值.

表 3-7　χ^2 值计算表(例 3-4)

组别	Z 值	实际频数	理论频数	频数差异	χ^2 值
<70	<−0.6056	7	8.99	−1.99	0.4405
70～80	−0.6056～0.1514	8	9.50	−1.50	0.2368
80～90	0.1514～0.9084	13	8.51	4.49	2.3690
>90	>0.9084	5	6.00	−1	0.1667
总和		33	33	0	3.213

(4) 作出统计决断.

根据 $\mathrm{df}=m-1-r=1$, 查表(附表 2)得 $\chi^2=3.213$ 对应的 P 值为 0.075. 由于 0.01<0.05<0.075, 所以这次数学成绩服从正态分布.

3.3.4 科尔莫戈罗夫-斯米尔诺检验

3.3.4.1 单样本检验(D_n 检验)

设 $X\sim F(x)$, $F(x)$未知. 已知 $X_1, X_2, \cdots, X_n$ 是来自总体 X 的样本, 要根据此检验假设

$$H_0: F(x) = F_0(x), \quad H_1: F(x) \neq F_0(x)$$

其中, $F_0(x)$是某个已知的分布函数.

引进检验统计量

$$D_n = \sup_{-\infty<x<+\infty} \left|F_n(x) - F_0(x)\right|$$

其中, $F_n(x)$是样本的经验分布函数. 显然, D_n 值越小, 实际分布与假设分布差别越小.

在假设 H_0 成立的条件下, 对于任意 $\lambda>0$, 有

$$\lim_{n\to\infty} P\left(\sqrt{n}D_n < \lambda\right) = \sum_{k=-\infty}^{+\infty} (-1)^k \mathrm{e}^{-2k^2\lambda^2}$$

记

$$Q(\lambda) = \sum_{k=-\infty}^{+\infty} (-1)^k \mathrm{e}^{-2k^2\lambda^2}$$

在给定显著性水平 α 下, 设 $Q(\lambda_\alpha) = 1-\alpha$, 当 $\sqrt{n}D_n > \lambda_\alpha$ 时, 拒绝原假设.

3.3.4.2 双样本检验

设 $X\sim F(x)$, $Y\sim G(x)$, $F(x)$, $G(x)$均为连续函数且未知. 已知 $X_1, X_2, \cdots, X_m$ 是来自总体 X 的样本, $Y_1, Y_2, \cdots, Y_n$ 是来自总体 Y 的样本, 要根据此检验假设

$$H_0: F(x) = G(x), \quad H_1: F(x) \neq G(x)$$

引进检验统计量

$$D_{mn} = \sup_{-\infty<x<+\infty} \left|F_m(x) - G_n(x)\right|$$

其中, $F_m(x)$为样本 $X_1, X_2, \cdots, X_m$ 的经验分布函数, $G_n(x)$为样本 $Y_1, Y_2, \cdots, Y_n$ 的经验分布函数.

D_{mn} 的值只与合样本 $X_1, X_2, \cdots, X_m$, $Y_1, Y_2, \cdots, Y_n$ 的大小排列顺序(秩)有关. 显然, D_{mn} 的值越小, 两总体分布差别越小. 因为检验统计量 D_{mn} 本质上属于 3.4 节所说的秩检验, 所以, 在 $F(x)$, $G(x)$连续的条件下, 当假设 H_0 成立时, D_{mn} 的分布与 $F(x)$, $G(x)$无关.

在假设 H_0 成立的条件下, 对于任意 $\lambda>0$, 有

$$\lim_{m,n\to\infty} P\left(\sqrt{\frac{mn}{m+n}}D_{mn} < \lambda\right) = \sum_{k=-\infty}^{+\infty} (-1)^k \mathrm{e}^{-2k^2\lambda^2}$$

记

$$Q(\lambda) = \sum_{k=-\infty}^{+\infty} (-1)^k \mathrm{e}^{-2k^2\lambda^2}$$

在给定显著性水平 α 下, 设 $Q(\lambda_\alpha) = 1-\alpha$, 当 $\sqrt{\frac{mn}{m+n}}D_{mn} > \lambda_\alpha$ 时, 拒绝原假设.

3.3.5 麦克尼马尔检验

设 X, Y 为取值为 0, 1 的离散型随机变量. 已知$(X_1, Y_1), (X_2, Y_2), \cdots, (X_n, Y_n)$是来自总体$(X, Y)$的样本, 要根据此检验假设

$$H_0:\ P\{X>Y\}=P\{X<Y\}$$

记

$$Z=X-Y$$
$$Z_i=X_i-Y_i,\quad i=1,2,\cdots,n$$

则问题转化为: 已知 $Z_i\neq 0\,(i=1, 2, \cdots, n)$是来自总体 Z 的样本, 要根据此检验假设

$$H_0':\ P\{Z>0\}=P\{Z<0\}=\frac{1}{2}$$

这可以看作一个分组数为 2 的皮尔逊拟合优度 χ^2 检验.

考虑皮尔逊 χ^2 统计量的计算. 设 $n_\uparrow$表示 $Z_i=X_i-Y_i\,(i=1, 2, \cdots, n)$为负的个数, $n_\downarrow$表示 $Z_i=X_i-Y_i\,(i=1, 2, \cdots, n)$为正的个数, 则

$$K_n=\frac{\left(n_\uparrow-\dfrac{n_\uparrow+n_\downarrow}{2}\right)^2}{\dfrac{n_\uparrow+n_\downarrow}{2}}+\frac{\left(n_\downarrow-\dfrac{n_\uparrow+n_\downarrow}{2}\right)^2}{\dfrac{n_\uparrow+n_\downarrow}{2}}=\frac{(n_\uparrow-n_\downarrow)^2}{n_\uparrow+n_\downarrow}$$

3.3.6 符号检验

已知$(X_1, Y_1), (X_2, Y_2), \cdots, (X_n, Y_n)$是来自总体$(X, Y)$的样本, 要根据此检验假设

$$H_0:\ P\{X>Y\}=P\{X<Y\}$$

记

$$Z=X-Y$$
$$Z_i=X_i-Y_i,\quad i=1,2,\cdots,n$$

则问题转化为: 已知 $Z_i\neq 0\,(i=1, 2, \cdots, n)$是来自总体 Z 的样本, 要根据此检验假设

$$H_0':\ P\{Z>0\}=P\{Z<0\}=\frac{1}{2}$$

设 $n_\uparrow$表示 $Z_i=X_i-Y_i\,(i=1, 2, \cdots, n)$为负的个数, $n_\downarrow$表示 $Z_i=X_i-Y_i\,(i=1, 2, \cdots, n)$为正的个数, 则

$$n_\uparrow\sim B\left(n,\frac{1}{2}\right),\quad n_\downarrow\sim B\left(n,\frac{1}{2}\right)$$

大样本的情况下

$$n_\uparrow\sim\mathcal{N}\left(\frac{n}{2},\frac{n}{4}\right),\quad n_\downarrow\sim\mathcal{N}\left(\frac{n}{2},\frac{n}{4}\right)$$

例 3-5 最近某毕业班举行了两次高考模拟考试, 32 名同学的成绩如表 3-8 所示, 问:

(1) 全班同学前后两次成绩有没有进步?

(2) 假设 600 分是一流高校录取优秀学生的最低分, 问如果按这样的成绩标准, 全班同学前后两次的录取有没有差异?

表 3-8　某毕业班同学两次高考模拟考试成绩表

序号	1	2	3	4	5	6	7	8	9	10	11	12	13	14	15	16
前次成绩	590	585	606	591	571	620	584	590	614	589	565	580	611	608	602	608
后次成绩	592	588	603	599	574	604	593	601	610	597	562	582	615	598	604	612
序号	17	18	19	20	21	22	23	24	25	26	27	28	29	30	31	32
前次成绩	594	576	609	587	582	603	606	604	586	592	594	573	580	618	610	595
后次成绩	600	575	613	595	589	598	616	607	570	610	601	578	584	612	610	599

解　(1) 采用符号检验.

(i) 建立假设.

$$H_0: P\{前次成绩>后次成绩\} = P\{前次成绩<后次成绩\}$$

$$H_1: P\{前次成绩>后次成绩\} < P\{前次成绩<后次成绩\}$$

(ii) 考虑到大样本情况, 选择检验统计量

$$Z = \frac{n_{\uparrow} - \frac{n}{2}}{\frac{\sqrt{n}}{2}}$$

由表 3-8 知, 样本容量 $n = 31$, $n_{\uparrow}$的样本观察值为 22, 所以 Z 的样本观察值为

$$Z = \frac{n_{\uparrow} - \frac{n}{2}}{\frac{\sqrt{n}}{2}} = \frac{22 - \frac{31}{2}}{\frac{\sqrt{31}}{2}} = 2.3349$$

(iii) 查正态分布表(附表 1)得 $Z = 2.3349$ 对应的右侧 P 值为 0.0098. 由于 $0.0098^{**} < 0.01 < 0.05$, 所以全班同学前后两次成绩有极其显著进步(**).

(2) 采用麦克尼马尔检验.

(i) 以 600 分为达标标准, 重新整理成绩表, 如表 3-9 所示, 达标记为 1, 未达标记为 0.

表 3-9　某毕业班同学两次高考模拟考试达标情况表

序号	1	2	3	4	5	6	7	8	9	10	11	12	13	14	15	16
前次成绩	0	0	1	0	0	1	0	0	1	0	0	0	1	1	1	1
后次成绩	0	0	1	0	0	1	0	1	1	0	0	0	1	0	1	1
序号	17	18	19	20	21	22	23	24	25	26	27	28	29	30	31	32
前次成绩	0	0	1	0	0	1	1	1	0	0	0	0	0	1	1	0
后次成绩	1	0	1	0	0	0	1	1	0	1	1	0	0	1	1	0

(ii) 建立假设

$$H_0: P\{前次成绩>后次成绩\} = P\{前次成绩<后次成绩\}$$

$$H_1: P\{前次成绩>后次成绩\} < P\{前次成绩<后次成绩\}$$

(iii) 选择皮尔逊 χ^2 检验统计量

$$K_n = \frac{(n_{\uparrow} - n_{\downarrow})^2}{n_{\uparrow} + n_{\downarrow}}$$

由表 3-9 知, $n_{\uparrow}$的样本观察值为 4, $n_{\downarrow}$的样本观察值为 2. 所以 K_n 的样本观察值为

$$K_n = \frac{(n_{\uparrow} - n_{\downarrow})^2}{n_{\uparrow} + n_{\downarrow}} = \frac{(4-2)^2}{4+2} = 0.6667$$

(iv) 根据 $\mathrm{df} = m-1 = 1$, 查 χ^2 分布表(附表 2)得 $K_n = 0.6667$ 对应的 P 值为 0.4200. 由于 $0.01 < 0.05 < 0.4200$, 所以全班同学前后两次的录取没有显著差异.

3.4 秩检验

3.4.1 秩统计量与结

设 $X_1, X_2, \cdots, X_n$ 是一组样本(不必来自同一总体), 将 $X_1, X_2, \cdots, X_n$ 按从小到大排成一列. 如样本值相等, 按原始顺序自然入列. 用 $R_1, R_2, \cdots, R_n$ 表示 $X_1, X_2, \cdots, X_n$ 在排列中的位置序号, 并称 $R_1, R_2, \cdots, R_n$ 是由样本 $X_1, X_2, \cdots, X_n$ 生成的秩统计量(rank statistic).

秩统计量的一个重要特性是分布无关性(distribution-freeness).

设 $X_1, X_2, \cdots, X_n$ 是来自连续型总体的独立同分布样本, 则秩统计量 $R_1, R_2, \cdots, R_n$ 的分布是离散型均匀分布, 即对于 $1, 2, \cdots, n$ 的任意排列 $i_1, i_2, \cdots, i_n$, 有

$$P\{R_1 = i_1, R_2 = i_2, \cdots, R_n = i_n\} = \frac{1}{n!}$$

设 $X_{(1)}, X_{(2)}, \cdots, X_{(n)}$是由样本 $X_1, X_2, \cdots, X_n$ 由小到大排成的序列. 当 $X_{(t+1)} = X_{(t+2)} = \cdots = X_{(t+m)}$ (其中, $0 \leqslant t \leqslant n-m$, $m \geqslant 1$) 且 $X_{(i)} \neq X_{(t+1)}, i \in \{1, 2, \cdots, n\} - \{t+1, t+2, \cdots, t+m\}$ 时, 称 $X_{(t+1)}, X_{(t+2)}, \cdots, X_{(t+m)}$或秩 $t+1, t+2, \cdots, t+m$ 是一个结(tie), m 为该结的长度, 记作 $\tau = m$. 此时, 也称样本 $X_1, X_2, \cdots, X_n$ 包含一个长度为 m 的结.

若 R 是由样本 $X_1, X_2, \cdots, X_n$ 生成的某个秩统计量, R 所在的结为 $R-s, \cdots, R-1, R, R+1, \cdots, R+t$ (其中, $s+1 \leqslant R \leqslant n-t$, $s, t \geqslant 0$), 则

$$a(R) = \frac{(R-s) + \cdots + (R-1) + R + (R+1) + \cdots + (R+t)}{s+t+1}$$

称为样本 $X_1, X_2, \cdots, X_n$ 上的秩调整函数.

这种定义调整函数的方式也称为平均秩法. 调整函数还可以有其他定义方式, 比如, 随机化法. 随机化法, 就是秩的调整值从所在秩结中不放回随机取值. 随机化法分配秩有二义性, 可能导致不同的检验结果.

3.4.2 威尔科克森秩和检验

设 X, Y 是相互独立的连续型随机变量, $X \sim F(x)$, $Y \sim G(x)$, $F(x)$, $G(x)$未知. 已知 $X_1, X_2, \cdots, X_m$ 是来自总体 X 的样本, $Y_1, Y_2, \cdots, Y_n$ 是来自总体 Y 的样本, 要根据此检验假设

$$H_0: F(x) = G(x)$$

$$H_1: F(x) > G(x), \quad H_1: F(x) < G(x), \quad H_1: F(x) \neq G(x)$$

这是同分布检验问题.

将总体 X 与总体 Y 的样本组成合样本 $X_1, X_2, \cdots, X_m, Y_1, Y_2, \cdots, Y_n$, 用 $R_1^X, R_2^X, \cdots, R_m^X$ 表示 $X_1, X_2, \cdots, X_m$ 在合样本中的秩, 用 $R_1^Y, R_2^Y, \cdots, R_n^Y$ 表示 $Y_1, Y_2, \cdots, Y_n$ 在合样本中的秩.

引进检验统计量

$$W_X = \sum_{i=1}^{m} R_i^X, \quad W_Y = \sum_{j=1}^{n} R_j^Y$$

显然, $W_X + W_Y = \dfrac{(m+n)(m+n+1)}{2}$. 直观上，当 W_X 较小或 W_Y 较大时 $F(x) > G(x)$；当 W_X 较大或 W_Y 较小时 $F(x) < G(x)$.

这里仅讨论 W_Y. 为书写方便，以下用 $R_1, R_2, \cdots, R_n$ 表示 $Y_1, Y_2, \cdots, Y_n$ 在合样本中的秩.

在假设 H_0 成立的条件下

$$P\{\{R_1, R_2, \cdots, R_n\} = \{i_1, i_2, \cdots, i_n\}\} = \frac{1}{\mathrm{C}_{m+n}^n}, \quad \{i_1, i_2, \cdots, i_n\} \subseteq \{1, 2, \cdots, m+n\}, \quad i_1 < i_2 < \cdots < i_n$$

从而

$$P\{W_Y = d\} = \frac{t_{m,n}(d)}{\mathrm{C}_{m+n}^n}, \quad P\{W_Y \leqslant d\} = \frac{\sum_{i \leqslant d} t_{m,n}(i)}{\mathrm{C}_{m+n}^n}, \quad P\{W_Y \geqslant d\} = \frac{\sum_{i \geqslant d} t_{m,n}(i)}{\mathrm{C}_{m+n}^n}$$

$$d = \frac{n(n+1)}{2}, \frac{n(n+1)}{2} + 1, \cdots, \frac{n(n+1)}{2} + mn$$

其中, $t_{m,n}(d)$ 表示从 $1, 2, \cdots, m+n$ 中取出和为 d 的 n 个数的取法数.

容易证明，$t_{m,n}(d) = t_{m,n}(n(m+n+1) - d)$，$d = \dfrac{n(n+1)}{2}, \dfrac{n(n+1)}{2} + 1, \cdots, \dfrac{n(n+1)}{2} + mn$. 所以，$W_Y$ 服从对称分布[①].

对于大样本情况，在假设 H_0 成立的条件下，当 $\min\{m, n\} \to \infty$，$\dfrac{m}{m+n} \to \lambda \in (0, 1)$ 时，统计量 W_Y 渐近服从分布

$$\mathscr{N}\left(\frac{n(m+n+1)}{2}, \frac{mn(m+n+1)}{12}\right)$$

考虑结的存在. 检验统计量 W_Y 有一般形式: $W_Y = \sum_{j=1}^{n} a(R_j)$. 对于小样本情况，对 W_Y 的检验仍沿用前面的办法. 对于大样本情况，设 $R_1, R_2, \cdots, R_n$ 共包含 g 个结，长度分别为 $\tau_1, \tau_2, \cdots, \tau_g$. 在假设 H_0 成立的条件下，当 $\min\{m, n\} \to \infty$，$\dfrac{m}{m+n} \to \lambda \in (0, 1)$ 时，统计量 W_Y 渐近服从分布

$$\mathscr{N}\left(\frac{n(m+n+1)}{2}, \frac{mn(m+n+1)}{12} - \frac{mn}{12(m+n)(m+n-1)} \sum_{k=1}^{g} (\tau_k^3 - \tau_k)\right)$$

有些检验问题可以转化为同分布检验问题.

设 X, Y 是相互独立的连续型随机变量, X 的分布函数是 $F(x)$, Y 的分布函数是 $F(x-\theta)$. 已知 $X_1, X_2, \cdots, X_m$ 是来自总体 X 的样本, $Y_1, Y_2, \cdots, Y_n$ 是来自总体 Y 的样本, 要根据此检验假设

$$H_0: \theta = \theta_0$$

① $t_{m,n}(d)$ 还有重要性质：$t_{m,n}(d) = t_{n,m}\left(\dfrac{(m+n)(m+n+1) - d}{2}\right)$.

$$H_1: \theta > \theta_0, \quad H_1: \theta < \theta_0, \quad H_1: \theta \neq \theta_0$$

这是两个总体位置参数差异的检验问题.

设 $Z = Y - \theta_0$, 则问题转化为: 设 X, Z 是相互独立的连续型随机变量, $X \sim F(x)$, $Z \sim G(x)(= F(x + \theta_0 - \theta))$, $F(x), G(x)$未知. 已知 $X_1, X_2, \cdots, X_m$ 是来自总体 X 的样本, $Z_1, Z_2, \cdots, Z_n$ 是来自总体 Z 的样本, 要根据此检验假设

$$H_0: F(x) = G(x)$$

$$H_1: F(x) > G(x), \quad H_1: F(x) < G(x), \quad H_1: F(x) \neq G(x)$$

3.4.3　威尔科克森符号秩检验

设 X 是连续型随机变量, X 的分布密度函数是 $f(x-\theta)$, 其中, $f(x)$是关于 $x = 0$ 的对称分布. 已知 $X_1, X_2, \cdots, X_n$ 是来自总体 X 的样本, 要根据此检验假设

$$H_0: \theta = 0$$

$$H_1: \theta > 0, \quad H_1: \theta < 0, \quad H_1: \theta \neq 0$$

这是原点对称中心检验问题.

用 $u_1, u_2, \cdots, u_n$ 表示样本 $X_1, X_2, \cdots, X_n$ 的符号, 正号记 1, 否则记 0. 记 $S = \sum_{i=1}^{n} u_i i$. 在假设 H_0 成立的条件下

$$P\{u_i = 1\} = P\{u_i = 0\} = \frac{1}{2}, \quad i = 1, 2, \cdots, n$$

$$P\{u_1 = i_1, u_2 = i_2, \cdots, u_n = i_n\} = \frac{1}{2^n}, \quad i_1, i_2, \cdots, i_n \in \{0, 1\}$$

从而

$$P\{S = d\} = \frac{t_n(d)}{2^n}, \quad d = 0, 1, 2, \cdots, \frac{n(n+1)}{2}$$

其中, $t_n(d)$ 表示从 $1, 2, \cdots, n$ 中取出若干个数和为 d 的取法数.

用 $v_1, v_2, \cdots, v_n$ 表示样本 $X_1, X_2, \cdots, X_n$ 的符号, 负号记 1, 否则记 0. 记 $T = \sum_{i=1}^{n} v_i i$. 在假设 H_0 成立的条件下

$$P\{v_i = 1\} = P\{v_i = 0\} = \frac{1}{2}, \quad i = 1, 2, \cdots, n$$

$$P\{v_1 = i_1, v_2 = i_2, \cdots, v_n = i_n\} = \frac{1}{2^n}, \quad i_1, i_2, \cdots, i_n \in \{0, 1\}$$

从而

$$P\{T = d\} = \frac{t_n(d)}{2^n}, \quad d = 0, 1, 2, \cdots, \frac{n(n+1)}{2}$$

用 $R_1, R_2, \cdots, R_n$ 表示由样本$|X_1|, |X_2|, \cdots, |X_n|$生成的秩. 引进检验统计量

$$W^+ = \sum_{i=1}^{n} u_i R_i, \quad W^- = \sum_{i=1}^{n} v_i R_i$$

显然, $W^+ + W^- = \frac{n(n+1)}{2}$. 直观上, 当 W^+较大或 W^-较小时 $\theta > 0$, 当 W^+较小或 W^-较大时 $\theta < 0$.

这里仅讨论 W^+. 在假设 H_0 成立的条件下, 可以证明 W^+与 S 同分布, 从而

$$P\{W^+ = d\} = \frac{t_n(d)}{2^n}, \quad P\{W^+ \leqslant d\} = \frac{\sum\limits_{i \leqslant d} t_n(i)}{2^n}, \quad P\{W^+ \geqslant d\} = \frac{\sum\limits_{i \geqslant d} t_n(i)}{2^n},$$

$$d = 0,1,2,\cdots,\frac{n(n+1)}{2}$$

容易证明，$t_n(d) = t_n\left(\frac{n(n+1)}{2} - d\right)$，$d = 0,1,2,\cdots,\frac{n(n+1)}{2}$. 所以, W^+服从对称分布.

对于大样本情况, 在假设 H_0 成立的条件下, 当 $n\to\infty$ 时, 统计量 W^+渐近服从分布

$$\mathcal{N}\left(\frac{n(n+1)}{2}, \quad \frac{n(n+1)(2n+1)}{24}\right)$$

考虑结的存在. 检验统计量 W^+有一般形式: $W^+ = \sum\limits_{i=1}^{n} u_i a(R_i)$. 对于小样本情况, 对 W^+的检验仍沿用前面的办法. 对于大样本情况, 设 $R_1, R_2, \cdots, R_n$ 共包含 g 个结, 长度分别为 $\tau_1, \tau_2, \cdots, \tau_g$. 在假设 H_0 成立的条件下, 当 $n\to\infty$ 时, 统计量 W^+渐近服从分布

$$\mathcal{N}\left(\frac{n(n+1)}{2}, \frac{n(n+1)(2n+1)}{24} - \frac{1}{48}\sum_{k=1}^{g}(\tau_k^3 - \tau_k)\right)$$

有些检验问题可以转化为原点对称中心检验问题.

(1) 设 X 是连续型随机变量, X 的分布密度函数是 $f(x-\theta)$, 其中 $f(x)$是关于 $x = 0$ 的对称分布. 已知 $X_1, X_2, \cdots, X_n$ 是来自总体 X 的样本, 要根据此检验假设

$$H_0: \theta = \theta_0$$

$$H_1: \theta > \theta_0, \quad H_1: \theta < \theta_0, \quad H_1: \theta \neq \theta_0$$

这是一般对称中心检验问题.

设 $Y = X-\theta_0$, 则问题转化为: 设 Y 是连续型随机变量, Y 的分布密度函数是 $f(x + \theta_0-\theta) = f(x-(\theta-\theta_0))$. 已知 $Y_1, Y_2, \cdots, Y_n$ 是来自总体 Y 的样本, 要根据此检验假设

$$H_0: \theta-\theta_0 = 0$$

$$H_1: \theta-\theta_0 > 0, \quad H_1: \theta-\theta_0 < 0, \quad H_1: \theta-\theta_0 \neq 0$$

(2) 设 X, Y 是相互独立的连续型随机变量, X 的分布密度函数是 $f(x-\theta_1)$, Y 的分布密度函数是 $g(x-\theta_2)$, 其中, $f(x), g(x)$是关于 $x = 0$ 的对称分布. 已知$(X_1, Y_1), (X_2, Y_2), \cdots, (X_n, Y_n)$是来自总体$(X, Y)$的样本, 要根据此检验假设

$$H_0: \theta_1 = \theta_2$$

$$H_1: \theta_1 > \theta_2, \quad H_1: \theta_1 < \theta_2, \quad H_1: \theta_1 \neq \theta_2$$

这是对称中心差异检验问题.

设 $D = X-Y$. 容易证明, D 的分布密度函数是 $h(x-(\theta_1-\theta_2))$, 其中, $h(x)$是关于 $x = 0$ 的对称分布. 于是, 问题转化为: 设 D 是连续型随机变量, $D_1, D_2, \cdots, D_n$ 是来自总体 D 的样本, 要根据此检验假设

$$H_0: \theta_1-\theta_2 = 0$$

$$H_1: \theta_1-\theta_2 > 0, H_1: \theta_1-\theta_2 < 0, H_1: \theta_1-\theta_2 \neq 0$$

3.4.4 曼-惠特尼 *U* 检验

设 X, Y 是相互独立的连续型随机变量, $X \sim F(x)$, $Y \sim G(x)$, $F(x), G(x)$未知. 已知 $X_1, X_2, \cdots, X_m$ 是

来自总体 X 的样本, $Y_1, Y_2, \cdots, Y_n$ 是来自总体 Y 的样本, 要根据此检验假设

$$H_0: F(x)=G(x)$$
$$H_1: F(x)>G(x),\quad H_1: F(x)<G(x),\quad H_1: F(x)\neq G(x)$$

这是同分布检验问题.

记

$$\phi(x,y)=\begin{cases}1, & x<y,\\ 0, & x>y\end{cases}$$

引进检验统计量

$$W_{XY}=\sum_{i=1}^{m}\sum_{j=1}^{n}\phi(X_i,Y_j),\quad W_{YX}=\sum_{i=1}^{m}\sum_{j=1}^{n}\phi(Y_j,X_i)$$

$$U_{XY}=\frac{W_{XY}}{mn}=\frac{1}{mn}\sum_{i=1}^{m}\sum_{j=1}^{n}\phi(X_i,Y_j),\quad U_{YX}=\frac{W_{YX}}{mn}=\frac{1}{mn}\sum_{i=1}^{m}\sum_{j=1}^{n}\phi(Y_j,X_i)$$

直观上, 当 W_{XY}, U_{XY} 较小或 W_{YX}, U_{YX} 较大时 $F(x)>G(x)$, 当 W_{XY}, U_{XY} 较大或 W_{YX}, U_{YX} 较小时 $F(x)<G(x)$.

容易证明 $W_{XY}+W_{YX}=mn$, $U_{XY}+U_{YX}=1$, $W_{XY}=W_Y-\dfrac{n(n+1)}{2}$, $W_{YX}=W_X-\dfrac{m(m+1)}{2}$. 所以, 曼-惠特尼(Mann-Whitney) U 检验与威尔科克森(Wilcoxon)秩和检验相互等价, 没有本质区别, 曼-惠特尼 U 检验也是秩检验.

在假设 H_0 成立的条件下

$$P\{W_{XY}=d\}=P\left\{W_Y=d+\frac{n(n+1)}{2}\right\}=\frac{t_{m,n}\left(d+\dfrac{n(n+1)}{2}\right)}{\mathrm{C}_{m+n}^{n}},\quad d=0,1,\cdots,mn$$

其中, $t_{m,n}(d)$ 表示从 $1, 2, \cdots, m+n$ 中取出 n 个数和为 d 的取法数.

由于 W_Y 服从对称分布, 所以 W_{XY} 也服从对称分布.

对于大样本情况, 在假设 H_0 成立的条件下, 当 $\min\{m,n\}\to\infty$, $\dfrac{m}{m+n}\to\lambda\in(0,1)$ 时, 统计量 W_{XY} 渐近服从分布

$$\mathcal{N}\left(\frac{mn}{2},\frac{mn(m+n+1)}{12}\right)$$

考虑结的存在. 检验统计量 W_{XY} 的一般形式为

$$W_{XY}=\sum_{i=1}^{m}\sum_{j=1}^{n}\phi(X_i,Y_j)$$

其中

$$\phi(x,y)=\begin{cases}1, & x<y,\\ \dfrac{1}{2}, & x=y,\\ 0, & x>y.\end{cases}$$

对于小样本情况, 对 W_{XY} 的检验仍沿用前面的办法. 对于大样本情况, 设合样本

$X_1, X_2, \cdots, X_m, Y_1, Y_2, \cdots, Y_n$ 共包含 g 个结，长度分别为 $\tau_1, \tau_2, \cdots, \tau_g$. 在假设 H_0 成立的条件下，当 $\min\{m, n\}\to\infty$, $\dfrac{m}{m+n}\to\lambda\in(0, 1)$时，统计量 W_{XY} 渐近服从分布

$$\mathscr{N}\left(\frac{mn}{2}, \frac{mn(m+n+1)}{12}-\frac{mn}{12(m+n)(m+n-1)}\sum_{k=1}^{g}(\tau_k^3-\tau_k)\right)$$

3.4.5　克鲁斯卡尔-沃利斯 *H* 检验

设 $X_1, X_2, \cdots, X_n$ 是相互独立的连续型随机变量，它们的分布函数分别是 $F(x-\theta_1), F(x-\theta_2), \cdots, F(x-\theta_n)$. 已知 $X_{i1}, X_{i2}, \cdots, X_{im_i}$ 是来自总体 $X_i(i=1, 2, \cdots, n)$ 的样本，记 $m=\sum\limits_{i=1}^{n} m_i$，要根据此检验假设

$$H_0: \theta_1=\theta_2=\cdots=\theta_n$$

$$H_1: \theta_1, \theta_2, \cdots, \theta_n \text{ 不全相等}$$

这是多个总体位置参数差异的检验问题.

将总体 $X_1, X_2, \cdots, X_n$ 的样本组成合样本 $X_{11}, X_{12}, \cdots, X_{1m_1}, X_{21}, X_{22}, \cdots, X_{2m_2}, \cdots, X_{n1}, X_{n2}, \cdots, X_{nm_n}$，用 $R_{11}, R_{12}, \cdots, R_{1m_1}, R_{21}, R_{22}, \cdots, R_{2m_2}, \cdots, R_{n1}, R_{n2}, \cdots, R_{nm_n}$ 表示 $X_{11}, X_{12}, \cdots, X_{1m_1}, X_{21}, X_{22}, \cdots, X_{2m_2}, \cdots, X_{n1}, X_{n2}, \cdots, X_{nm_n}$ 在合样本中的秩.

记

$$R=\sum_{i=1}^{n}\sum_{j=1}^{m_i}R_{ij}=\sum_{k=1}^{m}k=\frac{m(m+1)}{2}$$

$$\bar{R}=\frac{1}{m}\sum_{i=1}^{n}\sum_{j=1}^{m_i}R_{ij}=\frac{1}{m}\sum_{k=1}^{m}k=\frac{m+1}{2}$$

$$R_i=\sum_{j=1}^{m_i}R_{ij},\quad i=1,2,\cdots,n$$

$$\bar{R}_i=\frac{1}{m_i}\sum_{j=1}^{m_i}R_{ij},\quad i=1,2,\cdots,n$$

$$\text{SST}=\sum_{i=1}^{n}\sum_{j=1}^{m_i}(R_{ij}-\bar{R})^2=\sum_{i=1}^{n}\sum_{j=1}^{m_i}R_{ij}^2-m\bar{R}^2=\sum_{k=1}^{m}k^2-\frac{m(m+1)^2}{4}=\frac{(m-1)m(m+1)}{12}$$

$$\text{SSB}=\sum_{i=1}^{m}m_i(\bar{R}_i-\bar{R})^2=\sum_{i=1}^{n}\frac{R_i^2}{m_i}-m\bar{R}^2=\sum_{i=1}^{n}\frac{R_i^2}{m_i}-\frac{m(m+1)^2}{4}$$

$$\text{SSW}=\sum_{i=1}^{n}\sum_{j=1}^{m_i}(R_{ij}-\bar{R}_i)^2=\sum_{i=1}^{n}\sum_{j=1}^{m_i}R_{ij}^2-\sum_{i=1}^{n}\frac{R_i^2}{m_i}=\sum_{k=1}^{m}k^2-\sum_{i=1}^{n}\frac{R_i^2}{m_i}=\frac{m(m+1)(2m+1)}{6}-\sum_{i=1}^{n}\frac{R_i^2}{m_i}$$

显然，SSB + SSW = SST.

引进检验统计量

$$H=\frac{12}{m(m+1)}\text{SSB}=\frac{12}{m(m+1)}\sum_{i=1}^{n}\frac{R_i^2}{m_i}-3(m+1)$$

直观上，当 SSB 较小或 SSW 较大时，$\theta_1=\theta_2=\cdots=\theta_n$. 从而，当 H 较小时，$\theta_1=\theta_2=\cdots=\theta_n$.

在假设 H_0 成立的条件下，当 $\min\{m_1, m_2, \cdots, m_n\}\to\infty$，且 $\frac{m_i}{m}\to\lambda_i\in(0, 1), i = 1, 2, \cdots, n$ 时，检验统计量 H 渐近服从 $\chi^2(m-1)$ 分布.

考虑结的存在. 设合样本 $X_{11}, X_{12}, \cdots, X_{1m_1}, X_{21}, X_{22}, \cdots, X_{2m_2}, \cdots, X_{n1}, X_{n2}, \cdots, X_{nm_n}$ 共包含 g 个结，长度分别为 $\tau_1, \tau_2, \cdots, \tau_g$，检验统计量 H 有一般形式:

$$H=\frac{\frac{12}{m(m+1)}\sum_{i=1}^{n}m_i(\bar{R}_i^a-\bar{R})^2}{1-\frac{1}{(m-1)m(m+1)}\sum_{k=1}^{g}(\tau_k^3-\tau_k)}=\frac{\frac{12}{m(m+1)}\sum_{i=1}^{n}\frac{(R_i^a)^2}{m_i}-3(m+1)}{1-\frac{1}{(m-1)m(m+1)}\sum_{k=1}^{g}(\tau_k^3-\tau_k)}$$

其中，$R_i^a=\sum_{j=1}^{a}a(R_{ij})$，$\bar{R}_i^a=\frac{1}{m_i}\sum_{j=1}^{m_i}a(R_{ij})$.

在假设 H_0 成立的条件下，当 $\min\{m_1, m_2, \cdots, m_n\}\to\infty$，且 $\frac{m_i}{m}\to\lambda_i\in(0, 1), i = 1, 2, \cdots, n$ 时，检验统计量 H 渐近服从 $\chi^2(m-1)$ 分布.

3.4.6 弗里德曼检验

设连续型随机变量 $X_{11}, X_{12}, \cdots, X_{1n}, X_{21}, X_{22}, \cdots, X_{2n}, \cdots, X_{m1}, X_{m2}, \cdots, X_{mn}$ 独立，它们的分布函数是 $F_1(x-\theta_1), F_2(x-\theta_1), \cdots, F_n(x-\theta_1), F_1(x-\theta_2), F_2(x-\theta_2), \cdots, F_n(x-\theta_2), \cdots, F_1(x-\theta_m), F_2(x-\theta_m), \cdots, F_n(x-\theta_m)$. 已知 $X_{11}, X_{12}, \cdots, X_{1n}, X_{21}, X_{22}, \cdots, X_{2n}, \cdots, X_{m1}, X_{m2}, \cdots, X_{mn}$ 是它们的样本，要根据此检验假设

$$H_0: \theta_1=\theta_2=\cdots=\theta_m$$
$$H_1: \theta_1, \theta_2, \cdots, \theta_m \text{ 不全相等}$$

这是多个总体位置参数差异的检验问题. 这类检验常见于区组设计(block design).

将样本 $X_{11}, X_{21}, \cdots, X_{m1}$ 组成合样本，相应秩用 $R_{11}, R_{21}, \cdots, R_{m1}$ 表示;

将样本 $X_{12}, X_{22}, \cdots, X_{m2}$ 组成合样本，相应秩用 $R_{12}, R_{22}, \cdots, R_{m2}$ 表示;

……

将样本 $X_{1n}, X_{2n}, \cdots, X_{mn}$ 组成合样本，相应秩用 $R_{1n}, R_{2n}, \cdots, R_{mn}$ 表示.

记

$$R=\sum_{i=1}^{m}\sum_{j=1}^{n}R_{ij}=\sum_{j=1}^{n}\sum_{i=1}^{m}i=\frac{nm(m+1)}{2}$$

$$\bar{R}=\frac{1}{nm}\sum_{i=1}^{m}\sum_{j=1}^{n}R_{ij}=\frac{m+1}{2}$$

$$R_i=\sum_{j=1}^{n}R_{ij},\quad i=1,2,\cdots,m$$

$$\bar{R}_i=\frac{1}{n}\sum_{j=1}^{n}R_{ij},\quad i=1,2,\cdots,m$$

$$\mathrm{SSB}=\sum_{i=1}^{m}n(\bar{R}_i-\bar{R})^2=\sum_{i=1}^{m}\frac{R_i^2}{n}-mn\bar{R}^2=\frac{1}{n}\sum_{i=1}^{m}R_i^2-\frac{nm(m+1)^2}{4}$$

引进检验统计量

$$Q=\frac{12}{m(m+1)}\mathrm{SSB}=\frac{12}{nm(m+1)}\sum_{i=1}^{m}R_i^2-3n(m+1)$$

直观上，当 SSB 较小或 Q 较小时，$\theta_1=\theta_2=\cdots=\theta_m$.

在假设 H_0 成立的条件下，当 $n\to\infty$, m 固定时，检验统计量 Q 渐近服从 $\chi^2(m-1)$ 分布.

考虑结的存在. 设对于任意 $j=1, 2, \cdots, n$，样本 $X_{1j}, X_{2j}, \cdots, X_{mj}$ 共包含 g_j 个结，长度分别为 $\tau_{j1}, \tau_{j2}, \cdots, \tau_{jg_j}$，检验统计量 Q 有一般形式:

$$Q=\frac{\dfrac{12}{m(m+1)}\sum_{i=1}^{m}n(\bar{R}_i^a-\bar{R})^2}{1-\dfrac{1}{n(m-1)m(m+1)}\sum_{j=1}^{n}\sum_{k=1}^{g_j}(\tau_{jk}^3-\tau_{jk})}=\frac{\dfrac{12}{nm(m+1)}\sum_{i=1}^{m}(R_i^a)^2-3n(m+1)}{1-\dfrac{1}{n(m-1)m(m+1)}\sum_{j=1}^{n}\sum_{k=1}^{g_j}(\tau_{jk}^3-\tau_{jk})}$$

其中，$R_i^a=\sum_{j=1}^{n}a(R_{ij})$，$\bar{R}_i^a=\frac{1}{n}\sum_{j=1}^{n}a(R_{ij})$.

在假设 H_0 成立的条件下，当 $n\to\infty$, m 固定时，统计量 Q 渐近服从 $\chi^2(m-1)$ 分布.

例 3-6　有文献认为，小学生做四则运算题如借助计算器，10 分钟之内可以比笔算多做对 3 道. 为了验证这一结论，有人随机抽取 10 名小学生参加四则运算测试，所有测试题也是随机从题库中抽取，测试结果如表 3-10 所示. 请根据所给数据，检验结论是否成立？

表 3-10　10 名小学生四则运算测试完成题数对照表

学生编号	1	2	3	4	5	6	7	8	9	10
笔算	10	9	12	8	9	7	8	7	10	4
计算器计算	15	12	22	15	10	7	16	10	14	9

解　设 X_{ij} $(i=1, 2, j=1, \cdots, 10)$ 表示编号为 j 的学生采用方法 i（方法 1 指笔算，方法 2 指计算器计算）所做对的题数，它的分布函数是 $F_j(x-\theta_i)$，则问题是检验假设

$$H_0: \theta_1=\theta_2-3$$
$$H_1: \theta_1\neq\theta_2-3$$

设 $Y_{1j}=X_{1j}$, $Y_{2j}=X_{2j}-3(i=1, 2, j=1, \cdots, 10)$, $\varphi_1=\theta_1$, $\varphi_2=\theta_2-3$，则 $Y_{1j}(j=1, \cdots, 10)$的分布函数是 $F_j(x-\theta_1)=F_j(x-\varphi_1)$, $Y_{2j}(j=1, \cdots, 10)$ 的分布函数是 $F_j(x+3-\theta_2)=F_j(x-(\theta_2-3))=F_j(x-\varphi_2)$，则问题是检验假设

$$H_0: \varphi_1=\varphi_2$$
$$H_1: \varphi_1\neq\varphi_2$$

采用弗里德曼 (Friedman) 检验.

(1) 计算 R_{ij} 及 R_i（表 3-11）.

表 3-11　相关统计量计算表（例 3-6）

学生编号(j)	1	2	3	4	5	6	7	8	9	10	R_i^a
$Y_{1j}(R_{1j})$	10(1)	9(1.5)	12(1)	8(1)	9(2)	7(2)	8(1)	7(1.5)	10(1)	4(1)	(13)
$Y_{2j}(R_{2j})$	12(2)	9(1.5)	19(2)	12(2)	7(1)	4(1)	13(2)	7(1.5)	11(2)	6(2)	(17)

(2) 计算 Q:

$$Q=\frac{\frac{12}{nm(m+1)}\sum_{i=1}^{m}(R_i^a)^2-3n(m+1)}{1-\frac{1}{n(m-1)m(m+1)}\sum_{j=1}^{n}\sum_{k=1}^{g_j}(\tau_{jk}^3-\tau_{jk})}=\frac{\frac{12}{10\times 2\times(2+1)}\times(13^2+17^2)-3\times 10\times(2+1)}{1-\frac{1}{10\times(2-1)\times 2\times(2+1)}[(2^3-2)+(2^3-2)]}=2$$

(3) 统计推断.

考虑到样本量较大, 根据 $df=m-1=1$, 查表(附表 2)得 $\chi^2_{0.05}(1)=3.841$, $\chi^2_{0.01}(1)=6.635$. 由于 $2<3.841<6.635$, 所以在 $\alpha=0.05$ 及 $\alpha=0.01$ 显著性水平上都是接受 H_0, 而拒绝 H_1, 即检验结论成立.

3.5　方 差 分 析

3.5.1　方差分析思想

有时需要对多总体均值进行比较. 如果两两比较, 除了效率不高, 最重要的是检验可靠性大大降低. 例如, 比较 4 组均值, 如果逐对进行比较, 需要作 6 次可能组合的检验. 若每次都在0.95的可靠度上检验, 那么, 6次检验的可靠度将降低为$0.95^6=0.735$. 统计学中常用方差分析综合性确定多个均值差异的显著性.

例如, 为比较三种教学法是否有显著差异, 将 30 名学生分成三组, 对每组 10 名学生分别施以不同的教学法. 教学法是试验中唯一变化的可控条件, 故为单因素试验. 三种具体的教学法是这个单因素三种不同的水平, 因此共有 3 种处理. 每种处理, 需要对 10 名学生施教(可视为 10 次重复试验), 从而得到 10 个观测值.

又如, 要研究两种教材及三种教学法对学生成绩的影响, 这是一个双因素试验. 一个因素是教材, 它有两种水平; 另一个因素是教学法, 它有三种水平. 这个试验也称为 2×3 试验设计, 共 6 种处理.

方差分析的提出与试验设计的发展密切相关. 试验所考查的数量指标, 如, 产量、性能等, 称为观测值(observed value), 影响观测值的试验条件称为因素(factor), 因素的不同状态称为水平(level). 每个因素可以采用多个水平, 多个因素水平相互交叉又得到不同的试验处理(treatment), 每种处理还可以重复试验得到一系列观测值.

引起观测值不同的原因是多方面的, 有的是由试验条件不同或处理方式不同引起的, 称作因素效应(或处理效应, 条件变异), 它是可控的因素变异; 有的是由试验偶然性因素的干扰或观测误差所导致的, 称作试验误差, 它是不可控的随机变异.

方差分析就是从数据的变异或方差入手, 通过将总变异分解为因素效应和试验误差, 分析计算不同来源的变异对总变异的贡献大小, 从而确定可控因素对观测值的影响力大小, 以此作为统计推断的依据.

方差分析用离差平方和(简称平方和, sum of squares)来度量多个数据之间差异的大小(即波动程度). 离差平方和即指每个数据对均值之差的平方之和. 平方和中独立离差的个数称为该平方和的自由度(degree of freedom, df). 显然, 平方和的自由度等于离差个数减去离差之间限制条件的个数. 自由度是离差平方和的重要参数, 自由度越大, 离差平方和相对也要更大些. 因此, 为公平起见, 如比较不同数据组的波动程度, 理应比较单位自由度上的离差平方和

(也称为均方或方差). 通过比较因素离差平方和与误差离差平方和(严格说是均方或方差)之间的差异程度, 来推断相应因素不同水平总体均值差异的显著性, 这就是方差分析的逻辑. 这也是方差分析名称的由来.

方差分析(analysis of variance, ANOVA), 由英国统计学家 Fisher R A 首创. 为纪念 Fisher, 方差分析又称 F 检验(F test). 用方差分析法检验单一因素对观测变量的作用, 称为单因素方差分析(one-way analysis of variance), 检验多个因素对观测变量的作用, 称为多因素方差分析(multi-factor analysis of variance).

3.5.2　单因素方差分析

假设只有一个因素 A, A 有 r 个水平 $A_1, A_2, \cdots, A_r$, 在水平 A_i 下进行 n_i 次独立试验, 用 x_{ij} 表示第 j 次的观测值. 样本容量为 $n=\sum_{i=1}^{r} n_i$. 记

$$\bar{x}_i = \frac{1}{n_i}\sum_{i=1}^{n_i} x_{ij}, \quad i=1,2,\cdots,r$$

$$\bar{x} = \frac{1}{n}\sum_{i=1}^{r}\sum_{j=1}^{n_i} x_{ij}$$

1)统计模型

$$x_{ij} = \mu_i + \varepsilon_{ij}, \quad i=1,2,\cdots,r, \quad j=1,2,\cdots,n_i$$

$$\varepsilon_{ij} \sim \mathcal{N}(0,\sigma^2) \text{ 且相互独立}$$

等价于

$$x_{ij} = \mu + \alpha_i + \varepsilon_{ij}, \quad i=1,2,\cdots,r, \quad j=1,2,\cdots,n_i$$

$$\sum_{i=1}^{r} \alpha_i = 0$$

$$\varepsilon_{ij} \sim \mathcal{N}(0,\sigma^2) \text{ 且相互独立}$$

2)平方和的分解

总离差平方和

$$S_T = \sum_{i=1}^{r}\sum_{j=1}^{n_i} (x_{ij} - \bar{x})^2$$

因素平方和

$$S_A = \sum_{i=1}^{r}\sum_{j=1}^{n_i} (\bar{x}_{i\cdot} - \bar{x})^2 = \sum_{i=1}^{r} n_i (\bar{x}_{i\cdot} - \bar{x})^2$$

误差平方和

$$S_E = \sum_{i=1}^{r}\sum_{j=1}^{n_i} (x_{ij} - \bar{x}_{i\cdot})^2$$

可以证明

$$S_T = S_A + S_E$$

平方和分解公式说明，总平方和由两种来源组成：一部分是由因素各水平的差异引起的(S_A)，另一部分是由随机误差引起的(S_E)．

3) 自由度的分解

S_T涉及的离差有$\sum_{i=1}^{r} n_i = n$个，限制条件包括

$$\sum_{i=1}^{r}\sum_{j=1}^{n_i}(x_{ij} - \overline{x}) = 0$$

其自由度为$n-1$．

S_A涉及的离差有r个，限制条件包括

$$\sum_{i=1}^{r} n_i(\overline{x}_{i\cdot} - \overline{x}) = 0$$

其自由度为$r-1$．

S_E涉及的离差有$\sum_{i=1}^{r} n_i = n$个，限制条件包括

$$\sum_{j=1}^{n_i}(x_{ij} - \overline{x}_{i\cdot}) = 0, \quad i = 1, 2, \cdots, r$$

其自由度为$n-r$．

4) 均值差异检验

(1) 多均值差异．

$$H_0: \mu_1 = \mu_2 = \cdots = \mu_r \quad (\alpha_1 = \alpha_2 = \cdots = \alpha_r = 0)$$

当H_0成立时，由模型假设得到

$$\frac{S_A}{\sigma^2} \sim \chi^2(r-1)$$

$$\frac{S_E}{\sigma^2} \sim \chi^2(n-r)$$

并且相互独立①，从而

$$F = \frac{\dfrac{S_A}{r-1}}{\dfrac{S_E}{n-r}} \sim F(r-1, n-r)$$

为方便起见，可将计算过程列成单因素方差分析表(表 3-12)．

---

① 科克伦(Cochran)分解定理：设 $X_i \sim \mathcal{N}(0,1)$ $(i = 1, 2, \cdots, n)$且相互独立，Q_k 是 $X_1, X_2, \cdots, X_n$ 的非负二次型且其秩为 $f_k, k = 1, 2, \cdots, m$. 若

$$\sum_{k=1}^{m} Q_k = \sum_{i=1}^{n} X_i^2, \quad \sum_{k=1}^{m} f_k = n$$

则 $Q_k \sim \chi^2(f_k)(k = 1, 2, \cdots, m)$ 且相互独立. 这里，$X_1, X_2, \cdots, X_n$ 的非负二次型是指 $X_1, X_2, \cdots, X_n$ 的线性组合的平方和，Q_k 的秩是指二次型对应矩阵的秩，也就是说 Q_k 所包含的 $X_1, X_2, \cdots, X_n$ 的线性组合中线性无关个数.

表 3-12　单因素方差分析表

方差来源	自由度	平方和	均方	F 值	P 值
因素 A	$r-1$	S_A	$\mathrm{MS}_A=\dfrac{S_A}{r-1}$	$F=\dfrac{\mathrm{MS}_A}{\mathrm{MS}_E}$	P
误差	$n-r$	S_E	$\mathrm{MS}_E=\dfrac{S_E}{n-r}$		
总和	$n-1$	S_T			

(2) 均值多重比较.

$$H_0: \mu_i=\mu_j(\alpha_i=\alpha_j),\quad 1\leqslant i<j\leqslant r$$

多均值差异检验的原假设被拒绝，只说明因素 A 的 r 个水平效应有显著差异，并不意味着所有均值都存在差异. 有时，我们还需对每对均值作两两比较，即多重比较 (multiple comparisons).

引入检验统计量:

$$t_{ij}=\frac{\bar{x}_{i\cdot}-\bar{x}_{\cdot j}}{\sqrt{\mathrm{MS}_E\left(\dfrac{1}{n_i}+\dfrac{1}{n_j}\right)}}$$

当 H_0 成立时,

$$t_{ij}\sim t(n-r)$$

所以，当 $|t_{ij}|>t_{\frac{\alpha}{2}}(n-r)$ 时，说明 μ_i 与 μ_j 有显著差异.

多重 t 检验方法虽然使用方便，但多次重复使用 t 检验会增大犯第一类错误的概率. 为了克服这个缺点，统计学提出了许多有效的调整方法，这需要涉及一些较深的知识.

5) 方差齐性检验

方差分析是以各种试验处理的方差齐性为前提的. 因此，在方差分析前，理应先对 r 个处理进行方差齐性检验. 当然，方差齐性检验也可以在 F 检验结果为各种处理的均值差异显著的情况下进行. 如果差异不显著，则可以直接作出方差齐性的结论.

多组方差齐性检验常用哈特莱 (Hartley) 检验和巴利特 (Bartlett) 检验.

(1) 哈特莱检验.

哈特莱检验，也称 $F_{\max}$ 检验，适用于样本量相等 (即 $n_1=n_2=\cdots=n_r$) 的场合.

设

$$S_i=\sum_{j=1}^{n_i}(x_{ij}-\bar{x}_{i\cdot})^2,\quad i=1,2,\cdots,r$$

显然，$\sum_{i=1}^{r}S_i=S_E$.

引入检验统计量

$$F_{\max}=\frac{\max\{S_1,S_2,\cdots,S_r\}}{\min\{S_1,S_2,\cdots,S_r\}}$$

直观上，方差若齐性，$F_{\max}$ 应接近于 1. $F_{\max}$ 的值越大，方差差异也越大.

$F_{\max}$ 统计量的分布涉及自由度 $\mathrm{df}=\bar{n}-1$，其中，$\bar{n}=n_1=n_2=\cdots=n_r$.

(2) 巴利特检验.

无论样本量相等还是不相等，巴利特检验都适用.

引入检验统计量

$$K^2=\frac{(n-r)\ln\dfrac{S_E}{n-r}-\sum_{i=1}^{r}(n_i-1)\ln\dfrac{S_i}{n_i-1}}{1+\dfrac{1}{3(r-1)}\left(\sum_{i=1}^{r}\dfrac{1}{n_i-1}-\dfrac{1}{n-r}\right)}\text{①}$$

当方差齐性假设成立时，K^2 近似服从自由度为 $r-1$ 的 χ^2 分布. 所以，当

$$K^2>\chi_{\alpha}^2(r-1)\quad\text{或}\quad P\{\chi^2(r-1)>K^2\}<\alpha$$

时，认为至少有两个处理的方差不相等；否则，认为满足方差齐性的要求.

3.5.3 双因素方差分析

3.5.3.1 不考虑交互作用

假设有 A, B 两个因素，A 有 r 个水平 $A_1, A_2, \cdots, A_r$, B 有 s 个水平 $B_1, B_2, \cdots, B_s$，在因素 A, B 的每一种水平组合 (A_i, B_j) 下进行一次独立试验，用 x_{ij} 表示观测值. 记

$$\bar{x}_{i\cdot}=\frac{1}{s}\sum_{j=1}^{s}x_{ij},\quad i=1,2,\cdots,r$$

$$\bar{x}_{\cdot j}=\frac{1}{r}\sum_{i=1}^{r}x_{ij},\quad j=1,2,\cdots,s$$

$$\bar{x}=\frac{1}{rs}\sum_{i=1}^{r}\sum_{j=1}^{s}x_{ij}$$

1) 统计模型

$$x_{ij}=\mu+\alpha_i+\beta_j+\varepsilon_{ij},\quad i=1,2,\cdots,r,\quad j=1,2,\cdots,s$$

$$\sum_{i=1}^{r}\alpha_i=0,\ \sum_{j=1}^{s}\beta_j=0$$

$$\varepsilon_{ij}\sim\mathcal{N}(0,\sigma^2)\quad\text{且相互独立}$$

2) 平方和的分解

总离差平方和

$$S_T=\sum_{i=1}^{r}\sum_{j=1}^{s}(x_{ij}-\bar{x})^2$$

因素平方和

① 设 $S_i=\dfrac{S_i}{n_i-1}, i=1,2,\cdots,r$. 构造这 r 个数的加权算术平均和加权几何平均：$\mathrm{AMS}=\sum_{i=1}^{r}\dfrac{n_i-1}{n-r}S_i$，$\mathrm{GMS}=\prod_{i=1}^{r}S_i^{\frac{n_i-1}{n-r}}$，从而 AMS≥GMS. 其中，当且仅当 $S_1=S_2=\cdots=S_r$ 时等号成立. r 个数差异越大，两个平均值相差越多. 因为

$$\ln\frac{\mathrm{AMS}}{\mathrm{GMS}}=\ln\mathrm{AMS}-\ln\mathrm{GMS}=\ln\sum_{i=1}^{r}\frac{n_i-1}{n-r}S_i-\ln\prod_{i=1}^{r}S_i^{\frac{n_i-1}{n-r}}=\ln\frac{S_E}{n-r}-\frac{1}{n-r}\sum_{i=1}^{r}(n_i-1)\ln\frac{S_i}{n_i-1}$$

所以，直观上，方差若齐性，K^2 应接近于 0. K^2 的值越大，方差差异也越显著.

$$S_A=\sum_{i=1}^{r}\sum_{j=1}^{s}(\overline{x}_{i\cdot}-\overline{x})^2=s\sum_{i=1}^{r}(\overline{x}_{i\cdot}-\overline{x})^2$$

$$S_B=\sum_{i=1}^{r}\sum_{j=1}^{s}(\overline{x}_{\cdot j}-\overline{x})^2=r\sum_{j=1}^{s}(\overline{x}_{\cdot j}-\overline{x})^2$$

误差平方和

$$S_E=\sum_{i=1}^{r}\sum_{j=1}^{s}(x_{ij}-\overline{x}_{i\cdot}-\overline{x}_{\cdot j}+\overline{x})^2$$

可以证明

$$S_T=S_A+S_B+S_E$$

平方和分解公式说明，总平方和由三种来源组成：一是由因素 A 各水平的差异引起的(S_A)；二是由因素 B 各水平的差异引起的(S_B)；三是由随机误差引起的(S_E)。

3) 自由度的分解

S_T涉及的离差有 rs 个，限制条件包括

$$\sum_{i=1}^{r}\sum_{j=1}^{s}(x_{ij}-\overline{x})=0$$

其自由度为 $rs-1$。

S_A涉及的离差有 r 个，限制条件包括

$$\sum_{i=1}^{r}(\overline{x}_{i\cdot}-\overline{x})=0$$

其自由度为 $r-1$。

S_B涉及的离差有 s 个，限制条件包括

$$\sum_{j=1}^{s}(\overline{x}_{\cdot j}-\overline{x})=0$$

其自由度为 $s-1$。

S_E涉及的离差有 rs 个，限制条件包括

$$\sum_{i=1}^{r}(x_{ij}-\overline{x}_{i\cdot}-\overline{x}_{\cdot j}+\overline{x})=0,\quad j=1,2,\cdots,s$$

$$\sum_{j=1}^{s}(x_{ij}-\overline{x}_{i\cdot}-\overline{x}_{\cdot j}+\overline{x})=0,\quad i=1,2,\cdots,r$$

因为两式都蕴涵 $\sum_{i=1}^{r}\sum_{j=1}^{s}(x_{ij}-\overline{x}_{i\cdot}-\overline{x}_{\cdot j}+\overline{x})=0$，所以限制条件多算 1 个，其自由度为 $(r-1)(s-1)$。

4) 均值差异检验

$$H_{01}:\alpha_1=\alpha_2=\cdots=\alpha_r=0$$

$$H_{02}:\beta_1=\beta_2=\cdots=\beta_s=0$$

当 H_{01} 成立时，由模型假设得到

$$\frac{S_A}{\sigma^2}\sim\chi^2(r-1)$$

$$\frac{S_E}{\sigma^2}\sim\chi^2((r-1)(s-1))$$

并且相互独立，从而

$$F_A = \frac{\dfrac{S_A}{r-1}}{\dfrac{S_E}{(r-1)(s-1)}} \sim F(r-1,(r-1)(s-1))$$

当 H_{02} 成立时，由模型假设得到

$$\frac{S_B}{\sigma^2} \sim \chi^2(s-1)$$

$$\frac{S_E}{\sigma^2} \sim \chi^2((r-1)(s-1))$$

并且相互独立，从而

$$F_B = \frac{\dfrac{S_B}{s-1}}{\dfrac{S_E}{(r-1)(s-1)}} \sim F(s-1,(r-1)(s-1))$$

为方便起见，将计算过程列成双因素方差分析表(表 3-13)。

表 3-13　双因素方差分析表

方差来源	自由度	平方和	均方	F 值	P 值
因素 A	$r-1$	S_A	$\mathrm{MS}_A = \frac{S_A}{r-1}$	$F_A = \frac{\mathrm{MS}_A}{\mathrm{MS}_E}$	P_A
因素 B	$s-1$	S_B	$\mathrm{MS}_B = \frac{S_B}{s-1}$	$F_B = \frac{\mathrm{MS}_B}{\mathrm{MS}_E}$	P_B
误差	$(r-1)(s-1)$	S_E	$\mathrm{MS}_E = \frac{S_E}{(r-1)(s-1)}$		
总和	$rs-1$	S_T			

3.5.3.2　考虑交互作用

假设有 A, B 两个因素，A 有 r 个水平 $A_1, A_2, \cdots, A_r$，B 有 s 个水平 $B_1, B_2, \cdots, B_s$，在因素 A, B 的每一种水平组合 (A_i, B_j) 下进行 t 次独立试验，用 x_{ijk} 表示第 k 次的观测值. 记

$$\overline{x}_{i\cdot} = \frac{1}{st}\sum_{j=1}^{s}\sum_{k=1}^{t} x_{ijk}, \quad i = 1,2,\cdots,r$$

$$\overline{x}_{j\cdot} = \frac{1}{rt}\sum_{i=1}^{r}\sum_{k=1}^{t} x_{ijk}, \quad j = 1,2,\cdots,s$$

$$\overline{x}_{ij\cdot} = \frac{1}{t}\sum_{k=1}^{t} x_{ijk}, \quad i = 1,2,\cdots,r, \quad j = 1,2,\cdots,s$$

$$\overline{x} = \frac{1}{rst}\sum_{i=1}^{r}\sum_{j=1}^{s}\sum_{k=1}^{t} x_{ijk}$$

1) 统计模型

$$x_{ijk} = \mu + \alpha_i + \beta_j + \delta_{ij} + \varepsilon_{ijk}, \quad i = 1,2,\cdots,r, \ j = 1,2,\cdots,s, \quad k = 1,2,\cdots,t$$

$$\sum_{i=1}^{r}\alpha_i=0,\quad \sum_{j=1}^{s}\beta_j=0,\quad \sum_{i=1}^{r}\delta_{ij}=0,\quad \sum_{j=1}^{s}\delta_{ij}=0$$ [①]

$\varepsilon_{ijk}\sim\mathcal{N}(0,\sigma^2)$且相互独立

2) 平方和的分解

总离差平方和

$$S_T=\sum_{i=1}^{r}\sum_{j=1}^{s}\sum_{k=1}^{t}(x_{ijk}-\overline{x})^2$$

因素 A 的平方和

$$S_A=\sum_{i=1}^{r}\sum_{j=1}^{s}\sum_{k=1}^{t}(\overline{x}_{i\cdot\cdot}-\overline{x})^2=st\sum_{i=1}^{r}(\overline{x}_{i\cdot\cdot}-\overline{x})^2$$

因素 B 的平方和

$$S_B=\sum_{i=1}^{r}\sum_{j=1}^{s}\sum_{k=1}^{t}(\overline{x}_{\cdot j\cdot}-\overline{x})^2=rt\sum_{j=1}^{s}(\overline{x}_{\cdot j\cdot}-\overline{x})^2$$

交互效应平方和

$$S_{A\times B}=\sum_{i=1}^{r}\sum_{j=1}^{s}\sum_{k=1}^{t}(\overline{x}_{ij\cdot}-\overline{x}_{i\cdot\cdot}-\overline{x}_{\cdot j\cdot}+\overline{x})^2=t\sum_{i=1}^{r}\sum_{j=1}^{s}(\overline{x}_{ij\cdot}-\overline{x}_{i\cdot\cdot}-\overline{x}_{\cdot j\cdot}+\overline{x})^2$$

误差平方和

$$S_E=\sum_{i=1}^{r}\sum_{j=1}^{s}\sum_{k=1}^{t}(x_{ijk}-\overline{x}_{ij\cdot})^2$$

可以证明

$$S_T=S_A+S_B+S_{A\times B}+S_E$$

3) 自由度的分解

S_T 涉及的离差有 rst 个，限制条件包括

$$\sum_{i=1}^{r}\sum_{j=1}^{s}\sum_{k=1}^{t}(x_{ijk}-\overline{x})=0$$

其自由度为 $rst-1$.

S_A 涉及的离差有 r 个，限制条件包括

$$\sum_{i=1}^{r}(\overline{x}_{i\cdot\cdot}-\overline{x})=0$$

其自由度为 $r-1$.

S_B 涉及的离差有 s 个，限制条件包括

$$\sum_{j=1}^{s}(\overline{x}_{\cdot j\cdot}-\overline{x})=0$$

其自由度为 $s-1$.

$S_{A\times B}$ 涉及的离差有 rs 个，限制条件包括

---

① 由 $\sum_{i=1}^{r}\sum_{j=1}^{s}(\alpha_i+\beta_j+\delta_{ij})=0$，$\sum_{i=1}^{r}(\alpha_i+\delta_{ij})=0$，$\sum_{j=1}^{s}(\beta_j+\delta_{ij})=0$ 可得.

$$\sum_{i=1}^{r}(x_{ij.}-\overline{x}_{i..}-\overline{x}_{.j.}+\overline{x})=0,\quad j=1,2,\cdots,s$$

$$\sum_{j=1}^{s}(x_{ij.}-\overline{x}_{i..}-\overline{x}_{.j.}+\overline{x})=0,\quad i=1,2,\cdots,r$$

因为两式都蕴涵 $\sum_{i=1}^{r}\sum_{j=1}^{s}(x_{ij.}-\overline{x}_{i..}-\overline{x}_{.j.}+\overline{x})=0$，所以限制条件多算 1 个，其自由度为 $(r-1)(s-1)$.

S_E 涉及的离差有 rst 个，限制条件包括

$$\sum_{k=1}^{t}(x_{ijk}-\overline{x}_{ij.})=0,\quad i=1,2,\cdots,r,\ j=1,2,\cdots,s$$

其自由度为 $rs(t-1)$.

4) 均值差异检验

$$H_{01}:\alpha_1=\alpha_2=\cdots=\alpha_r=0$$
$$H_{02}:\beta_1=\beta_2=\cdots=\beta_s=0$$
$$H_{03}:\delta_{ij}=0,\quad i=1,2,\cdots,r,\ j=1,2,\cdots,s$$

当 H_{01} 成立时，由模型假设得到

$$F_A=\frac{\frac{S_A}{r-1}}{\frac{S_E}{rs(t-1)}}\sim F(r-1,rs(t-1))$$

当 H_{02} 成立时，由模型假设得到

$$F_B=\frac{\frac{S_B}{s-1}}{\frac{S_E}{rs(t-1)}}\sim F(s-1,rs(t-1))$$

当 H_{03} 成立时，由模型假设得到

$$F_{A\times B}=\frac{\frac{S_{A\times B}}{(r-1)(s-1)}}{\frac{S_E}{rs(t-1)}}\sim F((r-1)(s-1),rs(t-1))$$

为方便起见，将计算过程列成双因素方差分析表(表 3-14).

表 3-14　有交互效应的双因素方差分析表

方差来源	自由度	平方和	均方	F 值	P 值
因素 A	$r-1$	S_A	$MS_A=\frac{S_A}{r-1}$	$F_A=\frac{MS_A}{MS_E}$	P_A
因素 B	$s-1$	S_B	$MS_B=\frac{S_B}{s-1}$	$F_B=\frac{MS_B}{MS_E}$	P_B
交互效应 $A\times B$	$(r-1)(s-1)$	$S_{A\times B}$	$MS_{A\times B}=\frac{S_{A\times B}}{(r-1)(s-1)}$	$F_{A\times B}=\frac{MS_{A\times B}}{MS_E}$	$P_{A\times B}$
误差	$rs(t-1)$	S_E	$MS_E=\frac{S_E}{rs(t-1)}$		
总和	$rst-1$	S_T			

3.6 相 关 分 析

本节介绍总体的独立性检验. 离散型随机变量可以采用列联表进行独立性检验, 连续型随机变量的独立性检验则一般需要进行相关分析.

3.6.1 列联表独立性检验

设 X, Y 为离散型随机变量, X 取值为 $a_1, a_2, \cdots, a_I$, Y 取值为 $b_1, b_2, \cdots, b_J$. 已知(X_1, Y_1), (X_2, Y_2), $\cdots$, (X_n, Y_n)是来自总体(X, Y)的样本, 要根据此检验假设

$$H_0: X \text{与} Y \text{独立}$$

记

$$p_{ij} = P\{X = a_i, Y = b_j\}, \quad i = 1,2,\cdots,I, \quad j = 1,2,\cdots,J$$

$$p_{i\cdot} = P\{X = a_i\} = \sum_{j=1}^{J} p_{ij}, \quad i = 1,2,\cdots,I$$

$$p_{\cdot j} = P\{Y = b_j\} = \sum_{i=1}^{I} p_{ij}, \quad j = 1,2,\cdots,J$$

则检验假设 H_0 可以转化为检验

$$H_0': \ p_{ij} = p_{i\cdot} p_{\cdot j}, \quad i = 1,2,\cdots,I, \quad j = 1,2,\cdots,J$$

这可以看作一个分组数为 IJ, 含未知参数 $p_{1\cdot}, p_{2\cdot}, \cdots, p_{I\cdot}, p_{\cdot 1}, p_{\cdot 2}, \cdots, p_{\cdot J}$ 的 Pearson 拟合优度 χ^2 检验.

为计算方便, 通常将样本数据写成列联表, 如表 3-15 所示. 列联表(contingency table), 也称交叉分类表(cross tabulation), 是样本按多个属性变量交叉分类所得到的频数分布表. 一维列联表就是频数分布表. r 行 c 列的列联表通常记作表 $r\times c$, 2×2 表也称为四格表(fourfold table).

表 3-15 列联表示例

	b_1	b_2	$\cdots$	b_J	合计
a_1	n_{11}	n_{12}	$\cdots$	n_{1J}	$n_{1\cdot}$
a_2	n_{21}	n_{22}	$\cdots$	n_{2J}	$n_{2\cdot}$
$\vdots$	$\vdots$	$\vdots$		$\vdots$	$\vdots$
a_I	n_{I1}	n_{I2}	$\cdots$	n_{IJ}	$n_{I\cdot}$
合计	$n_{\cdot 1}$	$n_{\cdot 2}$	$\cdots$	$n_{\cdot J}$	1

$p_{i\cdot}$ 与 $p_{\cdot j}$ 的极大似然估计为

$$\hat{p}_{i\cdot} = \frac{n_{i\cdot}}{n}, \quad i = 1,2,\cdots,I$$

$$\hat{p}_{\cdot j} = \frac{n_{\cdot j}}{n}, \quad j = 1,2,\cdots,J$$

其中, $n_{i\cdot} = \sum_{j=1}^{J} n_{ij}\ (i = 1,2,\cdots,I)$, $n_{\cdot j} = \sum_{i=1}^{I} n_{ij}\ (j = 1,2,\cdots,J)$, $n = \sum_{i=1}^{I}\sum_{j=1}^{J} n_{ij}$.

考虑 Pearson χ^2 统计量及其自由度的计算

$$K_n=\sum_{i=1}^{I}\sum_{j=1}^{J}\frac{(n_{ij}-np_{ij})^2}{n\cdot p_{ij}}=\sum_{i=1}^{I}\sum_{j=1}^{J}\frac{(n_{ij}-np_{i\cdot}p_{\cdot j})^2}{np_{i\cdot}p_{\cdot j}}=\sum_{i=1}^{I}\sum_{j=1}^{J}\frac{\left(n_{ij}-n\cdot\frac{n_{i\cdot}}{n}\cdot\frac{n_{\cdot j}}{n}\right)^2}{n\cdot\frac{n_{i\cdot}}{n}\cdot\frac{n_{\cdot j}}{n}}=\sum_{i=1}^{I}\sum_{j=1}^{J}\frac{(nn_{ij}-n_{i\cdot}n_{\cdot j})^2}{nn_{i\cdot}n_{\cdot j}}$$

$$=n\cdot\left(-1+\sum_{i=1}^{I}\sum_{j=1}^{J}\frac{n_{ij}^2}{n_{i\cdot}n_{\cdot j}}\right)$$

特别地，当 $I=J=2$（四格表）时，有

$$K_n=\frac{n(n_{11}n_{22}-n_{12}n_{21})^2}{n_{1\cdot}n_{2\cdot}n_{\cdot 1}n_{\cdot 2}}$$

假设 H_0 包含未知参数 $p_{1\cdot},p_{2\cdot},\cdots,p_{I\cdot},p_{\cdot 1},p_{\cdot 2},\cdots,p_{\cdot J}$，考虑到 $\sum_{i=1}^{I}p_{i\cdot}=1$，$\sum_{j=1}^{J}p_{\cdot j}=1$，未知参数的维数为 $I+J-2$，(X,Y)值域的分组数为 IJ，所以 K_n 的自由度为 $IJ-(I+J-2)-1=(I-1)(J-1)$.特别地，当 $I=J=2$（四格表）时，K_n 的自由度为 1.

例 3-7　最近某校对高中生文理选科意愿进行了摸底调查，统计结果如表 3-16 所示. 问学生的选科意愿与学生的数学成绩之间有无关系？

表 3-16　某校高中生文理选科意愿统计表

数学成绩分组	选择文科	选择理科	选择未定	合计
优秀	18	27	10	55
普通	20	19	20	59
薄弱	18	7	11	36
合计	56	53	41	150

解　这是一个独立性检验问题.

(1) 建立假设

H_0：选科意愿与数学成绩独立

H_1：选科意愿与数学成绩不独立

(2) 采用列联表独立性检验.

选择皮尔逊 χ^2 检验统计量

$$K_n=\sum_{i=1}^{I}\sum_{j=1}^{J}\frac{(nn_{ij}-n_{i\cdot}n_{\cdot j})^2}{nn_{i\cdot}n_{\cdot j}}$$

其样本观察值为

$$K_n=n\cdot\left(-1+\sum_{i=1}^{I}\sum_{j=1}^{J}\frac{n_{ij}^2}{n_{i\cdot}n_{\cdot j}}\right)$$

$$=150\times\left(-1+\frac{18^2}{55\times 56}+\frac{27^2}{55\times 53}+\frac{10^2}{55\times 41}+\frac{20^2}{59\times 56}+\frac{19^2}{59\times 53}+\frac{20^2}{59\times 41}+\frac{18^2}{36\times 56}+\frac{7^2}{36\times 53}+\frac{11^2}{36\times 41}\right)$$

$$=10.48$$

(3) 根据 $\mathrm{df}=(I-1)(J-1)=4$，查 χ^2 分布表（附表 2）得，$K_n=10.48$ 对应的 P 值为 0.0328. 由

于 0.01<0.0328*<0.05，所以学生的选科意愿与学生的数学成绩之间有显著关系(*).

3.6.2 皮尔逊矩相关系数

设(X, Y)是随机向量，且$(X, Y)\sim\mathcal{N}(\mu_1,\mu_2,\sigma_1^2,\sigma_2^2,\rho)$，$(X_1, Y_1),(X_2, Y_2),\cdots,(X_n, Y_n)$是来自总体$(X, Y)$的样本，要根据此检验假设

H_0: $\rho=0$(X和Y相互独立或不相关)；

H_1: $\rho\neq0$(X和Y相关)， H_1: $\rho>0$(X和Y正相关)， H_1: $\rho<0$(X和Y负相关).

引进皮尔逊矩相关系数[①]

$$r=\frac{\sum_{i=1}^{n}(X_i-\bar{X})(Y_i-\bar{Y})}{\sqrt{\sum_{i=1}^{n}(X_i-\bar{X})^2}\sqrt{\sum_{i=1}^{n}(Y_i-\bar{Y})^2}}=\frac{\sum_{i=1}^{n}X_iY_i-n\bar{X}\bar{Y}}{\sqrt{\left(\sum_{i=1}^{n}X_i^2-n\bar{X}^2\right)\left(\sum_{i=1}^{n}Y_i^2-n\bar{Y}^2\right)}}$$ [②]

皮尔逊矩相关系数具有如下重要性质：

(1) $r(aX, bY)=r(X, Y)$. 这说明，皮尔逊矩相关系数不受随机变量所取量纲的影响.

(2) $-1\leqslant r\leqslant1$[③]，等号成立当且仅当存在$a, b\neq0$，使得$Y_i=a+bX_i$成立. 而且，若$b>0$，则$r=1$；若 $b<0$，则 $r=-1$. 这说明，皮尔逊矩相关系数实质上是线性相关系数，即两个变量的线性相关程度.

皮尔逊矩相关系数的检验可采用三种方法：

(1) t检验.

在假设H_0成立的条件下，

$$\frac{\sqrt{n-2}\,r}{\sqrt{1-r^2}}\sim t(n-2)$$

如果二元总体不满足正态分布，当样本容量较大时，这个结论也是近似成立的.

(2) F检验.

在假设H_0成立的条件下，

$$\frac{(n-2)r}{1-r^2}\sim F(1,n-2)$$

如果二元总体不满足正态分布，当样本容量较大时，这个结论也是近似成立的.

(3) Z检验.

令

---

① 皮尔逊矩相关系数(Pearson product-moment correlation coefficient)，也称作皮尔逊积差相关系数.

② 皮尔逊矩相关系数可看作样本分量标准化后乘积的平均值，即

$$r=\frac{\sum_{i=1}^{n}(X_i-\bar{X})(Y_i-\bar{Y})}{\sqrt{\sum_{i=1}^{n}(X_i-\bar{X})^2}\sqrt{\sum_{i=1}^{n}(Y_i-\bar{Y})^2}}=\frac{1}{n}\sum_{i=1}^{n}\left(\frac{X_i-\bar{X}}{\sqrt{\frac{1}{n}\sum_{i=1}^{n}(X_i-\bar{X})^2}}\cdot\frac{Y_i-\bar{Y}}{\sqrt{\frac{1}{n}\sum_{i=1}^{n}(Y_i-\bar{Y})^2}}\right)$$

③ 证明：由柯西-施瓦茨(Cauchy-Schwarz)不等式，得

$$r^2=\frac{1}{n^2}\left(\sum_{i=1}^{n}\left(\frac{X_i-\bar{X}}{\sqrt{\frac{1}{n}\sum_{i=1}^{n}(X_i-\bar{X})^2}}\cdot\frac{Y_i-\bar{Y}}{\sqrt{\frac{1}{n}\sum_{i=1}^{n}(Y_i-\bar{Y})^2}}\right)\right)^2\leqslant\frac{1}{n^2}\sum_{i=1}^{n}\left(\frac{X_i-\bar{X}}{\sqrt{\frac{1}{n}\sum_{i=1}^{n}(X_i-\bar{X})^2}}\right)^2\sum_{i=1}^{n}\left(\frac{Y_i-\bar{Y}}{\sqrt{\frac{1}{n}\sum_{i=1}^{n}(Y_i-\bar{Y})^2}}\right)^2=1$$

所以，$-1\leqslant r\leqslant1$.

$$\operatorname{artanh}(x)=\frac{1}{2}\ln\frac{1+x}{1-x}$$

$\operatorname{artanh}(\cdot)$ 称为反双曲函数. 反双曲函数作用于相关系数, 统计学上也称为相关系数的费希尔(Fisher)变换, 记为 $F(\cdot)$.

可以证明, 当 $n\to\infty$时, $\dfrac{F(r)-F(\rho)}{\frac{1}{\sqrt{n-3}}}=\sqrt{n-3}(F(r)-F(\rho))$ 渐近服从 $\mathscr{N}(0,1)$ 分布. 特别地, 在假设 H_0 成立的条件下, 当 $n\to\infty$ 时, $\sqrt{n-3}F(r)$ 渐近服从 $\mathscr{N}(0,1)$ 分布.

3.6.3 斯皮尔曼秩相关系数

设 $(X_1, Y_1), (X_2, Y_2), \cdots, (X_n, Y_n)$ 是来自总体 (X, Y) 的样本, 用 R_i^X 表示 X_i 在 $X_1, X_2, \cdots, X_n$ 中的秩, 用 R_i^Y 表示 Y_i 在 $Y_1, Y_2, \cdots, Y_n$ 中的秩, 要根据此检验假设

H_0: X 和 Y 相互独立(不相关)

H_1: X 和 Y 相关, H_1: X 和 Y 正相关, H_1: X 和 Y 负相关

引进斯皮尔曼秩相关系数(Spearman's rank correlation coefficient)

$$r_s=\frac{\sum_{i=1}^{n}(R_i^X-\overline{R}^X)(R_i^Y-\overline{R}^Y)}{\sqrt{\sum_{i=1}^{n}(R_i^X-\overline{R}^X)^2}\sqrt{\sum_{i=1}^{n}(R_i^Y-\overline{R}^Y)^2}}=\frac{12\sum_{i=1}^{n}R_i^XR_i^Y-3n(n+1)^2}{(n-1)n(n+1)}$$

斯皮尔曼秩相关系数是用 R_i^X 和 R_i^Y 分别代替 X_i 和 Y_i 构造的皮尔逊矩相关系数. 显然, 当 $f(X)$ 为严格单调递增函数时, 样本 $(X_1, Y_1), (X_2, Y_2), \cdots, (X_n, Y_n)$ 与样本 $(f(X_1), Y_1), (f(X_2), Y_2), \cdots, (f(X_n), Y_n)$ 的斯皮尔曼秩相关系数相等, 所以与皮尔逊矩相关系数描述的变量之间的线性相关性不同, 斯皮尔曼秩相关系数描述的是变量之间的一般相关性, 即当 X 增大时, Y 有没有增大或减小的趋势.

在假设 H_0 成立的条件下

$$P\{R_1^X=i_1,R_2^X=i_2,\cdots,R_n^X=i_n\}=\frac{1}{n!},\quad i_1,i_2,\cdots,i_n\in\{1,2,\cdots,n\},\ i_s\neq i_t\quad(\forall s,t=1,2,\cdots,n,\ s\neq t)$$

所以

$$P\left\{\sum_{i=1}^{n}iR_i^X=d\right\}=\frac{t_n(d)}{n!},\quad d=\frac{n(n+1)(n+2)}{6},\frac{n(n+1)(n+2)}{6}+1,\cdots,\frac{n(n+1)(2n+1)}{6}$$

其中, $t_n(d)$ 表示 1, 2, $\cdots$, n 的所有全排列中数据与序号乘积之和为 d 的排列数.

在假设 H_0 成立的条件下, 可以证明 $\sum_{i=1}^{n}iR_i^X$ 与 $\sum_{i=1}^{n}R_i^XR_i^Y$ 同分布, 从而

$$P\left\{r_s=\frac{12d-3n(n+1)^2}{(n-1)n(n+1)}\right\}=P\left\{\sum_{i=1}^{n}R_i^XR_i^Y=d\right\}=P\left\{\sum_{i=1}^{n}iR_i^X=d\right\}=\frac{t_n(d)}{n!}$$

$$d=\frac{n(n+1)(n+2)}{6},\frac{n(n+1)(n+2)}{6}+1,\cdots,\frac{n(n+1)(2n+1)}{6}$$

容易证明, $t_n(d)=t_n\left(\dfrac{n(n+1)^2}{2}-d\right)$, $d=\dfrac{n(n+1)(n+2)}{6},\dfrac{n(n+1)(n+2)}{6}+1,\cdots,\dfrac{n(n+1)(2n+1)}{6}$, 所以, 斯皮尔曼秩相关系数 r_s 服从对称分布.

对于大样本情况，在假设 H_0 成立的条件下，当 $n\to\infty$ 时，$\sqrt{n-1}\,r_s$ 渐近服从 $\mathcal{N}(0,1)$ 分布.

考虑结的存在. 设 $R_1^X,R_2^X,\cdots,R_n^X$ 包含长度为 $\tau_1^X,\tau_2^X,\cdots,\tau_{g_X}^X$ 的结，$R_1^Y,R_2^Y,\cdots,R_n^Y$ 包含长度为 $\tau_1^Y,\tau_2^Y,\cdots,\tau_{g_Y}^Y$ 的结，斯皮尔曼秩相关系数 r_s 有一般形式:

$$r_s=\frac{\sum_{i=1}^n(a(R_i^X)-\bar{R}^X)(a(R_i^Y)-\bar{R}^Y)}{\sqrt{\sum_{i=1}^n(a(R_i^X)-\bar{R}^X)^2}\sqrt{\sum_{i=1}^n(a(R_i^Y)-\bar{R}^Y)^2}}$$

$$=\frac{12\sum_{i=1}^n a(R_i^X)a(R_i^Y)-3n(n+1)^2}{\sqrt{(n-1)n(n+1)-\sum_{k=1}^{g_X}(\tau_k^X-1)\tau_k^X(\tau_k^X+1)}\sqrt{(n-1)n(n+1)-\sum_{k=1}^{g_Y}(\tau_k^Y-1)\tau_k^Y(\tau_k^Y+1)}}$$

其中, $a(\cdot)$ 是秩调整函数. 对 r_s 的检验仍沿用前面的办法.

3.6.4 肯德尔-τ 相关系数

设 $(X_1,Y_1),(X_2,Y_2),\cdots,(X_n,Y_n)$ 是来自总体 (X,Y) 的样本，用 R_i^X 表示 X_i 在 $X_1,X_2,\cdots,X_n$ 中的秩，用 R_i^Y 表示 Y_i 在 $Y_1,Y_2,\cdots,Y_n$ 中的秩，要根据此检验假设

H_0: X 和 Y 相互独立(不相关)

H_1: X 和 Y 相关， H_1: X 和 Y 正相关， H_1: X 和 Y 负相关

引进肯德尔-τ 相关系数(Kendall's τ rank correlation coefficient)

$$\tau=\frac{2}{n(n-1)}\sum_{1\leqslant i\leqslant j\leqslant n}\operatorname{sgn}(X_j-X_i)\operatorname{sgn}(Y_j-Y_i)=\frac{2}{n(n-1)}\sum_{1\leqslant i\leqslant j\leqslant n}\operatorname{sgn}(R_j^X-R_i^X)\operatorname{sgn}(R_j^Y-R_i^Y)$$

其中, $\operatorname{sgn}(\cdot)$ 是符号函数，它在正数、负数、零上分别取值 1, −1, 0.

显然，当 $f(x)$ 为严格单调递增函数时，样本 $(X_1,Y_1),(X_2,Y_2),\cdots,(X_n,Y_n)$ 与样本 $(f(X_1),Y_1),(f(X_2),Y_2),\cdots,(f(X_n),Y_n)$ 的肯德尔-τ 相关系数相等，所以肯德尔-τ 相关系数描述的也是变量之间的一般相关性，即当 X 增大时, Y 有没有增大或减小的趋势.

在假设 H_0 成立的条件下

$$P\{R_1^X=i_1,R_2^X=i_2,\cdots,R_n^X=i_n\}=\frac{1}{n!},\quad i_1,i_2,\cdots,i_n\in\{1,2,\cdots,n\},\ i_s\neq i_t\ \ (\forall s,t=1,2,\cdots,n,\ s\neq t)$$

所以

$$P\left\{\sum_{1\leqslant i\leqslant j\leqslant n}\operatorname{sgn}(R_j^X-R_i^X)=d\right\}=\frac{t_n(d)}{n!},\quad d=-\frac{n(n+1)}{2},\cdots,0,\cdots,\frac{n(n+1)}{2}$$

其中, $t_n(d)$ 表示 1, 2, ⋯, n 的所有全排列中顺序数与逆序数之差为 d 的排列数.

在假设 H_0 成立的条件下，可证明 $\sum_{1\leqslant i\leqslant j\leqslant n}\operatorname{sgn}(R_j^X-R_i^X)\operatorname{sgn}(R_j^Y-R_i^Y)$ 与 $\sum_{1\leqslant i\leqslant j\leqslant n}\operatorname{sgn}(R_j^X-R_i^X)$ 同分布，从而

$$P\left\{\tau=\frac{2d}{n(n-1)}\right\}=P\left\{\sum_{1\leqslant i\leqslant j\leqslant n}\operatorname{sgn}(R_j^X-R_i^X)\operatorname{sgn}(R_j^Y-R_i^Y)=d\right\}=P\left\{\sum_{1\leqslant i\leqslant j\leqslant n}\operatorname{sgn}(R_j^X-R_i^X)=d\right\}=\frac{t_n(d)}{n!}$$

$$d=-\frac{n(n+1)}{2},\cdots,0,\cdots,\frac{n(n+1)}{2}$$

容易证明，$t_n(d)=t_n(-d)$，$d=-\frac{n(n+1)}{2},\cdots,0,\cdots,\frac{n(n+1)}{2}$. 所以，肯德尔-$\tau$ 相关系数服从对称分布.

对于大样本情况，在假设 H_0 成立的条件下，当 $n\to\infty$ 时，$3\sqrt{\frac{n(n-1)}{2(2n+5)}}\tau$ 渐近服从 $\mathcal{N}(0,1)$ 分布.

有这样一种说法，认为肯德尔-τ 相关系数渐近正态性的收敛速度比斯皮尔曼秩相关系数快，所以若使用渐近正态性，在样本容量并不太大时，使用肯德尔-τ 相关系数可能更为可靠.

考虑结的存在. 设 $R_1^X,R_2^X,\cdots,R_n^X$ 包含长度为 $\tau_1^X,\tau_2^X,\cdots,\tau_{g_X}^X$ 的结，$R_1^Y,R_2^Y,\cdots,R_n^Y$ 包含长度为 $\tau_1^Y,\tau_2^Y,\cdots,\tau_{g_Y}^Y$ 的结，肯德尔-τ 相关系数有一般形式：

$$\tau=\frac{\sum\limits_{1\leqslant i\leqslant j\leqslant n}\operatorname{sgn}(a(R_j^X)-a(R_i^X))\operatorname{sgn}(a(R_j^Y)-a(R_i^Y))}{\sqrt{\frac{n(n-1)}{2}-\sum\limits_{k=1}^{g_X}\frac{\tau_k^X(\tau_k^X-1)}{2}}\sqrt{\frac{n(n-1)}{2}-\sum\limits_{k=1}^{g_Y}\frac{\tau_k^Y(\tau_k^Y-1)}{2}}}$$ ①

其中，$a(\cdot)$ 是秩调整函数. 对 τ 的检验仍沿用前面的办法.

3.6.5 肯德尔和谐系数

设 $(X_{11},X_{21},\cdots,X_{m1}),(X_{12},X_{22},\cdots,X_{m2}),\cdots,(X_{1n},X_{2n},\cdots,X_{mn})$ 是来自总体 $(X_1,X_2,\cdots,X_m)$ 的样本，用 R_{ij} 表示 X_{ij} 在 $X_{1j},X_{2j},\cdots,X_{mj}$ 中的秩，要根据此检验假设

H_0: $X_1,X_2,\cdots,X_m$ 独立（不相关）

H_1: $X_1,X_2,\cdots,X_m$ 相关（变量 $X_1,X_2,\cdots,X_m$ 有同时上升或下降的趋势）

这是一致性检验问题.

一致性检验问题可以转化为弗里德曼检验问题.

设 $X_{11},X_{21},\cdots,X_{m1},X_{12},X_{22},\cdots,X_{m2},\cdots,X_{1n},X_{2n},\cdots,X_{mn}$ 的分布函数是 $F_1(x-\theta_1),F_1(x-\theta_2),\cdots,F_1(x-\theta_m),F_2(x-\theta_1),F_2(x-\theta_2),\cdots,F_2(x-\theta_m),\cdots,F_n(x-\theta_1),F_n(x-\theta_2),\cdots,F_n(x-\theta_m)$. 已知 $X_{11},X_{21},\cdots,X_{m1},X_{12},X_{22},\cdots,X_{m2},\cdots,X_{1n},X_{2n},\cdots,X_{mn}$ 是它们的样本，要根据此检验假设

$$H_0:\theta_1=\theta_2=\cdots=\theta_m,\quad H_1:\theta_1,\theta_2,\cdots,\theta_m\text{ 不全相等}$$

考虑统计量

$$\text{SSB}=\sum_{i=1}^m n(\bar{R}_i-\bar{R})^2=\frac{1}{n}\sum_{i=1}^m R_i^2-\frac{nm(m+1)^2}{4}$$

其中，$\bar{R}=\frac{1}{nm}\sum_{i=1}^m\sum_{j=1}^n R_{ij}$；$\bar{R}_i=\frac{1}{n}\sum_{j=1}^n R_{ij}$；$R_i=\sum_{j=1}^n R_{ij}$（$i=1,2,\cdots,n$）. 显然，当 $R_{11}=R_{12}=\cdots=R_{1n}$，$R_{21}=R_{22}=\cdots=R_{2n}$，$\cdots$，$R_{m1}=R_{m2}=\cdots=R_{mn}$ 时，SSB 取得最大值 $\frac{n(m-1)m(m+1)}{12}$（结不存在的

---

① 由柯西-施瓦茨不等式，有

$$\left(\sum_{1\leqslant i\leqslant j\leqslant n}\operatorname{sgn}(a(R_j^X)-a(R_i^X))\operatorname{sgn}(a(R_j^Y)-a(R_i^Y))\right)^2\leqslant\sum_{1\leqslant i\leqslant j\leqslant n}(\operatorname{sgn}(a(R_j^X)-a(R_i^X)))^2\cdot\sum_{1\leqslant i\leqslant j\leqslant n}(\operatorname{sgn}(a(R_j^Y)-a(R_i^Y)))^2$$
$$=\left(\frac{n(n-1)}{2}-\sum_{k=1}^{g_X}\frac{\tau_k^X(\tau_k^X-1)}{2}\right)\cdot\left(\frac{n(n-1)}{2}-\sum_{k=1}^{g_Y}\frac{\tau_k^Y(\tau_k^Y-1)}{2}\right)$$

为使得结存在时肯德尔-τ 相关系数的值落在-1 到 1 之间，将 $\frac{n(n-1)}{2}$ 调整为 $\sqrt{\frac{n(n-1)}{2}-\sum\limits_{k=1}^{g_X}\frac{\tau_k^X(\tau_k^X-1)}{2}}\cdot\sqrt{\frac{n(n-1)}{2}-\sum\limits_{k=1}^{g_Y}\frac{\tau_k^Y(\tau_k^Y-1)}{2}}$.

情形). 从而统计量$Q=\dfrac{12}{m(m+1)}\text{SSB}$的最大值为$n(m-1)$.

设

$$W=\frac{Q}{n(m-1)}=\frac{12}{n(m-1)m(m+1)}\sum_{i=1}^{m}n(\bar{R}_i-\bar{R})^2=\frac{12}{n^2(m-1)m(m+1)}\sum_{i=1}^{m}R_i^2-\frac{3(m+1)}{m-1}$$

显然, $0\leqslant W\leqslant 1$. W可用来度量一致性, 称为Kendall和谐系数(Kendall's concordance coefficient).

考虑结的存在. 设对于任意$j=1,2,\cdots,n$, 样本$X_{1j},X_{2j},\cdots,X_{mj}$共包含$g_j$个结, 长度分别为$\tau_{j1},\tau_{j2},\cdots,\tau_{jg_j}$, Kendall和谐系数有一般形式:

$$W=\frac{Q}{n(m-1)}=\frac{1}{n(m-1)}\cdot\frac{\dfrac{12}{m(m+1)}\displaystyle\sum_{i=1}^{m}n(\bar{R}_i^a-\bar{R})^2}{1-\dfrac{1}{n(m-1)m(m+1)}\displaystyle\sum_{j=1}^{n}\sum_{k=1}^{g_j}(\tau_{jk}^3-\tau_{jk})}=\frac{12\displaystyle\sum_{i=1}^{m}(R_i^a)^2-3n^2m(m+1)^2}{n^2(m-1)m(m+1)-n\displaystyle\sum_{j=1}^{n}\sum_{k=1}^{g_j}(\tau_{jk}^3-\tau_{jk})}$$

其中, $R_i^a=\sum_{j=1}^{n}a(R_{ij})$, $\bar{R}_i^a=\dfrac{1}{n}\sum_{j=1}^{n}a(R_{ij})$.

对W的检验可沿用弗里德曼检验的方法.

3.7 回归分析

3.7.1 回归分析简介

回归分析(regression analysis)是研究随机现象中变量关系的统计分析方法.

为了深入了解事物本质, 任何理论总会试图建立变量之间的依存关系表达式. 但从试验和观测角度看, 变量之间的函数关系式往往并非能够完全确定, 而只能是所谓的经验公式. 一方面是因为测量多不可避免存在误差; 另一方面也可能是因为变量之间的关系式比较复杂.

回归分析就是利用统计原理, 从样本数据中寻求隐藏于随机性后的变量关系, 即回归关系.

回归分析把变量分为两类: 因变量和自变量. 因变量通常是实际问题所关心的一些指标, 而自变量则是影响因变量取值的另一些变量. 因变量总是随机变量, 而自变量则可以是随机变量, 也可以是精确测量或严格控制的普通变量.

回归分析包括一元回归分析与多元回归分析. 一元回归分析处理的是两个变量之间的关系, 多元回归分析处理的是多个变量之间的关系. 两者原理基本相同, 只不过多元回归分析需要以矩阵为工具, 计算要复杂得多. 这里, 主要介绍一元线性回归(simple linear regression).

回归分析研究的主要问题包括:

(1) 确定变量之间的关系式, 即回归方程(regression equation)或回归函数(regression function).

(2) 对回归方程进行假设检验.

(3) 判断自变量对因变量影响的大小.

(4) 利用回归方程进行预测和控制.

3.7.2 一元线性回归

设 $y_1, y_2, \cdots, y_n$ 是相互独立的随机变量，$y_i \sim \mathcal{N}(\beta_0 + \beta_1 x_i, \sigma^2)$，其中，$x_i$ 已知，$i = 1, 2, \cdots, n$. 已知 $y_1, y_2, \cdots, y_n$ 是它们的样本，确定 y_i 与 x_i 之间的回归关系.

1) 统计模型

$$\begin{aligned}&y_1, y_2, \cdots, y_n \text{是随机变量}, \quad x_1, x_2, \cdots, x_n \text{是普通变量}\\&y_i = \beta_0 + \beta_1 x_i + \varepsilon_i, \quad i = 1, 2, \cdots, n\\&\varepsilon_i \sim \mathcal{N}(0, \sigma^2), \quad i = 1, 2, \cdots, n, \quad \varepsilon_1, \varepsilon_2, \cdots, \varepsilon_n \text{相互独立}\end{aligned}$$

这等价于

$$y_i \sim \mathcal{N}(\beta_0 + \beta_1 x_i, \sigma^2), \quad i = 1, 2, \cdots, n, \quad y_1, y_2, \cdots, y_n \text{相互独立}$$

2) 参数的估计

参数 β_0, β_1 可采用最小二乘估计①，估计值分别记作 $\hat{\beta}_0, \hat{\beta}_1$. 设

$$Q = \sum_{i=1}^{n} (y_i - \beta_0 - \beta_1 x_i)^2$$

Q 刻画全部样本值相对回归直线的偏离程度. 最小二乘法 (method of least squares) 的思想就是使得 β_0, β_1 的估计值 $\hat{\beta}_0, \hat{\beta}_1$ 满足偏离程度最小. 从而，由 $\dfrac{\partial Q}{\partial \beta_0} = 0$，$\dfrac{\partial Q}{\partial \beta_1} = 0$ 得

$$\begin{cases}\displaystyle\sum_{i=1}^{n} (y_i - \hat{\beta}_0 - \hat{\beta}_1 x_i) = 0\\\displaystyle\sum_{i=1}^{n} (y_i - \hat{\beta}_0 - \hat{\beta}_1 x_i) x_i = 0\end{cases}$$

所以

① 回归参数也可以采用矩估计. 由 $y_i \sim \mathcal{N}(\beta_0 + \beta_1 x_i, \sigma^2), i = 1, 2, \cdots, n$，得

$$\sum_{i=1}^{n} y_i \sim \mathcal{N}\left(\sum_{i=1}^{n} (\beta_0 + \beta_1 x_i), n\sigma^2\right)$$

$$\sum_{i=1}^{n} x_i y_i \sim \mathcal{N}\left(\sum_{i=1}^{n} x_i (\beta_0 + \beta_1 x_i), \sigma^2 \sum_{i=1}^{n} x_i\right)$$

从而

$$\begin{cases}\displaystyle\sum_{i=1}^{n} y_i = \sum_{i=1}^{n} (\hat{\beta}_0 + \hat{\beta}_1 x_i)\\\displaystyle\sum_{i=1}^{n} x_i y_i = \sum_{i=1}^{n} x_i (\hat{\beta}_0 + \hat{\beta}_1 x_i)\end{cases}$$

回归参数还可以采用极大似然估计. 此时，似然函数为

$$L(\beta_0, \beta_1, \sigma^2) = \prod_{i=1}^{n} f(y_i) = \prod_{i=1}^{n} \frac{1}{\sqrt{2\pi}\sigma} \mathrm{e}^{\frac{-(y_i - \beta_0 - \beta_1 x_i)^2}{2\sigma^2}} = \frac{1}{(2\pi)^{\frac{n}{2}} \sigma^n} \mathrm{e}^{\frac{-\sum_{i=1}^{n} (y_i - \beta_0 - \beta_1 x_i)^2}{2\sigma^2}}$$

由 $\dfrac{\partial (\ln L)}{\partial \beta_0} = 0$，$\dfrac{\partial (\ln L)}{\partial \beta_1} = 0$，得

$$\begin{cases}\displaystyle\sum_{i=1}^{n} (y_i - \hat{\beta}_0 - \hat{\beta}_1 x_i) = 0\\\displaystyle\sum_{i=1}^{n} (y_i - \hat{\beta}_0 - \hat{\beta}_1 x_i) x_i = 0\end{cases}$$

$$\hat{\beta}_1=\frac{\sum_{i=1}^{n}(x_i-\overline{x})(y_i-\overline{y})}{\sum_{i=1}^{n}(x_i-\overline{x})^2}$$

$$\hat{\beta}_0=\overline{y}-\hat{\beta}_1\overline{x}$$

其中，$\overline{x}=\frac{1}{n}\sum_{i=1}^{n}x_i$，$\overline{y}=\frac{1}{n}\sum_{i=1}^{n}y_i$.

由此，得到回归直线

$$y=\frac{\sum_{i=1}^{n}(x_i-\overline{x})(y_i-\overline{y})}{\sum_{i=1}^{n}(x_i-\overline{x})^2}x+\overline{y}-\frac{\sum_{i=1}^{n}(x_i-\overline{x})(y_i-\overline{y})}{\sum_{i=1}^{n}(x_i-\overline{x})^2}\overline{x}\text{①}$$

考虑到 $\hat{\beta}_0,\hat{\beta}_1$ 是相互独立正态随机变量 $y_1,y_2,\cdots,y_n$ 的线性组合，所以 $\hat{\beta}_0,\hat{\beta}_1$ 也服从正态分布. 而且 $\hat{\beta}_0,\hat{\beta}_1$ 都是无偏估计，它们的数字特征如下:

$$E(\hat{\beta}_1)=E\left(\frac{\sum_{i=1}^{n}(x_i-\overline{x})(y_i-\overline{y})}{\sum_{i=1}^{n}(x_i-\overline{x})^2}\right)=\frac{\sum_{i=1}^{n}(x_i-\overline{x})(\beta_0+\beta_1x_i-\beta_0-\beta_1\overline{x})}{\sum_{i=1}^{n}(x_i-\overline{x})^2}=\beta_1$$

$$E(\hat{\beta}_0)=E(\overline{y}-\hat{\beta}_1\overline{x})=E(\overline{y})-E(\hat{\beta}_1)\overline{x}=\beta_0+\beta_1\overline{x}-\beta_1\overline{x}=\beta_0$$

$$\mathrm{Var}(\hat{\beta}_1)=\mathrm{Var}\left(\frac{\sum_{i=1}^{n}(x_i-\overline{x})(y_i-\overline{y})}{\sum_{i=1}^{n}(x_i-\overline{x})^2}\right)=\mathrm{Var}\left(\frac{\sum_{i=1}^{n}(x_i-\overline{x})y_i}{\sum_{i=1}^{n}(x_i-\overline{x})^2}\right)=\frac{\sigma^2\sum_{i=1}^{n}(x_i-\overline{x})^2}{\left(\sum_{i=1}^{n}(x_i-\overline{x})^2\right)^2}=\frac{\sigma^2}{\sum_{i=1}^{n}(x_i-\overline{x})^2}$$

$$\mathrm{Var}(\hat{\beta}_0)=\mathrm{Var}(\overline{y}-\hat{\beta}_1\overline{x})=\mathrm{Var}\left(\sum_{i=1}^{n}\left(\frac{1}{n}-\frac{(x_i-\overline{x})\overline{x}}{\sum_{i=1}^{n}(x_i-\overline{x})^2}\right)y_i\right)=\left(\frac{1}{n}+\frac{\overline{x}^2}{\sum_{i=1}^{n}(x_i-\overline{x})^2}\right)\sigma^2$$

$$\mathrm{Cov}(\hat{\beta}_0,\hat{\beta}_1)=\mathrm{Cov}(\overline{y}-\hat{\beta}_1\overline{x},\hat{\beta}_1)=\mathrm{Cov}\left(\frac{\sum_{i=1}^{n}y_i}{n},\frac{\sum_{i=1}^{n}(x_i-\overline{x})y_i}{\sum_{i=1}^{n}(x_i-\overline{x})^2}\right)-\overline{x}\,\mathrm{Var}(\hat{\beta}_1)=\frac{-\overline{x}\sigma^2}{\sum_{i=1}^{n}(x_i-\overline{x})^2}$$

设 $\hat{y}_i=\hat{\beta}_0+\hat{\beta}_1x_i$，$i=1,2,\cdots,n$，则

---

① 回归直线可变形为

$$y-\overline{y}=\frac{\sum_{i=1}^{n}(x_i-\overline{x})(y_i-\overline{y})}{\sum_{i=1}^{n}(x_i-\overline{x})^2}(x-\overline{x})$$

这说明，回归直线过点 $(\overline{x},\overline{y})$，从而，$\overline{y}=\hat{\beta}_0+\hat{\beta}_1\overline{x}$. 回归直线还可变形为

$$\frac{y-\overline{y}}{\sqrt{\frac{1}{n}\sum_{i=1}^{n}(y_i-\overline{y})^2}}=\frac{\sum_{i=1}^{n}(x_i-\overline{x})(y_i-\overline{y})}{\sqrt{\sum_{i=1}^{n}(x_i-\overline{x})^2}\sqrt{\sum_{i=1}^{n}(y_i-\overline{y})^2}}\cdot\frac{x-\overline{x}}{\sqrt{\frac{1}{n}\sum_{i=1}^{n}(x_i-\overline{x})^2}}$$

这说明，标准化后变量之间的回归函数是正比例函数，相关系数即比例系数. 从而

$$\hat{\beta}_1^2\sum_{i=1}^{n}(x_i-\overline{x})^2=r^2\sum_{i=1}^{n}(y_i-\overline{y})^2$$

$$\hat{y}_i - \overline{y} = \hat{\beta}_1(x_i - \overline{x}), \quad i = 1, 2, \cdots, n$$

$$\frac{1}{n}\sum_{i=1}^{n}\hat{y}_i = \frac{1}{n}\sum_{i=1}^{n}(\hat{\beta}_0 + \hat{\beta}_1 x_i) = \hat{\beta}_0 + \hat{\beta}_1\overline{x} = \overline{y}$$

考虑到 $\hat{\beta}_0, \hat{\beta}_1$ 是独立正态变量 $y_1, y_2, \cdots, y_n$ 的线性组合，所以 $\hat{y}_i$ 服从正态分布，且对于 $i = 1, 2, \cdots, n$，有

$$E(\hat{y}_i) = E(\hat{\beta}_0 + \hat{\beta}_1 x_i) = \beta_0 + \beta_1 x_i = E(y_i)$$

$$\begin{aligned}\mathrm{Var}(\hat{y}_i) &= \mathrm{Var}(\hat{\beta}_0 + \hat{\beta}_1 x_i) = \mathrm{Cov}(\hat{\beta}_0 + \hat{\beta}_1 x_i, \hat{\beta}_0 + \hat{\beta}_1 x_i) \\ &= \mathrm{Cov}(\hat{\beta}_0, \hat{\beta}_0) + 2x_i\mathrm{Cov}(\hat{\beta}_0, \hat{\beta}_1) + x_i^2\mathrm{Cov}(\hat{\beta}_1, \hat{\beta}_1) \\ &= \left(\frac{1}{n} + \frac{(x_i - \overline{x})^2}{\sum_{i=1}^{n}(x_i - \overline{x})^2}\right)\sigma^2\end{aligned}$$

$$\begin{aligned}\mathrm{Cov}(y_i, \hat{y}_i) &= \mathrm{Cov}(y_i, \overline{y} + \hat{\beta}_1(x_i - \overline{x})) = \mathrm{Cov}\left(y_i, \frac{1}{n}\sum_{i=1}^{n}y_i\right) + (x_i - \overline{x})\mathrm{Cov}\left(y_i, \frac{\sum_{i=1}^{n}(x_i - \overline{x})y_i}{\sum_{i=1}^{n}(x_i - \overline{x})^2}\right) \\ &= \left(\frac{1}{n} + \frac{(x_i - \overline{x})^2}{\sum_{i=1}^{n}(x_i - \overline{x})^2}\right)\sigma^2\end{aligned}$$

设 $S_R = \sum_{i=1}^{n}(y_i - \hat{y}_i)^2$，则

$$\begin{aligned}E(S_R) &= E\left(\sum_{i=1}^{n}(y_i - \hat{y}_i)^2\right) = E\sum_{i=1}^{n}((y_i - Ey_i) - (\hat{y}_i - E\hat{y}_i))^2 \\ &= \sum_{i=1}^{n}\mathrm{Var}(y_i) + \sum_{i=1}^{n}\mathrm{Var}(\hat{y}_i) - 2\sum_{i=1}^{n}\mathrm{Cov}(y_i, \hat{y}_i) = (n-2)\sigma^2\end{aligned}$$

所以，$\hat{\sigma}^2 = \dfrac{S_R}{n-2}$ 是 σ^2 的无偏估计.

3) 平方和及自由度的分解

总平方和(total sum of squares)

$$S_T = \sum_{i=1}^{n}(y_i - \overline{y})^2$$

回归平方和(explained sum of squares)

$$S_E = \sum_{i=1}^{n}(\hat{y}_i - \overline{y})^2$$

残差平方和(residual sum of squares)

$$S_R = \sum_{i=1}^{n}(y_i - \hat{y}_i)^2$$

可以证明

$$S_T = S_E + S_R$$

平方和分解公式说明，总平方和由两种来源组成：一部分是由自变量的变化引起的(S_E)，它的大小(在与误差相比的意义下)反映了自变量的重要程度；另一部分是由随机误差以及其

他未加控制的因素引起的(S_R).

S_T涉及的离差有 n 个, 限制条件包括

$$\sum_{i=1}^{n}(y_i-\overline{y})=0$$

其自由度为 $n-1$.

S_E涉及的离差有 n 个, 限制条件包括

$$\frac{\hat{y}_1-\overline{y}}{x_1-\overline{x}}=\frac{\hat{y}_2-\overline{y}}{x_2-\overline{x}}=\cdots=\frac{\hat{y}_n-\overline{y}}{x_n-\overline{x}}$$

其自由度为 1.

S_R涉及的离差有 n 个, 限制条件包括①

$$\sum_{i=1}^{n}(y_i-\hat{y}_i)=0,\quad \sum_{i=1}^{n}(x_i-\overline{x})(y_i-\hat{y}_i)=0$$

其自由度为 $n-2$.

4) 假设检验

$$H_0:\beta_1=0,\quad H_1:\beta_1\neq 0$$

$\beta_1=0$ 意味着 y 并不随着 x 变化, 因此对参数 $\beta_1=0$ 的显著性检验即是对回归方程的显著性检验.

当 H_0 成立时, 可以证明

$$\frac{S_E}{\sigma^2}\sim\chi^2(1),\quad \frac{S_R}{\sigma^2}\sim\chi^2(n-2)$$

并且相互独立, 从而

$$F=\frac{(n-2)S_E}{S_R}\sim F(1,n-2)\text{ ②}$$

为方便起见, 将计算过程列成方差分析表, 如表 3-17 所示.

---

① 证明: $\sum_{i=1}^{n}(y_i-\hat{y}_i)=\sum_{i=1}^{n}((y_i-\overline{y})-(\hat{y}_i-\overline{y}))=\sum_{i=1}^{n}(y_i-\overline{y})-\sum_{i=1}^{n}(\hat{y}_i-\overline{y})=0,$

$$\sum_{i=1}^{n}(x_i-\overline{x})(y_i-\hat{y}_i)=\sum_{i=1}^{n}(x_i-\overline{x})(y_i-\overline{y})-\sum_{i=1}^{n}(x_i-\overline{x})(\hat{y}_i-\overline{y})=\sum_{i=1}^{n}(x_i-\overline{x})(y_i-\overline{y})-\beta_1\sum_{i=1}^{n}(x_i-\overline{x})^2=0.$$

② 统计量 F 也可用相关系数 r 来表示

$$F=\frac{(n-2)S_E}{S_R}=\frac{(n-2)\sum_{i=1}^{n}(\hat{y}_i-\overline{y})^2}{\sum_{i=1}^{n}(y_i-\hat{y}_i)^2}=\frac{(n-2)\hat{\beta}_1^2\sum_{i=1}^{n}(x_i-\overline{x})^2}{\sum_{i=1}^{n}((y_i-\overline{y})-(\hat{y}_i-\overline{y}))^2}=\frac{(n-2)\hat{\beta}_1^2\sum_{i=1}^{n}(x_i-\overline{x})^2}{\sum_{i=1}^{n}((y_i-\overline{y})-\hat{\beta}_1(x_i-\overline{x}))^2}$$

$$=\frac{(n-2)\hat{\beta}_1^2\sum_{i=1}^{n}(x_i-\overline{x})^2}{\sum_{i=1}^{n}(y_i-\overline{y})^2+\hat{\beta}_1^2\sum_{i=1}^{n}(x_i-\overline{x})^2-2\hat{\beta}_1\sum_{i=1}^{n}(x_i-\overline{x})(y_i-\overline{y})}=\frac{(n-2)\hat{\beta}_1^2\sum_{i=1}^{n}(x_i-\overline{x})^2}{\sum_{i=1}^{n}(y_i-\overline{y})^2-\hat{\beta}_1^2\sum_{i=1}^{n}(x_i-\overline{x})^2}$$

$$=\frac{(n-2)r^2\sum_{i=1}^{n}(y_i-\overline{y})^2}{\sum_{i=1}^{n}(y_i-\overline{y})^2-r^2\sum_{i=1}^{n}(y_i-\overline{y})^2}=\frac{(n-2)r^2}{1-r^2}$$

由 $F\sim F(1,n-2)$, 得 $\frac{\sqrt{n-2}\,r}{\sqrt{1-r^2}}\sim t(n-2)$. 从而, 回归方程的显著性检验也可对相关系数 r 采用 t 检验.

表 3-17　一元线性回归方差分析表

方差来源	自由度	平方和	均方	F 值	P 值
回归	1	S_E	$\mathrm{MS}_E=S_E$	$F=\dfrac{\mathrm{MS}_E}{\mathrm{MS}_R}$	P
残差	$n-2$	S_R	$\mathrm{MS}_R=\dfrac{S_R}{n-2}$		
总和	$n-1$	S_T			

5) 预测问题

所谓预测问题，就是一个区间估计问题. 也就是说，在一定的显著性水平 α 下，对任意给定的自变量取值 x_0，寻找一个正数 δ，使得实际观测值 y_0 以 $1-\alpha$ 的概率落在 $(\hat{y}_0-\delta,\hat{y}_0+\delta)$ 内，这里 $\hat{y}_0=\hat{\beta}_0+\hat{\beta}_1x_0$.

在这样的问题背景下，可以假定 $y_0\sim\mathcal{N}(\beta_0+\beta_1x_0,\sigma^2)$ 且 $y_0,y_1,y_2,\cdots,y_n$ 相互独立.

考虑到 $\hat{y}_0$ 是相互独立正态变量 $y_1,y_2,\cdots,y_n$ 的线性组合，所以 $\hat{y}_0$ 服从正态分布. 又因为正态变量 y_0 与 $y_1,y_2,\cdots,y_n$ 独立，从而与 $\hat{y}_0$ 独立，所以 $y_0-\hat{y}_0$ 服从正态分布. 而且

$$E(y_0-\hat{y}_0)=E(y_0)-E(\hat{y}_0)=\beta_0+\beta_1x_0-\beta_0-\beta_1x_0=0$$

$$\begin{aligned}\mathrm{Var}(y_0-\hat{y}_0)&=\mathrm{Cov}(y_0-\hat{y}_0,y_0-\hat{y}_0)=\mathrm{Cov}(y_0,y_0)+\mathrm{Cov}(\hat{y}_0,\hat{y}_0)\\&=\mathrm{Var}(y_0)+\mathrm{Cov}(\hat{\beta}_0+\hat{\beta}_1x_0,\hat{\beta}_0+\hat{\beta}_1x_0)=\left(1+\frac{1}{n}+\frac{(x_0-\overline{x})^2}{\sum\limits_{i=1}^{n}(x_i-\overline{x})^2}\right)\sigma^2\end{aligned}$$

从而

$$\frac{y_0-\hat{y}_0}{\sigma\sqrt{1+\dfrac{1}{n}+\dfrac{(x_0-\overline{x})^2}{\sum\limits_{i=1}^{n}(x_i-\overline{x})^2}}}\sim\mathcal{N}(0,1)$$

若用 σ^2 的无偏估计 $\hat{\sigma}^2$ 取代，则

$$\frac{y_0-\hat{y}_0}{\hat{\sigma}\sqrt{1+\dfrac{1}{n}+\dfrac{(x_0-\overline{x})^2}{\sum\limits_{i=1}^{n}(x_i-\overline{x})^2}}}\sim t(n-2)$$

从而

$$\delta=\hat{\sigma}t_{\frac{\alpha}{2}}(n-2)\sqrt{1+\frac{1}{n}+\frac{(x_0-\overline{x})^2}{\sum\limits_{i=1}^{n}(x_i-\overline{x})^2}}$$

上述式子表明，回归方程预测偏差不仅与显著性水平 α 有关，与自变量的取值 x_0 也有关，如图 3-10 所示. x_0 越靠近 $\overline{x}$，δ 越小; x_0 越远离 $\overline{x}$，δ 越大.

当样本容量 n 很大时，对于在 $\overline{x}$ 附近的 x_0，有 $\delta=\hat{\sigma}Z_{\frac{\alpha}{2}}$. 此时，$y_0$ 的置信度为 $1-\alpha$ 的预测区

间近似为$\left(\hat{\beta}_0+\hat{\beta}_1x_0-\hat{\sigma}Z_{\frac{\alpha}{2}},\hat{\beta}_0+\hat{\beta}_1x_0+\hat{\sigma}Z_{\frac{\alpha}{2}}\right)$.

6) 控制问题

控制问题是预测问题的逆问题. 也就是说, 在一定的显著性水平 α 下, 寻找自变量 x 的控制范围, 使得随机变量 y 的取值以至少 $1-\alpha$ 的概率落在给定的范围 (y_l, y_u) 内, 如图 3-11 所示.

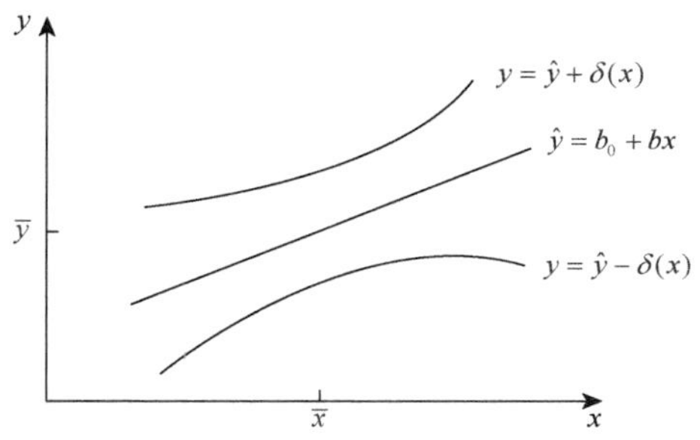

图 3-10 回归直线与预测区间

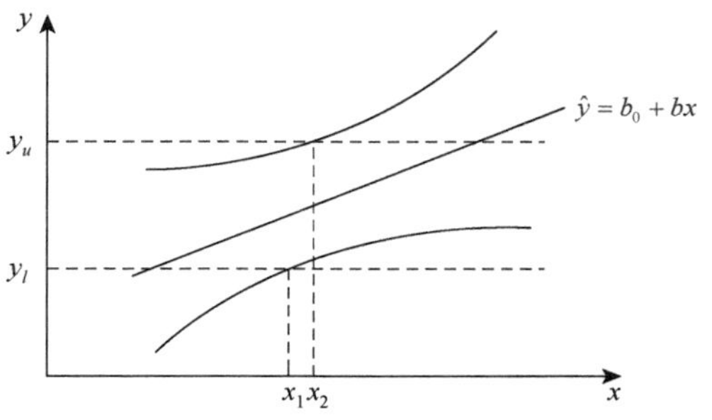

图 3-11 控制区间与预测区间

构造关于 x 的不等式

$$\begin{cases}\hat{\beta}_0+\hat{\beta}_1x-\hat{\sigma}t_{\frac{\alpha}{2}}(n-2)\sqrt{1+\dfrac{1}{n}+\dfrac{(x-\bar{x})^2}{\sum\limits_{i=1}^{n}(x_i-\bar{x})^2}}\geqslant y_l\\ \hat{\beta}_0+\hat{\beta}_1x+\hat{\sigma}t_{\frac{\alpha}{2}}(n-2)\sqrt{1+\dfrac{1}{n}+\dfrac{(x-\bar{x})^2}{\sum\limits_{i=1}^{n}(x_i-\bar{x})^2}}\leqslant y_u\end{cases}$$

不等式的解即为所求自变量 x 的控制范围.

当样本容量 n 很大时, 对于在 $\bar{x}$ 附近的 x, 可以对不等式进行简化

$$\begin{cases}\hat{\beta}_0+\hat{\beta}_1x-\hat{\sigma}Z_{\frac{\alpha}{2}}\geqslant y_l\\ \hat{\beta}_0+\hat{\beta}_1x+\hat{\sigma}Z_{\frac{\alpha}{2}}\leqslant y_u\end{cases}$$

显然, 为了保证自变量 x 的控制范围有意义, 应该满足

$$y_u-y_l\geqslant 2\hat{\sigma}Z_{\frac{\alpha}{2}}$$

3.7.3 *m* 重试验情形

如前所述, 剩余平方和不仅包括随机误差的影响, 还可能包括其他未加控制因素的影响. 因此, 严格说来, 只考虑回归平方和相对于剩余平方和作用显著并不能完全说明回归方程拟合得很好, 还有可能存在其他某些不可忽略的影响因素被忽略掉了.

一个改进的方案是, 通过重复试验获得误差平方和. 重复试验既可以对全部试验点进行, 也可以只对部分试验点进行. 误差平方和一旦从剩余平方和分离出来, 其他未加控制因素的影响大小也就可以估计出来.

应该指出, 尽管重复试验对统计分析有好处, 但它往往要受时间、设备、经费等条件的限

制，并非总是可行. 例如，在相同条件下观测气象几乎不可能.

目前的问题是：设 $Y_1, Y_2, \cdots, Y_n$ 是相互独立的随机变量，$Y_i \sim \mathcal{N}(\beta_0+\beta_1+x_i, \sigma^2)$，$x_i$ 已知，$i=1, 2, \cdots, n$. 已知 $Y_{i1}, Y_{i2}, \cdots, Y_{im}$ 是来自总体 $Y_i(i=1, 2, \cdots, n)$ 的样本，确定 Y_i 与 x_i 之间的回归关系.

沿用 3.7.2 节的做法，可以得到一些类似的结论.

1) 统计模型

$$y_{11}, y_{12}, \cdots, y_{1m}, \cdots, y_{n1}, y_{n2}, \cdots, y_{nm} \text{ 是随机变量}$$
$$x_1, x_2, \cdots, x_n \text{是普通变量}$$
$$y_{ij}=\beta_0+\beta_1 x_i+\varepsilon_{ij}, \quad i=1,2,\cdots,n, \ j=1,2,\cdots,m$$
$$\varepsilon_{ij} \sim \mathcal{N}(0,\sigma^2), \quad i=1,2,\cdots,n, \ j=1,2,\cdots,m$$
$$\varepsilon_{11}, \varepsilon_{12}, \cdots, \varepsilon_{1m}, \cdots, \varepsilon_{n1}, \varepsilon_{n2}, \cdots, \varepsilon_{nm} \text{ 相互独立}$$

这等价于

$$y_{ij} \sim \mathcal{N}(\beta_0+\beta_1 x_i, \sigma^2), \quad i=1,2,\cdots,n, \quad j=1,2,\cdots,m$$
$$y_{11}, y_{12}, \cdots, y_{1m}, \cdots, y_{n1}, y_{n2}, \cdots, y_{nm} \text{相互独立}$$

2) 参数的估计

同样地，参数 $\hat{\beta}_0, \hat{\beta}_1$ 可采用最小二乘估计.

$$\hat{\beta}_1=\frac{\sum_{i=1}^{n}(x_i-\overline{x})(y_i-\overline{y})}{\sum_{i=1}^{n}(x_i-\overline{x})^2}$$
$$\hat{\beta}_0=\overline{y}-\hat{\beta}_1\overline{x}$$

其中，$\overline{x}=\frac{1}{n}\sum_{i=1}^{n}x_i$，$y_i=\frac{1}{m}\sum_{j=1}^{m}y_{ij}, i=1,2,\cdots,n, \quad j=1,2,\cdots,m, \quad \overline{y}=\frac{1}{mn}\sum_{i=1}^{n}\sum_{j=1}^{m}y_{ij}=\frac{1}{n}\sum_{i=1}^{n}y_i$.

由此，得到回归直线

$$y=\frac{\sum_{i=1}^{n}(x_i-\overline{x})(y_i-\overline{y})}{\sum_{i=1}^{n}(x_i-\overline{x})^2}x+\overline{y}-\frac{\sum_{i=1}^{n}(x_i-\overline{x})(y_i-\overline{y})}{\sum_{i=1}^{n}(x_i-\overline{x})^2}\overline{x}$$ ①

考虑到 $y_{ij} \sim \mathcal{N}(\beta_0+\beta_1 x_i, \sigma^2)$, $i=1,2,\cdots,n, \quad j=1,2,\cdots,m$ 并且相互独立，所以

$$y_i \sim \mathcal{N}\left(\beta_0+\beta_1 x_i, \frac{\sigma^2}{m}\right), \quad i=1,2,\cdots,n$$

且相互独立.

容易得到，$\hat{\beta}_1 \sim \mathcal{N}\left(\beta_1, \frac{\sigma^2}{m\sum_{i=1}^{n}(x_i-\overline{x})^2}\right), \hat{\beta}_0 \sim \mathcal{N}\left(\beta_0, \left(\frac{1}{mn}+\frac{\overline{x}^2}{m\sum_{i=1}^{n}(x_i-\overline{x})^2}\right)\sigma^2\right), \mathrm{Cov}(\hat{\beta}_0, \hat{\beta}_1)=$

① 这里的回归直线也可作如 3.7.2 节同样的变形.

$\dfrac{-\overline{x}\sigma^2}{m\sum\limits_{i=1}^{n}(x_i-\overline{x})^2}$，从而，$\hat{\beta}_0,\hat{\beta}_1$ 是 β_1,β_0 的无偏估计.

记 $\hat{y}_i=\hat{\beta}_0+\hat{\beta}_1x_i\ (i=1,2,\cdots,n)$，则 $\hat{y}_i-\overline{y}=\hat{\beta}_1(x_i-\overline{x})(i=1,2,\cdots,n)$，$\dfrac{1}{n}\sum\limits_{i=1}^{n}\hat{y}_i=\overline{y}$. 还容易得到

$$\hat{y}_i\sim\mathcal{N}\left(\beta_0+\beta_1x_i,\left(\frac{1}{mn}+\frac{(x_i-\overline{x})^2}{m\sum\limits_{i=1}^{n}(x_i-\overline{x})^2}\right)\sigma^2\right),\quad \mathrm{Cov}(y_i,\hat{y}_i)=\left(\frac{1}{mn}+\frac{(x_i-\overline{x})^2}{m\sum\limits_{i=1}^{n}(x_i-\overline{x})^2}\right)\sigma^2,\quad i=1,2,\cdots,n$$

设 $S_R=\sum\limits_{i=1}^{n}\sum\limits_{j=1}^{m}(y_{ij}-\hat{y}_i)^2$，则 $E(S_R)=(mn-2)\sigma^2$. 所以，$\dfrac{S_R}{mn-2}$ 是 σ^2 的无偏估计.

设 $S_{\mathrm{Pe}}=\sum\limits_{i=1}^{n}\sum\limits_{j=1}^{m}(y_{ij}-y_i)^2$，则

$$\begin{aligned}
E(S_{\mathrm{Pe}})&=E\left(\sum_{i=1}^{n}\sum_{j=1}^{m}(y_{ij}-y_i)^2\right)=E\left(\sum_{i=1}^{n}\sum_{j=1}^{m}((y_{ij}-E(y_{ij}))-(y_i-E(y_i)))^2\right)\\
&=\sum_{i=1}^{n}\sum_{j=1}^{m}E(y_{ij}-E(y_{ij}))^2+\sum_{i=1}^{n}E(y_i-E(y_i))^2-2\sum_{i=1}^{n}\sum_{j=1}^{m}E(y_{ij}-E(y_{ij}))(y_i-E(y_i))\\
&=\sum_{i=1}^{n}\sum_{j=1}^{m}\mathrm{Var}(y_{ij})+\sum_{i=1}^{n}\mathrm{Var}(y_i)-2\sum_{i=1}^{n}\sum_{j=1}^{m}\mathrm{Cov}(y_{ij},y_i)=\sum_{i=1}^{n}\sum_{j=1}^{m}\mathrm{Var}(y_{ij})+\sum_{i=1}^{n}\mathrm{Var}(y_i)\\
&\quad-\frac{2}{m}\sum_{i=1}^{n}\sum_{j=1}^{m}\mathrm{Cov}(y_{ij},y_{ij})\\
&=mn\sigma^2+n\sigma^2-2n\sigma^2=(m-1)n\sigma^2
\end{aligned}$$

所以，$\dfrac{S_{\mathrm{Pe}}}{(m-1)n}$ 也是 σ^2 的无偏估计.

3) 平方和及自由度的分解

总平方和(total sum of squares)

$$S_T=\sum_{i=1}^{n}\sum_{j=1}^{m}(y_{ij}-\overline{y})^2$$

回归平方和

$$S_E=\sum_{i=1}^{n}\sum_{j=1}^{m}(\hat{y}_i-\overline{y})^2=m\sum_{i=1}^{n}(\hat{y}_i-\overline{y})$$

失拟平方和(lack-of-fit sum of squares)

$$S_{\mathrm{Lf}}=\sum_{i=1}^{n}\sum_{j=1}^{m}(y_i-\hat{y}_i)^2=m\sum_{i=1}^{n}(y_i-\hat{y}_i)^2$$

误差平方和(pure-error sum of squares)

$$S_{\mathrm{Pe}}=\sum_{i=1}^{n}\sum_{j=1}^{m}(y_{ij}-y_i)^2$$

可以证明

$$S_T=S_E+S_{\mathrm{Lf}}+S_{\mathrm{Pe}}$$

平方和分解公式说明，总平方和由三种来源组成：一是由自变量的变化引起的(S_E)，它的大小反映了自变量的重要程度；二是由其他未加控制的因素引起的(S_{Lf})，它的大小反映了

这些因素的重要程度；三是由随机误差引起的(S_{Pe}).

S_T涉及的离差有 mn 个，限制条件包括

$$\sum_{i=1}^{n}\sum_{j=1}^{m}(y_{ij}-\overline{y})=0$$

其自由度为 $mn-1$.

S_E涉及的离差有 n 个，限制条件包括

$$\frac{\hat{y}_1-\overline{y}}{x_1-\overline{x}}=\frac{\hat{y}_2-\overline{y}}{x_2-\overline{x}}=\cdots=\frac{\hat{y}_n-\overline{y}}{x_n-\overline{x}}$$

其自由度为 1.

S_{Lf}涉及的离差有 n 个，限制条件包括

$$\sum_{i=1}^{n}(y_i-\hat{y}_i)=0,\quad \sum_{i=1}^{n}(x_i-\overline{x})(y_i-\hat{y}_i)=0$$

其自由度为 $n-2$.

S_{Pe}涉及的离差有 mn 个，限制条件包括

$$\sum_{j=1}^{m}(y_{ij}-y_i)=0,\quad i=1,2,\cdots,n$$

其自由度为 $mn-n$.

4) 假设检验

$$H_0:\beta_1=0,\quad H_1:\beta_1\neq 0$$

$\beta_1=0$ 意味着 y 并不随着 x 变化，因此对参数 $\beta_1=0$ 的显著性检验即是对回归方程的显著性检验. 当 H_0 成立时，可以证明

$$\frac{S_E}{\sigma^2}\sim\chi^2(1),\quad \frac{S_{\mathrm{Lf}}}{\sigma^2}\sim\chi^2(n-2),\quad \frac{S_{\mathrm{Pe}}}{\sigma^2}\sim\chi^2(mn-n)$$

并且相互独立，从而

$$F_1=\frac{\dfrac{S_{\mathrm{Lf}}}{n-2}}{\dfrac{S_{\mathrm{Pe}}}{mn-n}}\sim F(n-2,\ mn-n)$$

$$F_2=\frac{(mn-2)S_E}{S_{\mathrm{Lf}}+S_{\mathrm{Pe}}}\sim F(1,mn-2)$$

在统计学显著性意义下，只有 F_1 值足够小(左侧检验显著)与 F_2 值足够大(右侧检验显著)同时满足，才表明回归方程是显著的，即模型对数据拟合较好. 如果 F_1 检验不显著，说明存在其他有影响的因素未加考虑，需进一步查明原因再作研究. 如果 F_2 检验不显著，说明自变量对因变量的影响并不显著，或者试验误差过大.

5) 预测

设 $y_0\sim\mathscr{N}(\beta_0+\beta_1x_0,\sigma^2)$，且 $y_0, y_{11}, y_{12}, \cdots, y_{1m}, \cdots, y_{n1}, y_{n2}, \cdots, y_{nm}$ 相互独立(从而 $y_0, y_1, y_2, \cdots, y_n$ 相互独立)，记 $\hat{y}_0=\hat{\beta}_0+\hat{\beta}_1x_0$.

考虑到 $\hat{y}_0$ 是相互独立的正态变量 $y_1, y_2, \cdots, y_n$ 的线性组合，所以 $\hat{y}_0$ 服从正态分布. 又因为

正态变量 y_0 与 $y_1, y_2, \cdots, y_n$ 独立，从而与 $\hat{y}_0$ 独立，所以 $y_0-\hat{y}_0$ 服从正态分布．进一步，有

$$\frac{y_0-\hat{y}_0}{\sigma\sqrt{1+\dfrac{1}{mn}+\dfrac{(x_0-\overline{x})^2}{m\sum\limits_{i=1}^{n}(x_i-\overline{x})^2}}}\sim\mathscr{N}(0,1)$$

若用 σ^2 的无偏估计 $\dfrac{S_R}{mn-2}$ 或 $\dfrac{S_{\text{Pe}}}{(m-1)n}$ 取代它，则

$$\frac{y_0-\hat{y}_0}{\sqrt{S_R\left(\dfrac{1}{mn-2}+\dfrac{1}{mn(mn-2)}+\dfrac{(x_0-\overline{x})^2}{m(mn-2)\sum\limits_{i=1}^{n}(x_i-\overline{x})^2}\right)}}\sim t(mn-2)$$

$$\frac{y_0-\hat{y}_0}{\sqrt{S_{\text{Pe}}\left(\dfrac{1}{(m-1)n}+\dfrac{1}{m(m-1)n^2}+\dfrac{(x_0-\overline{x})^2}{m(m-1)n\sum\limits_{i=1}^{n}(x_i-\overline{x})^2}\right)}}\sim t(mn-n)$$

当 m 或 n 很大时，对于在 $\overline{x}$ 附近的 x_0，有近似分布

$$\frac{y_0-\hat{y}_0}{\sqrt{S_R}}\sim t(mn-2)$$

$$\frac{y_0-\hat{y}_0}{\sqrt{S_{\text{Pe}}}}\sim t(mn-n)$$

有了这些分布，我们就可以仿照前面的方法处理预测问题与控制问题．

3.7.4　非线性回归

在实际问题中，大多数时候两个变量之间的回归关系是非线性的．也就是说，对很多变量关系，选择曲线拟合比选择直线拟合效果要好．非线性回归问题一般可以通过某些简单的变量代换，转化为线性回归模型来求解，表 3-18 给出了一些常见的例子．

选择合适的回归曲线类型是非线性回归的关键．确定回归曲线的类型可以依据理论推导或经验积累，也可以直接来源于样本数据的分布形态．

表 3-18　非线性函数模型的线性化处理

<table>
<tr><th>函数模型</th><th>函数表达式</th><th>图形</th><th>线性化处理</th></tr>
<tr><td>幂函数类</td><td>$y=ax^b$</td><td>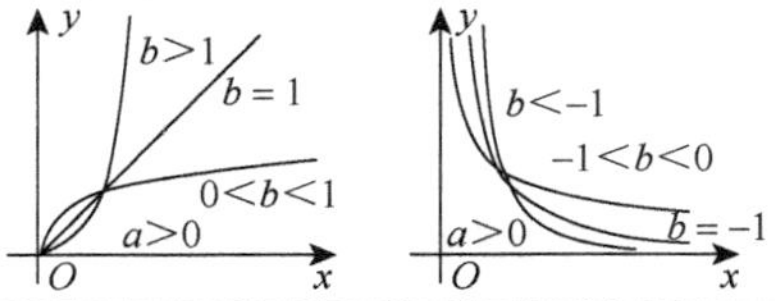
</td><td>$u=\ln x$
$v=\ln y$</td></tr>
<tr><td>指数函数类</td><td>$y=ae^{bx}$</td><td>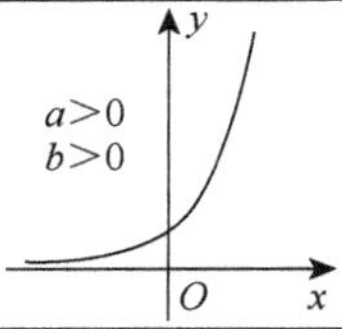
</td><td>$u=x$
$v=\ln y$</td></tr>
</table>

续表

函数模型	函数表达式	图形	线性化处理
指数函数类	$y=ae^{\frac{b}{x}}$	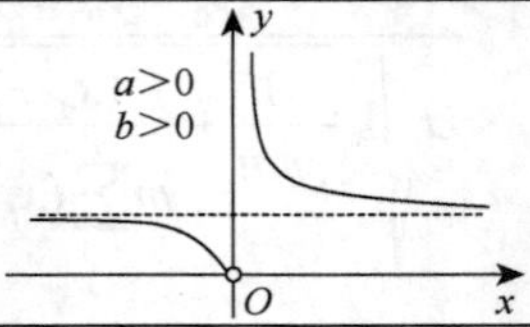	$u=\frac{1}{x}$ $v=\ln y$
对数函数类	$y=a+b\ln x$	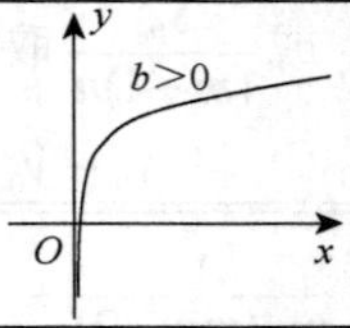	$u=\ln x$ $v=y$
双曲线类	$\frac{1}{y}=a+\frac{b}{x}(ab>0)$	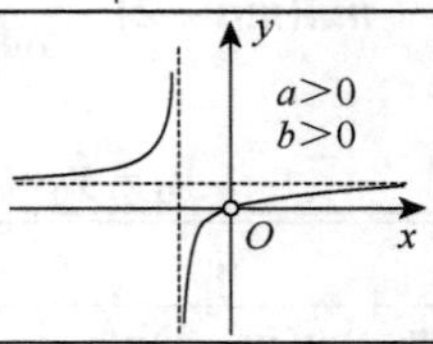	$u=\frac{1}{x}$ $v=\frac{1}{y}$
	$y=\frac{1}{a+be^{-x}}(ab<0)$	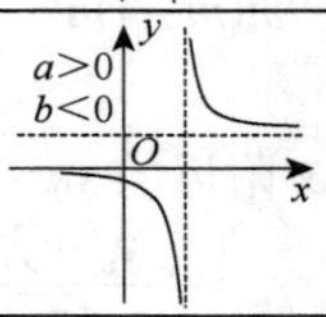	$u=e^{-x}$ $v=\frac{1}{y}$
S 型曲线类	$y=\frac{1}{a+be^{-x}}(ab>0)$	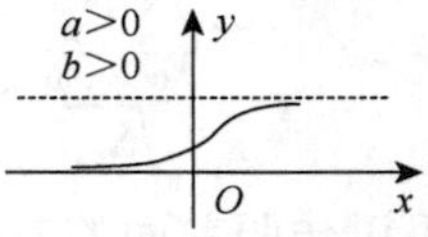	$u=e^{-x}$ $v=\frac{1}{y}$

例 3-8　福布斯(James D. Forbes)是 19 世纪苏格兰物理学家，他曾经提出如下理论：水的沸点与大气压的对数值呈线性关系. 表 3-19 取自他 1857 年的一篇论文，请依据这些观测数据检验福布斯理论的正确性.

表 3-19　阿尔卑斯山及苏格兰 17 地沸点与大气压对照表

观察地序号	1	2	3	4	5	6	7	8	9	10	11	12	13	14	15	16	17
水的沸点/°F	194.5	194.3	197.9	198.4	199.4	199.9	200.9	201.1	201.4	201.3	203.6	204.6	209.5	208.6	210.7	211.9	212.2
大气压/(英寸①汞柱)	20.79	20.79	22.4	22.67	23.15	23.35	23.89	23.99	24.02	24.01	25.14	26.57	28.49	27.76	29.04	29.88	30.06

注：①1 英寸汞柱 = 25.4 毫米汞柱

解　(1) 计算大气压的常用对数值. 考虑到对数值取值太小，为方便起见，将它扩大至 100 倍，如表 3-20 所示.

表 3-20　阿尔卑斯山及苏格兰 17 地沸点与百倍大气压对数值对照表

观察地序号	1	2	3	4	5	6	7	8	9	10	11	12	13	14	15	16	17
水的沸点/°F	194.5	194.3	197.9	198.4	199.4	199.9	200.9	201.1	201.4	201.3	203.6	204.6	209.5	208.6	210.7	211.9	212.2
百倍大气压对数值	131.79	131.79	135.02	135.55	136.46	136.83	137.82	138	138.06	138.05	140.04	142.44	145.47	144.34	146.3	147.54	147.8

(2) 作出沸点与大气压(百倍大气压对数值)之间的散点图，如图 3-12 所示. 直观上容易发现，这些散点大致散落在一条直线上，适合进行回归分析.

(3) 求参数估计值.

$$\hat{\beta}_1 = \frac{\sum_{i=1}^{17}(x_i - \overline{x})(y_i - \overline{y})}{\sum_{i=1}^{17}(x_i - \overline{x})^2} = 0.89546$$

$$\hat{\beta}_0 = \overline{y} - \hat{\beta}_1 \overline{x} = -42.13087$$

$$\hat{\sigma} = \sqrt{\frac{\sum_{i=1}^{17}(y_i - \hat{y}_i)^2}{n-2}} = 0.3789$$

从而，回归方程为 $y = -42.13087 + 0.89546x$，在散点图上作出回归直线.

(4) 计算回归方程的残差，并作出残差图，如图 3-13 所示. 容易发现，12 号样本的残差相对其他样本大得多，因此该点数据可能有误，应予以剔除.

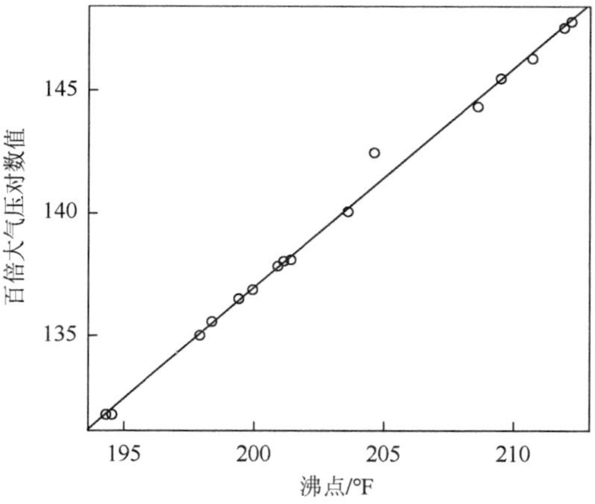

图 3-12　17 地样本散点图

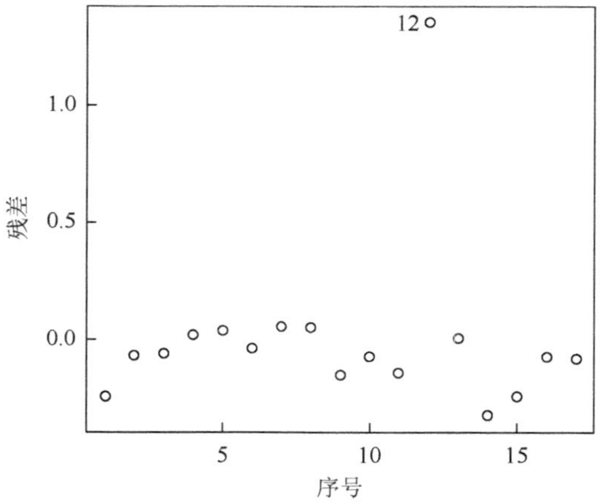

图 3-13　17 地样本回归方程的残差图

(5) 再求参数估计值及回归方程.

$$\hat{\beta}_1 = \frac{\sum_{i=1}^{16}(x_i - \overline{x})(y_i - \overline{y})}{\sum_{i=1}^{16}(x_i - \overline{x})^2} = 0.89096$$

$$\hat{\beta}_0 = \overline{y} - \hat{\beta}_1 \overline{x} = -41.30180$$

$$\hat{\sigma} = \sqrt{\frac{\sum_{i=1}^{16}(y_i - \hat{y}_i)^2}{n-2}} = 0.1133$$

其回归方程为 $y = -41.30180 + 0.89096x$. 相比剔除数据前的估计值，回归方程的系数相差不大，而方差的估计值则减少为原来的 $\frac{1}{3}$.

(6) 进行回归方程的显著性检验. 计算相关系数的平方值及 F 统计量的值，得

$$r^2=\frac{\left(\sum_{i=1}^{16}(x_i-\overline{x})(y_i-\overline{y})\right)^2}{\sum_{i=1}^{16}(x_i-\overline{x})^2\sum_{i=1}^{16}(y_i-\overline{y})^2}=0.9996$$

$$F=\frac{(n-2)r^2}{1-r^2}=3.266\times10^4$$

根据 $df_1=1$，$df_2=n-2=14$，查 F 分布表(附表 4)得 $F=3.266\times10^4$ 对应的 P 值小于 2.2×10^{-16}. 由于 $2.2\times10^{-16}<0.01<0.05$，所以回归方程非常显著，可认为福布斯理论是正确的.

第 4 章　教育测量质量分析

教育测量必须具有良好的质量，才能达到实际应用的目的. 教育测量的质量标准主要有两个指标：信度和效度. 本章主要讨论信度和效度的概念及其估计或评估方法.

4.1　测量的真分数模型

经典测量理论(classical measurement theory, CMT)是最早的测量理论. 它自 20 世纪初提出，到 20 世纪 50 年代后臻于完善. 由于经典测量理论以弱假设为基础，容易被绝大多数测量所满足，加之它的理论架构浅显易懂，计算公式简单明了，现已成为教育测量领域中应用广泛、最为实用的测量理论[①]. 许多通用的测量都是以它为理论根据编制的.

经典测量理论认为，任何测验分数 X 都是由真分数 T 和测量误差 E 构成的，即

$$X = T + E$$

这就是经典测量理论的真分数模型. 这里，真分数(true score)是反映测量指标的受测者的特质. 真分数在确定受测者身上是固定值，每个受测者测验分数的变化都是由测量误差的变化造成的. 由于测量误差不可能完全消除，因此，真分数不可能直接从测量中获得，而只能根据测验分数进行估计.

关于测验分数的意义和性质，经典测量理论有三个公理化假设：

(1) 同一被试者的某种测量指标如果反复测量足够多次，其测验分数的平均值趋近真分数. 或者说，测量误差的平均值为零，即 $E(X) = T$[②], $E(E) = 0$.

(2) 真分数与测量误差相互独立，即 $\rho(T, E) = 0$.

(3) 任何两次测量产生的测量误差相互独立，即 $\rho(E_1, E_2) = 0$.

显然，这三个假设直觉上比较自然，易于接受.

根据真分数模型和公理化假设，可以推导出重要的方差关系式

$$S_X^2 = S_{T+E}^2 = S_T^2 + S_E^2 + 2S_{T,E} = S_T^2 + S_E^2 + 2\rho_{T,E}S_T S_E = S_T^2 + S_E^2$$

这说明，测验分数方差由真分数方差和测量误差方差两部分构成.

从误差来源看，误差可以分为系统误差和随机误差两种. 系统误差(systematic error)是由测量工具本身不精确、测量方法粗略或测量原理不完善而产生的. 随机误差(random error)是由各种偶然因素对测试者、被试者或测量工具的影响产生的. 显然，上述真分数模型中的测量误差实质上指的是随机误差.

如果考虑系统误差，由于系统误差是稳定的，不改变测量条件和测量方法就无法克服，这与真分数的特性相同，故系统误差应包含在真分数之内，即真分数由两部分组成

---

① 经典测量理论最突出的问题是，由它得到的各种反映测验质量和项目质量的统计指标严重依赖于特定的样本. 为改进它的缺陷，现已发展出了以项目反映理论(item response theory, IRT)和概化理论(generalizability theory, GT)为代表的现代测量理论.

② 真分数在统计学可定义为被试测验分数的数学期望值.

$$T = V + I$$

其中, V 是反映测量目的的有效分数, 而 I 是与测量目的无关的系统误差分数.

这样, 真分数模型就转化成

$$X = V + I + E$$

即测验分数由有效分数、系统误差和随机误差三部分构成.

同样地, 可以得到方差的可加性

$$S_X^2 = S_V^2 + S_I^2 + S_E^2$$

即测验分数方差由有效分数方差、系统误差方差和随机误差方差三部分构成.

4.2 测量的信度

4.2.1 信度的概念

信度是衡量测量工具可靠性的指标.

理论上, 信度(reliability)可定义为真分数方差与测验分数方差之比, 即

$$r_{XX}^2 = \frac{S_T^2}{S_X^2}$$

显然, $0 \leqslant r_{XX}^2 \leqslant 1$.

考虑到 $S_X^2 = S_T^2 + S_E^2$, 有

$$r_{XX}^2 = 1 - \frac{S_E^2}{S_X^2}$$

信度的两个公式表明, 信度的大小取决于测量结果的总方差中有多少是由个体真分数的方差所引起的. 如果这一比例偏低, 则表明测验结果的总方差中大多是由随机误差而引起的, 因而测验没有测出个体的真实水平, 其结果不够可靠. 所以说, 信度反映的是随机误差的相对大小. 也就是说, 信度指的是测量结果的可靠性、稳定性和一致性的程度.

任何测量都存在信度的问题. 比如, 测量一个人的身高, 每次施测都会由被试的站立姿势(包括头的仰起程度)、主试的读数角度等不同引起施测结果不一. 由于对象的特殊性, 教育与心理测量出现信度问题的可能性更大, 如施测环境、意外干扰、完成时限、主被试关系、被试的动机和情绪等因素都可能影响到测量的结果. 信度的追求, 就是寻求对这种无系统的随机误差的控制. 如果测验本身抗干扰能力强, 测验实施过程各方面误差因素控制得好, 多次施测所得结果一致性就好, 人们使用测量值时就会感觉可靠.

4.2.2 常用信度及估计

信度的理论定义不能用来直接计算信度系数. 信度反映的是由随机误差所产生的测验结果的不一致性, 因此在实际工作中, 就可以通过计算测验结果的一致性程度来计算信度. 一致性多用相关系数来表示, 故信度也常称为信度系数.

由于测量随机误差的主要来源可能不同, 因而, 计算信度的方法也就可能不同, 计算结果就有不同的数值和意义, 不同的计算仅仅表示信度的不同方面. 例如, 有的信度能够反映环境的适应性或程序的规范性, 有的信度能够反映内容的同质性, 还有的信度能够反映评分的客观性. 所以, 在描述测量的信度资料时, 不能只笼统告知一个信度值, 而应对取得信度资

料的特定条件、团体、方法等加以详细描述. 同时, 在利用信度作为评价测量质量的指标时, 必须注意所用信度的实际来源及其所表示的具体意义, 将不同的信度系数进行相互比较是没有什么实际意义的.

常用的信度估计方法有

1) 再测信度

再测信度(test-retest reliability)是指对相同被试先后测两次所得测量结果的一致性.

再测信度一般采用 Pearson 矩相关系数公式来计算①:

$$r_{X_1X_2}=\frac{n\sum X_1X_2-\sum X_1\sum X_2}{\sqrt{n\sum X_1^2-\left(\sum X_1\right)^2}\sqrt{n\sum X_2^2-\left(\sum X_2\right)^2}}$$

其中, X_1 是前测分数, X_2 是后测分数, n 是被试人数.

再测信度的误差来源主要有: 一是遗留效应. 两次测验若间隔时间较短, 后测成绩会比前测成绩显著提高. 二是练习效应. 两次测验间的练习会使被试后测成绩发生显著变化. 三是成长效应. 两次测验若间隔时间很长, 由于学习、发育和教育的影响, 它们所测个体的特质其实已经发生变化. 此外, 再测信度的可行性也受到实际条件的限制, 例如, 时间、金钱的耗费, 被试者身体状况、态度、积极性, 两次测验情境的变化等. 因此, 一般情况下再测信度较少采用.

2) 复本信度

复本信度(alternate form reliability)是指对相同被试先后用测验及复本测两次所得测量结果的一致性. 所谓测验的复本, 是指与测验各方面(包括内容、题数、难度等)均相近或等值的平行测验②.

复本信度同样采用皮尔逊矩相关系数公式来计算③:

$$r_{XY}=\frac{n\sum XY-\left(\sum X\right)\left(\sum Y\right)}{\sqrt{n\sum X^2-\left(\sum X\right)^2}\sqrt{n\sum Y^2-\left(\sum Y\right)^2}}$$

其中, X 是测验分数, Y 是复本测验分数, n 是被试人数.

与再测信度相比, 复本信度两次施测的是不同测验, 因而可以连续施测, 从而几乎可以避免由时间而引起的被试者特质的成长或变化. 并且, 复本信度的练习效果也明显弱于再测信度. 复本信度误差的主要来源在于: 若两次施测连续进行, 容易使被测者疲劳, 注意力分散, 或者产生厌倦情绪, 从而影响测量结果.

复本信度同样面临可行性的问题. 两次施测需要消耗相当的人力和物力, 不够经济; 更重要的是, 复本信度要求建构与测验等值的平行测验, 这往往非常困难, 很多时候纯粹为了信度指标而耗费大量精力及财力去获得符合等值要求的复本也是不值得的, 且成功的可能性很小. 因此, 复本信度采用的也比较少.

---

① 在重复测验中, 两次测量真分数相同, 误差独立同分布. 可以证明, 对相同被试总体重复施测两次, 前后测量结果之间的积差相关系数即为测量信度. 证明过程如下:

$$r_{X_1X_2}=\frac{S_{X_1X_2}}{S_{X_1}S_{X_2}}=\frac{S_{(T_1+E_1)(T_2+E_2)}}{S_{X_1}^2}=\frac{S_{T_1T_2}+S_{T_1E_2}+S_{T_2E_1}+S_{E_1E_2}}{S_{X_1}^2}=\frac{S_{T_1T_2}}{S_{X_1}^2}=\frac{S_{T_1}^2}{S_{X_1}^2}=r_{X_1X_1}$$

② 对于任意两个测验 g 和 h, 若 $T_g=T_h$, $S_{E_g}^2=S_{E_h}^2$, 则称测验 g 和 h 是平行测验(parallel test). 根据定义, 仿照重复测验的证法, 容易证明: 一组平行测验中任意两个相关系数相等; 另一组平行测验中任意一个与其他测验的相关系数相等.

③ 可以仿照再测信度同样的证法来证明.

3) 分半信度

分半信度(split-half reliability)是将测验分成对等两半后所有被试两半测量结果的一致性.

分半信度的核心在于如何将测验分半. 常用的分半方法有三种: 一是完全随机分半. 二是奇偶分半, 即所有奇数题组成一个分测验, 所有偶数题组成另一个分测验. 奇偶分半可保证两半测验都容纳了原测验开头、中间和结尾同等数量的题目, 因而平衡了很多干扰效应. 三是将测验分成若干内容块后再对各内容块奇偶分半, 所有奇数题和所有偶数题各组成一个分测验. 这是最有效也是应用最广泛的分半方法.

若测验分半后得到的两部分符合平行测量的条件, 则可计算两半测验得分的Pearson矩相关系数. 但要注意的是, 所求得的相关系数只能代表半个测验而非整个测验的信度, 因而还应对它进行修正. 修正一般采用斯皮尔曼-布朗公式①(Spearman-Brown formula):

$$r_{XX}=\frac{2r_{X_1X_2}}{1+r_{X_1X_2}}$$

其中, r_{XX} 是测验的折半信度, $r_{X_1X_2}$ 是两半测验间的相关系数. 这就是分半信度的计算公式.

斯皮尔曼-布朗公式有个基本假设, 即要求两半测验方差齐性. 当资料不足以支持这一假设时, 可选择卢伦公式(Rulon formula)来计算分半信度:

$$r_{XX}=1-\frac{S_d^2}{S_X^2}$$

其中, S_X^2 是测验分数的方差, S_d^2 是两半测验分数之差的方差.

分半信度的误差来源于测验的分半过程, 测验分半方式不同所得分半信度也不同. 由于分半信度基本避免了再测信度和复本信度的误差来源及不可行性, 从而成为最常用的信度估计方法.

4) 同质性信度

同质性信度(homogeneity reliability)是将测验分成对等多个部分后所有被试各部分测量结果的一致性.

应用最广泛的同质性信度是克龙巴赫 α 系数(Cronbach's α coefficient):

$${}_{\alpha}r_{XX}=\frac{n}{n-1}\left(1-\frac{\sum S_{X_g}^2}{S_X^2}\right)$$

其中, ${}_{\alpha}r_{XX}$ 是 α 系数, n 是分测验的个数, $S_{X_g}^2$ 是各分测验分数的方差, S_X^2 是测验分数的方差.

特别地, 当 $n=2$ 时, 同质性信度即为分半信度, 不难证明此公式与前述分半信度公式相同.

若每个测题即为一个分测验, 则 $S_{X_g}^2$ 就是每题得分的方差. 如果测验还采用的是0-1记分制, 则

$$S_{X_g}^2=\Phi_g(1-\Phi_g)$$

① 证明如下:

$$r_{XX}=\frac{S_T^2}{S_X^2}=\frac{S_{T_1+T_2}^2}{S_{X_1+X_2}^2}=\frac{S_{T_1}^2+S_{T_2}^2+2S_{T_1T_2}}{S_{X_1}^2+S_{X_2}^2+2S_{X_1X_2}}=\frac{4S_{T_1}^2}{S_{T_1+E_1}^2+S_{T_2+E_2}^2+2S_{(T_1+E_1)(T_2+E_2)}}$$

$$=\frac{4S_{T_1}^2}{S_{T_1}^2+S_{E_1}^2+S_{T_2}^2+S_{E_2}^2+2S_{T_1T_2}}=\frac{4S_{T_1}^2}{4S_{T_1}^2+2S_{E_1}^2}=\frac{4S_{T_1}^2}{2S_{X_1}^2+2S_{T_1}^2}=\frac{\frac{4S_{T_1}^2}{2S_{X_1}^2}}{1+\frac{2S_{T_1}^2}{2S_{X_1}^2}}=\frac{2r_{X_1X_1}}{1+r_{X_1X_1}}=\frac{2r_{X_1X_2}}{1+r_{X_1X_2}}$$

其中, Φ_g 是题目 g 答对的被试比例. 于是, 可得库德-理查森公式 20(Kuder-Richardson formula 20, K-R20)

$$
{}_{20}r_{XX}=\frac{n}{n-1}\left(1-\frac{\sum\Phi_g(1-\Phi_g)}{S_X^2}\right)
$$

其中, n 是测验题目总数.

进一步, 若用 $n\bar{\Phi}(1-\bar{\Phi})$ 估计 $\sum\Phi_g(1-\Phi_g)$, 则又可得到库德-理查森公式 21(Kuder-Richardson formula 21, K-R21)

$$
{}_{21}r_{XX}=\frac{n}{n-1}\left(1-\frac{n\bar{\Phi}(1-\bar{\Phi})}{S_X^2}\right)=\frac{n}{n-1}\left(1-\frac{\bar{X}(n-\bar{X})}{nS_X^2}\right)
$$

其中, $\bar{\Phi}$ 是所有测验题目的平均通过率, $\bar{X}$ 是所有被试测验分数的平均值.

并非所有测验都适合采用同质性信度. 当测验用于预测或考查学生的学习成绩时, 测试题目之间未必有很高的一致性或同质性, 一般并不考虑同质性信度. 而当测验用于测量某种心理学理论的构想和假设时, 便要求测试题有高度的同质性, 否则便无法对测验结果作出有意义的推论, 此时应该考虑同质性信度.

5) 评分者信度

评分者信度(scorer reliability)是指多位评分者对受评者评分的一致性程度.

当测验的客观性程度较低, 即测验包含了无法完全客观记分的主观性试题时, 评分者之间的差异就成为较大的误差来源之一, 此时便需考查评分者之间的一致性程度, 即评分者信度. 估计评分者信度的具体做法如下: 随机抽取相当份数的测验, 请两名评分者按标准评分, 从而得到两组分数, 再求两组分数间的 Pearson 矩相关系数, 即为评分者信度.

当多位评分者对多位被评者评分时, 也需要考查评分者信度. 若评分者以等级评分, 则可采用 Kendall 和谐系数作为评分者信度:

$$
{}_{W}r_{XX}=\frac{\sum R_g^2-\frac{\left(\sum R_g\right)^2}{N}}{\frac{1}{12}K^2(N^3-N)}
$$

其中, K 是评分者人数, N 是被评者人数, R_g 是被评者所得到 K 个等级之和.

如若允许评分者评定相同等级, 则采用下面公式计算:

$$
{}_{W}r_{XX}=\frac{\sum R_g^2-\frac{\left(\sum R_g\right)^2}{N}}{\frac{1}{12}K^2(N^3-N)-K\sum\frac{\sum(M^3-M)}{12}}
$$

其中, M 为诸等级的长度①.

若评分者采用连续记分, 则仍可利用积差相关系数和克龙巴赫 α 系数来计算评分者信度.

6) 标准参照测验的信度

标准参照测验的目的在于考查被试的绝对水平, 它不仅关注所测特质的量的差异, 更关注掌握与否的质的区分. 标准参照测验常用的信度指标有 P_0 指标、K 指标和 $K^2(X, T)$ 指标.

P_0 指标是两次重复施测的平行测量区分一致的被试所占的比例, 即

---

① 例如, 某评分者共评出 3 个第 2 名, 则该评分下第 2 名的等级长度为 3.

$$\hat{P}_0 = \sum \hat{P}_{KK}$$

其中，$\hat{P}_{KK}$ 是在两次测验中被区分一致为第 K 个类别的被试所占的比例.

K 指标是除去偶然因素两次测验区分一致的被试所占的比例. 或者说, K 指标是 P_0 中真正由测验所作区分的比例. K 指标的计算公式如下:

$$\hat{K} = \frac{\hat{P}_0 - \hat{P}_c}{1 - \hat{P}_c}$$

其中，$\hat{P}_c = \sum \hat{P}_{K\cdot}\hat{P}_{\cdot K}$，$\hat{P}_{K\cdot}$ 和 $\hat{P}_{\cdot K}$ 分别为前后测验中区分为第 K 个类别的被试的比例.

$K^2(X, T)$ 指标不仅考虑到质的区分，也考虑到量的差异，而且它只需要施测一次. $K^2(X, T)$ 定义为

$$K^2(X,T) = \frac{S_T^2 + (\bar{T} - n_g c)^2}{S_X^2 + (\bar{X} - n_g c)^2}$$

其中，S_T^2 和 S_X^2 分别为真分数的方差和测验分数的方差，$\bar{T}$ 和 $\bar{X}$ 分别为真分数的平均值和测验分数的平均值, n_g 为测验题目数, c 为以做对题目百分比为表示的区分标准.

上述公式涉及真分数，不能直接计算, $K^2(X, T)$ 的计算公式为

$$K^2(X,T) = \frac{S_X^2(\mathrm{KR20}) + (\bar{X} - n_g c)^2}{S_X^2 + (\bar{X} - n_g c)^2}$$

其中, KR20 是由库德-理查森公式 20 求出的信度系数.

特别地，当测验标准确定的分界分数等于样本测验分数的平均值时, $K^2(X, T) = \mathrm{KR20}$.

应该指出，标准参照测验所涉信度的大小与掌握和未掌握的界定有关，因此，要获得合理的信度指标，首先必须确定合理的分界标准.

4.2.3　影响信度的几个因素

4.2.3.1　测验长度

斯皮尔曼-布朗公式的一般形式是

$$_c r_{XX} = \frac{K r_{XX}}{1 + (K-1) r_{XX}}$$

其中, r_{XX} 为长度变化前测验的信度, $_c r_{XX}$ 为长度变化后测验的信度, K 为变化前后测验长度之比.

从公式可以得出，测验长度加大，测验信度也随之增大. 因此，可以通过改变测验长度(最好是增加同质性题目)来改进测验信度. 当然，若已确定测验信度的理想值，也可通过斯皮尔曼-布朗公式计算测验长度的理想值.

4.2.3.2　测验难度

从信度的理论公式可以看出，在同等误差方差水平下，测验分数方差越大，测验信度越高. 因此，若测验对于被试总体过难或过易，均会导致被试分数分布范围过于狭窄，从而降低测验信度.

从信度的理论公式也可以看出，误差方差比重越大，测验信度越低. 因此，若客观性试题过难且不阻止猜测时，被试的答案受猜测影响便会很大，这将导致被试得分中误差方差加大，从而降低测量信度.

因此，应尽量使测验难度适中，或降低难度以减少猜测，或采取惩罚性措施阻止猜测，以改进信度指标.

4.2.3.3 被试总体同质性

从信度的理论公式还可以看出，若被试总体同质性较高，测验分数就会彼此接近，即分布就会变得狭窄，方差较小，从而测验信度较低. 反之，被试异质性越高，方差就会越大，信度也就会越高. 因此，在获取信度资料的取样过程中，应尽可能使所取样本具有代表性，以免被试总体过于同质，从而改进信度指标.

4.3 测量的效度

4.3.1 效度的概念

效度是衡量测量工具有效性的指标.

理论上，效度(validity)可定义为有效分数方差与测验分数方差之比，即

$$r_{XY}^2=\frac{S_V^2}{S_X^2}$$

显然，$0\leqslant r_{XX}^2\leqslant 1$.

考虑到 $S_X^2=S_V^2+S_I^2+S_E^2$，有

$$r_{XY}^2=1-\frac{S_I^2+S_E^2}{S_X^2}$$

由此可见，效度反映了误差整体(包括系统误差与随机误差)的相对大小. 也就是说，效度指的是测验结果的准确性，即测验能够测出它所欲测特质的程度.

任何测量都存在效度的问题. 物理测量基本上都是直接测量，工具有效无效是一个相对容易判明的问题，所以，物理测量中效度问题尽管客观上重要，但并不十分引人注目. 教育和心理测量则不同，它们所测量的是内部心理特性，属于间接测量，所以，测量工具是否真正测到这些特性就绝非一目了然的事情，有时候评估起来甚至非常困难. 例如，一项成就测验本打算考查学生的逻辑水平，但实测情况是否果真如此？这不是件容易的事情，如果测验中混杂有大量其他因素，这次测量是否真正有效就值得怀疑了.

相比信度，效度是评价测量质量优劣更为重要的指标. 测量的信度高低代表了测验分数的稳定与否，但是即使测量信度令人满意，也不能就此断言这是好测量. 好比一把尺子，即使用它多次测验某物结果非常一致，但如果尺子本身刻度不精确，测量结果就会以一定的规律稳定偏离物体真正长度，从而这把尺子的测量就不太有效. 而若用尺子来量度物体的重量，由于测量结果显然和测量属性之间毫无关系，此时这把尺子更是无效的.

事实上，由信度和效度的定义容易看出，$r_{XY}^2\leqslant r_{XX}^2$. 所以，高信度仅是高效度的必要条件，而非充分条件. 尽管如此，提高测验的信度对于测验的效度总是有益无害的，任何改进信度指标的途径皆适用于效度指标的改进.

4.3.2 常用效度及评估

效度的意义在实际应用中一直在逐渐演变，这种演变趋势与测验应用重点之转变有密切关联. 早期的测验较注重于依据被试受测结果对之进行分类、预测和选拔，因而从非常普遍的意

义上来说，一个测验对于与之有关的任何事物的测量均是有效的. 以后，测验的应用日益广泛，并且开始逐渐关注利用测验进行诊断，效度的概念及分类也随之逐渐清晰起来. 1966 年，美国心理学会发行的《教育与心理测验之标准》将效度分为三类：内容效度、效标关联效度和构想效度. 这种分类方法至今仍被广泛地采用，三类效度在效度研究领域中占据着基础和重要的地位.

4.3.2.1　内容效度

内容效度(content validity)是指测验题目对所测内容范围的代表性程度.

内容效度最关键的因素是明确测验欲测的内容范围. 为了能够评估内容效度，确定内容范围需满足两个特性：一是边界性. 也就是，测验可能涉及哪些内容是完全明确的；二是结构化，即可将内容范围分类，每类又可区分小类，而且能明确每类的内容及其在全部内容中的相对重要性. 在教育测验中，测验欲测之内容范围是以命题双向细目表来确定和详细描述的. 命题双向细目表包含教育目标和教育内容两个维度，各维度也可细分成若干小类，表中列出每类的相对比例.

有了内容范围，就可以分析测验的每一项目，确定它们所涉及的目标和内容，列出涉及相同内容和目标的题目及其在测验中所占分数比例. 最后将测验的内容结构与欲测的内容范围结构(即双向细目表)相对照，制订评定量表，计算测验内容对其内容范围的覆盖率，从而得到内容效度的指标.

内容效度的评估过程并非人人可为，而是必须由专家进行判断①. 并且，要在测验手册中详细说明如下事项：确定内容范围的程序、参与判断的专家数目和专业水平、不同专家判断的一致性程度、专家判断的时间以及教材、大纲的性质与出版时间等等.

评估内容效度亦可采用推断法. 比如，检查不同年级学生在测验上的得分及在每个题目上的反应情况. 若测验总分和题目通过率随年级而增大，便可推测该测验基本体现了相应教育目标和内容，因而具有内容效度. 又如，先将测验施测于对测验内容掌握很少的被试团体，随后让该被试团体参与有关知识的学习与训练，最后再进行重复测验. 若后测验成绩显著提高,则可说明测验的确测量了所教知识，具有内容效度.

内容效度对于任何测验的编制都是必要的，只是很多测量难以描述一个具有边界的结构化的内容范围. 总的来说，内容效度对于教育成就测验显得非常重要. 教育成就测验不可能包含欲测教育目标和教育内容所对应的全部材料或情境，而只能从中选择一个代表性样本. 如果样本能很好代表内容范围，那么从测验中得到的结果便可推广到整个内容范围中去，否则对测验结果的推论就可能是无效的. 考查测验题目取样的适当性，这也就是内容效度.

4.3.2.2　效标关联效度

测验的一个重要价值是对被试的未来作出预测. 测验能够预测到的行为，同时也是检验测验效度的标准，称为效标(criterion). 所谓效标关联效度(criterion-related validity)，就是指测验对处于特定情境中的个体行为进行预测的有效性.

可作为效标的变量很多，常用的效标有：

(1) 学习成绩. 学业成绩、学历文凭、教师评定、学业奖励等可用作成就测验或能力(倾向)测验的效标；

---

① 这里有一个与内容效度相关的、容易混淆的概念——表面效度(face validity)，它指的是在被试或非专业人士看来，测验从表面上看是否有效，测验题目与测验目的是否一致. 测验有时给人的第一印象好像是在测量某种特质，但事实上可能测量的是另一种特质. 如果测验表面上看起来是在有效地测量着应测的，就说测验表面效度高；反之，就说测验表面效度低.

(2) 工作成就. 实际工作表现和胜任状况等可用作职业测验、能力倾向测验以及人格测验等的效标;

(3) 特殊训练成绩. 各种专业训练成绩可用作各种专业团体的人员选拔测验的效标;

(4) 临床诊断. 临床观察诊断的结果及患者病史等可用作智力或人格测验的效标;

(5) 现成测验. 已有良好效度指标的旧测验可用作新测验的效标.

建立效标关联效度, 合理选择效标是关键, 这主要取决于测验的目的. 比如, 如果只是想通过智力测验筛选一些儿童送进培智学校, 那么智力障碍儿童的临床诊断便可作为效标; 但如果想以智力测验评价学生的学习能力, 则应以学生在校成绩作为效标. 此外, 效标时间性上还有中间效标和最终效标之分. 例如, 艺术学院的成绩只是艺术能力倾向测验的中间效标, 而作为艺术家的最终艺术成就才是最终效标. 由于最终效标过于耗时, 且会受到很多无关因素的影响, 因此更常用的是中间效标.

效标资料是通过效标测量获得的. 为了得到可靠而有效的效标资料, 同样也应注意控制效标测量的各种误差, 并防止效标污染①.

评估效标关联效度常用的方法有两种.

1) 成绩相关法

成绩相关法即评估测验分数与效标分数之间的相关性. 一般又有预测效度和同时效度两种评估策略.

预测效度 (predictive validity) 是用决策前的测验分数和决策后的效标分数之间的相关系数来表示效标效度. 这看上去是一种直接而准确的策略, 但事实上很难完美实现. 因为预测效度的效标成绩来自决策后的人群, 这些人往往是受测总体中测验得分较高的被试. 使用这些经过高度选择的样本获得测验的效度, 并将之推广到被试总体, 便会导致统计问题.

图 4-1 直观显示了样本范围缩小后相关系数的变化. 显然, 当人群范围限定在测验得分为 80 分以上的人群时, 测验分数与效标分数的线性关系就相对不那么明显, 即相关程度降低, 因此, 预测效度一般总是会低估测验的效度.

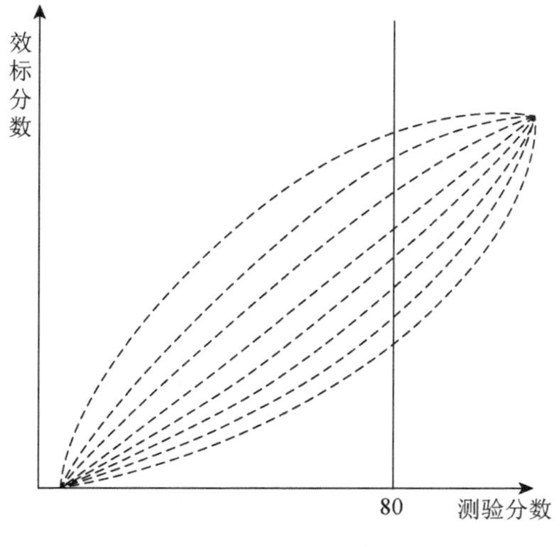

图 4-1　改变样本范围对相关系数的影响

① 效标污染 (criterion contamination), 是指被试的效标成绩因评定者知道其测验分数 (预测源分数) 而受干扰的现象. 例如, 教师知道某学生在某项能力测验上得分低, 就会影响对该学生能力的评价.

常用同时效度来取代预测效度. 同时效度(concurrent validity)是用同时取得的测验分数与效标成绩之间的相关系数来表示效标效度. 例如, 以私人档案里的成绩资料作为测验分数的效标分数. 由于预测源和效标成绩是同时取得的, 测验的效度资料也可以很快建立起来.

以相关系数评估测验的效度, 应考虑相关系数在统计学上的显著性. 一般要求经过 0.05 或 0.01 显著性水平的检验, 才能说明该相关系数并非偶然造成.

2) 团体比较法

如果测验有效, 高测验分的被试与低测验分的被试效标表现上应明显不同. 反之亦然. 例如, 智力测验应能区分不同年龄的儿童, 职业测验应能区分在工作上成功与不成功的人, 人格测验应能区分不同精神病状.

我们可以根据效标表现高低, 将被试分为两个效标组. 团体比较法即是对两个效标组的测验分数差异进行统计学意义上的显著性检验, 以此作为评估测验效度的指标.

一般采用 t 检验来评估两个效标组测验分数差异的显著性. 检验统计量公式如下:

$$t=\frac{\bar{X}_1-\bar{X}_2}{\sqrt{\dfrac{S_1^2}{n_1}+\dfrac{S_2^2}{n_2}}}$$

其中, $\bar{X}_1$ 和 $\bar{X}_2$ 分别为两效标组测验分数的均值, S_1^2 和 S_2^2 分别为两效标组测验分数的方差, n_1 和 n_2 分别为两效标组被试人数.

t 检验法评估的显著性要受样本大小的影响. 若取样很多, 小差异在统计学上也会变得有意义, 但其实测验用于区分小差异团体实际价值很小. 为克服以上缺点, 可考虑用两效标组测验分数分布的重叠量来表示测验效度. 重叠量越大, 说明两效标组测验分数差异越小, 因而测验效度也就越低.

图 4-2 是计算重叠量的两种做法. 图 4-2(a) 采用的是每组得分高于或低于另一组平均数的人数所占比; 图 4-2(b) 采用的是两组共同分数所占比.

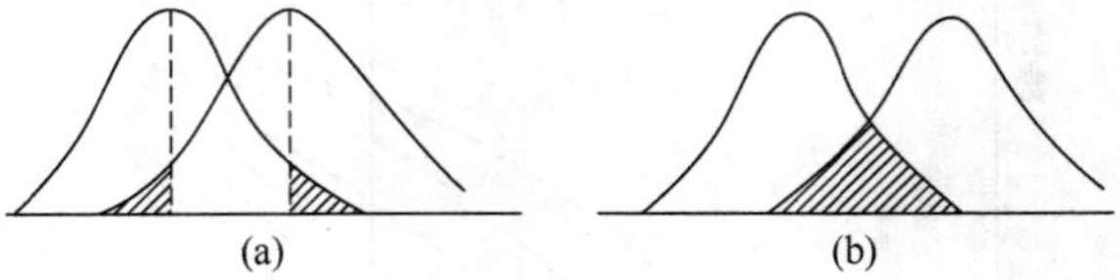

图 4-2　两个效标组测验分数分布的重叠量

效标关联效度常用于预测、分类、甄选及人员安置等人事决策目的的测验中, 而且意义重大. 测验效标关联效度的高低直接关系到决策的正确性和公平性.

比如, 我们利用能力倾向测验对学生进行就业指导, 若测验具备良好的效标关联效度, 那么学生便可根据自己的测验成绩找到最适合自己的职业或专业, 从而更好地发挥自己的潜力. 否则, 学生便会被错误引导, 作出错误选择. 而从社会角度来看, 人员的安置与使用也会变得不合理, 不能人尽其才.

由此可见, 在采用测验作为人事决策辅助工具之前, 必须先取得该测验的有关效标关联效度的资料. 否则, 测验是没有意义的.

4.3.2.3　构想效度

教育家们和心理学家们总是对人的一些抽象属性的测量感兴趣，如智力、动机、社会性等. 这些理论上所涉及的假设性的抽象概念或特质，就是“构想”. 所有的理论构想都有两个基本属性：一是对本质规律的抽象概括；二是与具体的、可观察的事物相联系. 构想的第一个基本属性使之成为科学理论发展的基础，从而超越直观的感性经验进入更为抽象和概念化的理性层次. 构想的第二个属性使之成为可测量的. 有的构想，如动机，是特定行为的原因；有的构想，如焦虑，是指曾经经历的感性体验；有的构想，如智力，表明大量有关行为的能力水平；还有的构想虽本身与外在可观察的行为无直接关系，但却与别的构想有关，而后者是与行为有关的，于是构想与行为便有了间接关系. 正因为构想与一组外在的、可观察的相关行为之间存在着直接或间接的关系，因此可用后者对前者进行测量，而测量的有效程度便以构想效度来表示. 构想效度(construct validity)，是指测验对被称作构想的某一理论概念或特质的测量程度.

构想效度可以采用多元特质-多重方法矩阵[①](multitrait-multimethod matrix)进行评估.

例如，有三种特质或构想 A, B, C，它们都有三种测量方法 1, 2, 3，这样得到九种情形，分别记为 $A_1, B_1, C_1, A_2, B_2, C_2, A_3, B_3, C_3$，根据九种情形的测量资料，计算它们之间的相关系数，得到一个多元特质-多重方法矩阵，如表 4-1 所示.

表 4-1　多元特质-多重方法矩阵示例

	A_1	B_1	C_1	A_2	B_2	C_2	A_3	B_3	C_3
A_1	(0.89)								
B_1	0.51	(0.89)							
C_1	0.38	0.37	(0.76)						
A_2	0.57	0.22	0.09	(0.93)					
B_2	0.22	0.57	0.10	0.68	(0.94)				
C_2	0.11	0.11	0.46	0.59	0.58	(0.84)			
A_3	0.56	0.22	0.11	0.57	0.42	0.33	(0.94)		
B_3	0.23	0.58	0.12	0.43	0.66	0.34	0.67	(0.92)	
C_3	0.11	0.11	0.45	0.34	0.32	0.58	0.58	0.60	(0.85)

容易看出，表中深色三角形内数据为相同方法测不同特质所得测量结果之间的相关系数；浅色三角形内数据为不同方法测不同特质所得测量结果之间的相关系数；主对角线上数据(用括号标记)为相同方法测相同特质所得测量结果之间的相关系数，亦即测量的信度系数；其余数据为不同方法测相同特质所得测量结果之间的相关系数.

从多元特质-多重方法矩阵，可以得到有关聚合效度和区分效度的效度资料.

聚合效度(convergent validity)是表示一个测验能否与其他测量相同特质的测验相一致的指标. 显然，不管是用相同方法还是用不同方法，相同特质测量结果之间的相关性应较大. 从

① Campbell D T, Fiske D W. Convergent and discriminant validation by the multitrait-multimethod matrix. Psychological Bulletin, 1959, 56(2): 81-105.

矩阵来看，就是两种三角形外的数据应较大. 如果可以验证这一点，则说明测验具备了聚合效度证据. 而且，相关程度越高，聚合效度越好.

区分效度(discrimination validity)是表示一个测验能否与其他测量不同特质的测验相区分的指标. 多元特质-多重方法效度研究一般选择一组理论上相关极弱的构想，显然不管是用相同方法还是用不同方法，不同特质测量结果之间的相关性应很小. 从矩阵来看，就是两种三角形内的数据应较小. 如果可以验证这一点，则说明测验具备了区分效度证据. 而且，相关程度越低，区分效度越好.

构想效度还可以采用推断法进行评估.

如在标准参照测验的效度分析中，先将测验施测于一组被试，此时他们在所测特质上水平很低；然后对他们进行测验构想所对应的行为领域的训练；最后再施测测验. 若前后两次成绩差异显著，则说明该测验具有良好的构想效度.

再如，考查某焦虑测验的构想效度，取两组被试：实验组处于能唤起焦虑的情境之中，对照组处于安逸轻松的情境之中. 比较和检验两组被试在测验结果上是否存在显著差异. 若存在，则说明该测验具备良好的构想效度.

近年来，测验应用的重点越来越转向对被试的诊断、评价和补救. 这样的趋势反映在效度上，就使得构想效度成为效度概念的核心. 1989 年, Messick 提出更为广泛的效度概念，认为构想效度贯穿于各类效度之中. 可以这样说，正是由于构想效度在测验分数解释上的重要作用，它对于任何测量来说都是不可或缺的.

4.3.3 效度的选用

仅仅一个数量化的指标并不能够代表测量效度的意义. 效度的选用是一个复杂的问题，需要考虑各种因素，下面是几个重要的方面.

1) 测量目的

测量活动总是基于一定目的而实施，效度就是要看它能达到最初目的的程度. 因此，测量效度都是为具体测量目的服务的，没有普适的效度. 同一个测验针对不同目的，就会有不同的效度，其中有的方面可能显得比较高，有的方面或许就比较低.

2) 被试团体

同样的测验对于不同的被试团体测出的可能是完全不同的特质，从而得到不同的效度. 比如，考查某定理的推导问题，对于已学过该定理的被试而言测出的很可能是记忆能力，而对于未学过该定理的被试而言测出的则是抽象推理能力. 被试团体的能力水平、知识范围、年龄、性别、家庭环境、教育水平、动机、职业及其他任何有关个体的特征均有可能对效度资料的获得发生影响.

对不同被试团体，效度的意义可能也是不同的. 例如，在人事决策中，即使不经筛选，被试团体中也无疑会有一定比例的人获得成功，这一比例称为基础率. 假设某项工作被试团体几乎人人皆可以胜任，那么即使选用的测验的效标关联效度极高，决策的正确率也比基础率高不了多少，从而效度也就没什么意义了.

3) 评估过程

测量的效度如何，只有在实际测过之后才能表现出来. 测量的效度如何，也与效度的评估方法有关. 采用不同评估方法就会得到不同的效度指标. 评估测量效度的过程，其实也是多角度、多方面收集证据的过程. 特别是教育测量欲测的目标往往是隐蔽的、抽象的，无法直接与测量结果进行比较. 要证明测验实际测量了什么, 必须从多方面收集证据. 这些证据可以是被试在所测特性上通过其他途径获得的已证明有效的测量结果, 也可以是专家对测验性能的评价分析意见, 还可以是被试在实际生活中的表现, 等等. 有了这些资料, 再与测量结果进行比较, 借助逻辑思辨或统计分析的方法能确定测量的实际有效性. 事实上, 今天的测量效度研究已越来越趋向于视效度资料的收集为一系列连续的、独立的过程.

第 5 章　教育测量项目分析

项目分析(item analysis)，即题目分析. 高质量的题目是高质量测验的基础，通过项目分析，可以帮助我们筛选和修订测验题目，从而提高测量信度和效度. 难度和区分度是教育测量项目分析的主要指标. 本章主要讨论难度和区分度的概念及教育测量项目分析的方法.

5.1　难度与区分度

项目难度(item difficulty)，即题目难易程度，它是衡量题目要求与被试水平之间差距程度的指标.

难度指标通常以题目正确率来表示①. 也就是说，题目采用 0-1 记分，项目难度即该题的通过人数比例；题目采用连续记分，项目难度即该题的人均得分率.

计算项目难度也可以只考虑两个极端被试组，即高分组和低分组的正确率. 高分组和低分组，一般取测验总成绩排名前 27%和后 27%的被试.

当题目采用多项选择时，正确率会因猜测的原因有所增长，从而难度值变大②. 而且，选项越少，难度值越大. 为了平衡选项数目对难度的影响，也可对已求得的难度值作如下校正③:

$$\mathrm{CP}=\frac{kP-1}{k-1}$$

其中, CP 为校正后的难度值, P 为校正前的难度值, k 为题目的选项数.

相对于 P, CP 扣除了由于猜对选项带来的正确率增长. 显然，题目选项数越多，猜对可能性越小，从而难度调整幅度越小. 特别地，当 $k\to\infty$ 时, $\mathrm{CP}\to P$.

项目区分度(item discrimination)，即题目区分程度，它是衡量题目鉴别被试水平高低所达程度的指标.

区分度指标通常以相关系数来表示. 具体而言，就是以效标为依据，考查被试在题目上的反应与在效标上的表现之间的相关程度④. 区分度分析一般以测验总分为效标.

---

① 实质上，这里求得的是易度，即题目越容易，难度值越大. 但长期以来约定俗成的使用习惯是：试题越困难，难度值越大. 考虑到这样的传统，可定义 $1-P$ 为难度值.

② 这也说明，选择题的难度值应该不小于随机猜对的概率水平. 如果不成立，则说明题目很可能存在问题.

③ 难度校正公式的推导过程如下，题目答对的机会包括两部分：一部分是题目会解，直接答出来就可以了；另一部分是题目不会解，就只能靠猜了. 由全概率公式，得

$$P=\mathrm{CP}+(1-\mathrm{CP})\cdot\frac{1}{k}$$

整理得证. 如果从反面考虑，则题目答错即题目不会解且猜错，所以

$$1-P=(1-\mathrm{CP})\cdot\frac{k-1}{k}$$

同样得证.

④ 事实上，项目区分度也有人称为项目的效度，它是测验是否具有效度的指示器.

显然，相关系数高意味着：测验总分高的被试在该题得分高，测验总分低的被试在该题得分低．这也就是说，该题对被试测验总分高低有较好的鉴别能力，区分度高．

相关系数有正负之分．区分度为正，称为积极区分；区分度为负，称为消极区分；区分度为零，称为无区分．

以测验总分作为效标计算项目区分度，存在一个局部和总体相关的问题．事实上，题目得分是测验总分的构成部分，测验总分有一部分是和题目得分完全等同地变化着，这样就会使得两者变化的一致性虚假地增大，即此法求得的相关系数包含一个伪相关因素，从而夸大了项目区分度．因此，只有当题目数量特别多，以致各题所贡献方差的比例都很微小时，才能把题目得分和测验总分之间的相关系数作为项目区分度的指标．如果不具备这些条件，则可计算每题与其他所有题目合成分数之间的相关性作为项目区分度的指标．

对于皮尔逊矩相关系数，也可以采用下述校正公式剔除伪相关因素的影响：

$$r' = \frac{rS_t - S}{\sqrt{S_t^2 + S^2 - 2rS_tS}}$$

其中，r'为校正后的区分度值，r为校正前的区分度值，S_t为测验总分的标准差，S为题目得分的标准差．

计算项目区分度的一个更简便办法是比较两个极端被试组，即高分组和低分组在题目正确率上的差异．这一差异也称作鉴别指数(discriminate index)，用 D 表示．

由项目的难度和区分度可以估计测验的信度和效度．前者对后者的影响集中体现在项目区分度对测验信度的影响上．美国学者伊贝尔(R. L. Ebel, 1910～1982)的一项研究表明，信度随区分度(D 值的平均值)的提高而快速增长，如表 5-1 所示．所以，测验信度欲达到理想值，提高项目区分度是一个好的途径．

表 5-1　D值的平均值与信度的关系

D 值的平均值	信度
0.1225	0.00
0.16	0.42
0.20	0.63
0.30	0.84
0.40	0.915
0.50	0.949

正是在这样的意义下，伊贝尔结合自己编制测验的经验，提出了一个从鉴别指数上评价测题的标准，如表 5-2 所示．

表 5-2　鉴别指数的评价测题的标准

鉴别指数 D	题目评价
0.40 以上	非常好
0.30～0.39	良好，如能改进则更佳
0.20～0.29	尚可，用时需再改进
0.19 以下	劣，必须淘汰或需要加以修改

当然，区分度的标准不是绝对的，应综合考虑其他因素特别是测验目的的影响．

5.2 综合项目分析

对测验题目进行综合分析，即考虑项目难度和区分度的关系，对这两项指标进行总体衡量.

假设题目采用 0-1 记分，考查项目难度 P 对被试得分方差 S^2 的影响：

$$S^2 = \frac{\sum X^2}{n} - \left(\frac{\sum X}{n}\right)^2 = P - P^2 = P(1-P)$$

显然，当 $P = 0.5$ 时，被试得分方差最大，从而题目能最大限度地反映被试的个体差异. 这也就是说，当题目的难度水平接近 0.5 时，题目能对被试作最精确的区分.

以区分度 D 为例，表 5-3 反映了它与难度 P 之间的关系.

表 5-3　难度 P 值与区分度 D 值的关系

难度 P 值	区分度 D 值的最大值
1.00	0.00
0.90	0.20
0.70	0.60
0.50	1.00
0.30	0.60
0.10	0.20
0.00	0.00

由表 5-3 中可以看出，当 P 值为 0.5 时，D 值达到最大，题目的区分能力最强. 这样看来，似乎所有的题目都处于 0.5 的难度水平时，该测验就能产生最为宽广的分数分布.

事实并非如此. 同一测验中的题目多趋向于相关的知识和技能，从而具有某种程度的题目组间相关. 假设所有题目难度均为 0.5，当题目组间相关值为 1 时，被试分数将呈 U 型分布，即集中在两个极端点：要么题目全部答对得满分，要么全部答错得零分；当题目组间相关很高，但尚未达到 1 时，被试分数将呈双峰分布，即两端分布较多，中间分布较少；当题目组间相关适中时，被试分数能够得到矩形分布，即均匀分布在各个分数段，此时题目的区分能力最好；当题目组间相关为 0，也就是题目完全独立时，被试分数便可得到正态分布. 人的多数心理特征都呈正态分布，我们总是希望测验结果能反映这一分布特点，但要求题目组间相关为 0 几乎是不可能的.

因此，一般采取改变题目难度的办法，即项目难度不是固定在 0.5 左右的水平，而是一个有易有难的谱系. 由于不同难度可以区分不同水平被试，所以即便题目组间相关较高，采用难度搭配使用也能将各种水平的被试区分开来. 实际工作中，一般要求项目难度在 0.3 到 0.7，并保证整个测验的难度水平处于 0.5 左右.

确定难度的适宜值也要综合考虑测验的目的和性质. 例如，速度测验的难度应低于难度测验. 并且，速度测验的项目难度还要比较平均；水平性测验的难度应低于选拔性测验. 并且，选拔性测验的难度以接近录取率为宜，使得恰好有合适数量的被试通过.

实际筛选题目时，以难度为横坐标轴、区分度为纵坐标轴建立题目的散点图，并标注题目序号，也可使用某些记号(如方框、圆)或颜色来注明试题的类型或内容范围. 添加水平线与垂直线，用以指出由规范确定的试题难度和区分度可接受的区域. 题目筛选完成后，按难度顺序将筛选出来的题目连成折线.

5.3　标准参照测验的项目分析

前述项目分析技术主要适用于常模参照测验. 对于标准参照测验而言，它的目的并非考查被试个体差异，而是考查被试对所测目标的掌握程度. 因此，标准参照测验的题目编制与筛选最终要取决于所测目标.

考虑到所测目标之因素，标准参照测验项目分析前要将被试样本区分为目标掌握者和目标未掌握者. 对于许多为教学编制的测验来说，区分两类样本组可以有三种选择：① 教学前后对同组被试施测两次，前次认定为目标未掌握者，后次认定为目标掌握者. 采用此法，测量结果可能会受到练习效应或成熟效应的影响. ② 同时测量两个独立样本组. 一组是未接受教学指导而在目标掌握上明显不足，他们被认定为目标未掌握者；另一组是已接受教学指导而掌握了目标要求的绝大部分，他们被认定为目标掌握者. 此法可行性较好，但较难确定分组标准和保证两组大小对等. ③ 由教师选择那些他们认为确实掌握或没有掌握测验目标的学生作为样本. 此法需要一一确定被试，非常费时费力，且仍不易确定分组标准和保证等组.

标准参照测验下，项目难度的计算也是以答对题目人数占总人数比例或以被试平均得分占题目满分的比例为指标. 与常模参照测验不同的是，标准参照测验需要对两个样本组都估计难度. 由于两个样本组处于知识掌握这一连续体的两端，因此项目难度值也应处于两端：对掌握者样本组难度应很小，对未掌握者样本组难度应很大. 理想的题目难度值应该是前者为 1，后者为 0. 只有这样，才能说明题目对被试是否达到欲测之教育目标作出了灵敏测量.

标准参照测验下，项目区分度的计算可以用两个样本组的操作变化或差异作为指标. 具体而言，可有三种办法：以后测(或指导组)答对之被试比例减去前测(或未指导组)答对之被试比例所得之增益值作为区分度；以前测答错但后测答对之被试比例作为区分度；以前测答错但后测答对之被试比例减去前后测均答错之被试比例所得增益值作为区分度. 这几个指标的取值范围均是 −1～1.

一般来说，项目区分度越高，测验对达到与未达到教育目标的被试的区分越准确. 但是，也有一些题目尽管区分度较差，但却是必测之目标，删除这类题目会影响到测验的内容效度，对于标准参照测验而言，这是得不偿失的. 所以，进行标准参照测验的项目分析，应首先保证题目与目标的一致性，然后在此基础上根据项目难度和区分度这些统计指标对题目进行进一步筛选和确定.

第 6 章　数学测验试卷的设计

数学测验是当前中小学数学教育评价的主要工具. 有效的测验很大程度上取决于高质量的试卷. 编制试卷也是数学教师的一项日常工作内容和教学基本功. 本章主要讨论数学测验试卷的设计思路与命题技术, 并简要介绍两项最负盛名的国际数学测试.

6.1　数学试卷的设计原则

编制数学试卷, 需要遵循一般原理, 并以某些基本原则作为指导思想. 这些基本原则也是长期数学命题经验积淀的结果.

1) 目的性原则

确定测验目标是编制试卷的首要前提. 设计试卷要以预定的测验目标为基础, 只有如此测验才能保证有向性, 避免盲目性. 就数学测验而言, 测试目标就是数学教学目标. 教学目标是教学工作的出发点, 又是评价教学工作成效的基本依据. 从基本的意义上讲, 教师是为特定的教学目标而教, 学生是为特定的学习目标而学.

数学教学目标可分为课程总目标、学段目标、学期教学目标、单元教学目标和课时教学目标等不同层级. 一般来说, 课程总目标和学段目标由教育行政部门和课程编制者制订; 学期教学目标和单元教学目标由教材编写者设计, 教师可在此基础上作适当调整; 而课时教学目标, 则由任课教师确定. 不同的考试针对不同的目标, 自然就会有不同的考量. 比如, 单元测验针对的是单元教学目标, 是为了诊断和激励, 中考、高考针对的是课程总目标, 是为了甄别和选拔. 因此, 单元测验试卷更基础, 难度也小些, 中考、高考试卷更综合, 难度也大些.

目的性原则的一个重要体现就是试题的整体立意、知识载体、取材设问要与相应数学课程标准所确定的课程理念、内容范围、教学要求等方面保持一致, 不得随意扩展与变更. 当然, 遵守数学课程标准也不要过于拘谨, 重要的是从实质上领会与把握有关规定.

目的性原则的另一个体现就是应注意保持试题题型与测试目的的一致性. 不同的题型有不同的考查侧重点. 题型设计要紧扣测试目的和任务, 不同性质的测试需要不同的题型作为支撑. 例如, 客观题适宜考查思维结果, 而思维过程只有通过解答题才能比较全面准确地测试出来.

2) 整体性原则

数学试卷的设计是整体性设计, 讲究整体要求, 体现整体作用. 试卷各个部分和各种素材不能简单堆砌, 也不能杂乱排列, 而是彼此协调、互相配合、适当取舍, 形成有机整体.

把握整体性原则, 首要的是处理好试题与试卷之间的关系. 试卷由试题组成, 试题质量不高, 试卷质量也不会好. 但同时也要看到, 如果试卷设计只是孤立地考虑每道试题的功能、难度、特色等, 就容易陷进“好题拼不成好卷”的尴尬境地. 比如, 有些试题具有很好的考查功能, 但若放在一起全卷难度会显著提高, 从而在考试中, 有些试题就会因时间有限无暇顾及而形同虚设. 总之, 作为局部, 试题要能各司其职, 发挥应有作用; 作为总体, 试卷要能统筹兼顾, 产生整体效应. 简言之, 试题重在立意鲜明, 试卷重在谋篇布局.

把握整体性原则, 也要正确处理好知识与能力之间的关系. 数学考试强调以能力为导向, 知识是能力的载体, 因此考查能力也要以考查知识为载体. 但同时也要看到, 不同的知识内容对数学能力的价值和意义也是不同的. 数学考试内容不能简单采用随机抽样的方法从规定知识范围抽取, 而必须从数学学科的整体性出发, 选取基础性与主体性内容. 并注意在知识网络的交汇处设计新颖试题, 达到综合考查能力的目的. 另外, 鉴于数学思想方法是知识转化为能力的桥梁, 因此数学考试还应特别重视数学思想方法的考查. 数学试题设计应突出学科基本思想和通性通法的考查, 而不能过多追求巧法和新法, 引导学生将学习重心放到最有价值的常规训练上来.

把握整体性原则, 还要正确处理好传统与创新之间的关系. 数学考试经过多年发展, 题型基本稳定, 考查重点大致确定, 同时也积累了大量高质量的试题, 这些经验经历了时间考验和实践检验, 渐成传统, 使用起来也比较稳妥. 但是, 传统不能僵化, 一旦成为定式, 考试的鉴定作用就会慢慢弱化, 从而整体功效得不到发挥. 因此, 一般要求整份试卷中, 最好有一两道试题在题型、情境或设问方式上有一定新意或挑战性, 使不同学生有不同的发展性表现. 事实上, 近些年在应用性和开放性试题方面的尝试就取得了一定成效, 得到了普遍的肯定. 当然, 创新必须谨慎, 不仅要考虑必要性, 更要看可行性, 要通过试验逐步推广.

3) 科学性原则

数学试题应给人以严谨、清晰之感. 科学性原则首先要求测验试题无科学性错误, 即它在数学意义上是成立的, 在逻辑意义上是严密的, 在现实意义上是可接受的. 典型的科学性错误有: 数学概念运用不恰当, 试题条件不完整或自相矛盾, 试题所设与所求、所证之间无依赖关系或试题要求不可行, 应用情境或数据采集生搬硬造, 等等. 科学性错误本该杜绝, 但往往由于命题者自身修养不足或考虑不周, 仍时有发生. 特别是一些重大考试也不能幸免.

科学性原则还要求测验题无表述性错误, 即题意明确, 不会产生歧义; 用语规范, 不会出现阅读困难的现象; 有关概念必须是被定义的; 有关记号必须是被阐明的. 当然, 试题的表述方式也要考虑到与学生的知识水平和年龄特点相适应. 表述性错误经过字斟句酌和集体把关, 往往能够避免.

4) 公平性原则

考试的公平性也是设计试卷值得考虑的问题. 特别是对于一些重要大型考试更要重点关注.

有些试题背景对某类学生可能司空见惯, 对其他学生却从未接触. 有些试题背景是过去的生活现实, 现在却不再经历. 如果学生因不理解试题背景而出现解题障碍, 就会影响正常水平的发挥. 试题设计应强调从公共知识背景出发, 对日常熟悉内容进行提炼与加工.

使用过多的陈题也会影响考试的公平性, 特别是分值占比大的试题更不宜出现陈题. 对于陈题, 可能有的同学以前处理过, 有的同学却还是初次见. 解决它, 前者只需再现, 后者则可能要经过艰苦努力. 这种局面既有失公平, 也有伪命题者本意. 近年来, 数学命题流行从教材例题或习题出发, 加以适当引申、变形或组合, 显然, 这对提升考试的公平性是有利的.

一题多解是数学考试常有的事情, 有时它也会影响到考试的公平性. 不同解法如果彼此间所需知识量、运算量、思考量等差别不大, 自然可认为是公平的. 但如果上述因素相差悬殊, 而且不同解法的产生只是源于某些随机因素或偶然因素, 就很难说这样的命题是公平的.

总之，试题设计应面向全体学生，关注每一个学生的发展，最大限度地克服不当的偏向性，为考试提供一个公平的竞争环境.

6.2　数学试卷的设计流程

设计数学试卷通常需要经历五个阶段:

1) 整体构思，规划蓝图

命题之前，应当重温课程标准、考试大纲等有关文件，听取行政领导关于考试命题工作的指示，从宏观上把握命题的指导思想，在此基础上，经过讨论，制订出命题蓝图，也就是命题双向细目表.

命题双向细目表是测验目标和测验内容的列联表，它由三个要素构成：测验目标、测验内容、测验目标和测验内容所占比例即权重. 测验目标即教学目标. 测验内容可依数学学科的课程标准或教材内容体系来制定. 权重的确定则有两条标准：每一内容范围的比例应与该内容项目在整个教学领域里的相对重要性相符合，这种相对重要性一定程度上可由该内容项目的教学课时的多少来体现；每一目标层次所要求的比例应当与测验编制者认为这个目标对受测学生的水平所具有的重要性相符，这种相对重要性的量化主观性较大，一般主要参考专家或有经验教师的意见而定. 表 6-1 是一个命题双向细目表的示例.

表 6-1　命题双向细目表示例

测验内容	知识	理解	运用	分析与综合	探究	合计
集合与函数的概念	6	15	15	8	2	46
基本初等函数（Ⅰ）	4	12	12	8	2	38
函数的应用			10	4	2	16
合计	10	27	37	20	6	100

2) 筛选试题，组题拼卷

有了试卷蓝图后，可先从题库或习题集中选用合适的试题入卷. 筛选试题时，应把重点放在分析试题所考查的本质上，同时兼顾对试题背景、情境及外部形态的审查，并注意试题的教育导向. 试题数量若不够，有时还需少量自编或改编. 试题选出后，再按题型集结成块. 试题要按一定难度梯度由浅入深、由易到难加以排序，同时也要兼顾将内容相近、类型相似的试题放置在一起，减少答题不必要的思维跳跃. 排序初步调定后，将全部试题按顺序誊写或打印，方便作进一步的比较、平衡和调整.

3) 逐题推敲，优化调整

试卷初稿形成后，命题者要仔细审阅全卷，逐题推敲试题的内容、形式及解答，确保在科学性方面不出差错. 要尽量发掘试题的多种不同解法，并进行仔细比较. 如果不同解法能反映出能力差异及提高试题区分度，则可取；如果不同解法仅由某些偶然因素引发，而且繁简差异悬殊，则一般不宜入卷，应及时更换题目.

试题复核完成后，再对照命题双向细目表的要求，逐项评估是否偏离预先设定的目标，或修改命题双向细目表，或修改试题，互动调整多次，直至两者达成协调统一.

4) 规范评卷, 制订准则

试卷内容确定后, 还要为试卷评阅制订准则, 这包括: 赋予题分、设定标准答案及评分细则.

题分在命题双向细目表中已有预置, 随着试卷设计进程的推进, 也时有调整, 直至评分细则制定后, 才能最终确认.

数学客观题的评分比较简单, 只论结果正确与否, 因此命题者只需提供答案即可. 数学主观题要以过程评分, 因此标准答案的撰写不能随意, 除了做到正确无争议, 还要层次分明、繁简得当以利于评分操作. 步骤给分要恰如其分, 要综合考虑它的思维难度及对问题解决的贡献. 步骤给分不要分得过于细致, 但也要能反映解题的总体进展程度及区分出解题者的不同水平. 如果题目有多种解法, 也应尽量列出, 并给予公平对待.

5) 校对试卷, 确保无误

校对主要审查样稿是否与原稿一致, 排版是否规范美观. 数学试卷的校对任务包括: 试卷名称、登分表、题目序号、题目要求、题目内容、页脚标注是否缺失或有错; 试卷文字符号、数学符号、标点符号的使用是否合乎习惯, 字体字号的选择是否合乎要求; 图表的大小、位置、用线、用字、标注是否合理, 图表与题文是否匹配; 题目打印是否存在跨页, 题目预留作答空间是否足够, 重要信息是否用黑体字或着重号强调; 总分加起来是否等于预定分数; 等等.

校对方式可以多种多样, 但要多变换角度, 反复多次, 只有这样才能尽可能保证不出差错.

6.3　数学试卷的命题技术

命题是一件技术性很强的工作, 既与设计者的经验和水平有关, 也要受到社会现实和时代特征的制约.

6.3.1　选择题的命制

选择题是数学考试的一种客观题型. 选择题包含两部分: 题干和备选项. 题干给出题设和问题, 问题可能是一句问话, 也可能是一句不完整的话需要补全. 备选项给出问题的几个可能答案, 其中正确的或符合要求的选项称为正确选项, 其他的称为干扰项. 选择题要求考生将正确选项从备选项中挑选出来. 数学考试采用的选择题通常只有一个正确选项, 这种题型也称作单项选择题.

由于选择题答题书写简单, 试卷评阅也快捷, 因此, 在数学考试中选择题的题量一般都比较大, 以求覆盖更多的基础知识, 提高测量的内容效度. 另外, 选择题的解答方法往往灵活多样, 从而易于考查随机应变的能力.

选择题适宜考查

(1) 概念的辨认与运用.

例 6-1　射击运动员出征奥运会前完成了 10 次训练, 教练员对他们的训练成绩进行统计分析, 判断他们的成绩是否稳定, 则教练需要知道他们这 10 次成绩的(　　).

A. 众数　　B. 平均数　　C. 方差　　D. 频数

说明: 这道选择题备选项涉及统计的四个基本概念: 众数、平均数、方差、频数, 主要考查对这些概念意义的理解.

(2) 命题的明确与理解.

例 6-2　设 m, n 是两条不同的直线, α, β 是两个不同的平面, 且 $m\subset\alpha$, $n\subset\beta$, 下列命题中正确的是(　　).

A. 若 $\alpha\perp\beta$, 则 $m\perp n$　　B. 若 $\alpha//\beta$, 则 $m//n$

C. 若 $m\perp n$, 则 $\alpha\perp\beta$　　D. 若 $n\perp\alpha$, 则 $\alpha\perp\beta$

说明: 这道选择题涉及空间几何中的线线平行、线线垂直、面面平行、面面垂直、线面垂直等多种位置关系, 主要考查相关定义、性质和判定定理是否明确.

(3) 过程不好表达的内容.

例 6-3　如图 6-1, 如果要求程序框图输出三个数 a, b, c 中最大的数, 那么在空白的判断框中, 应该填入下面四个选项中的(　　).

A. $c>x$　　B. $x>c$

C. $c>b$　　D. $b>c$

说明: 算法设计是高中数学考查的一个新内容. 由于算法的设计过程不易表达和展现, 算法设计的考查只能是对设计结果的考查. 客观题只关注结果, 是达到这种目的的合适题型. 类似这种过程不好表达的例子还有对观察力的考查.

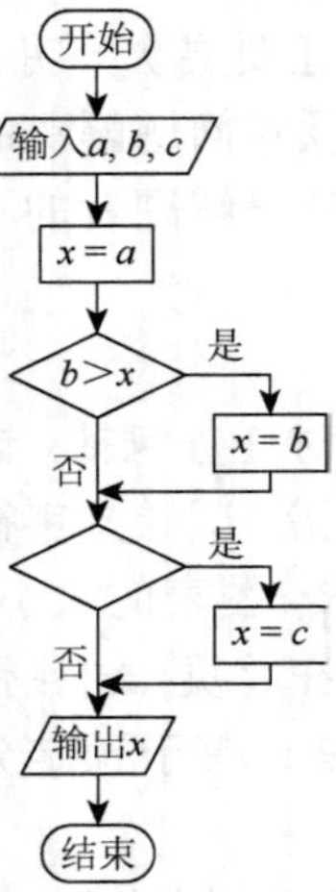

图 6-1　例 6-3 配图

(4) 思维的敏捷性与灵活性.

例 6-4　汽车经过启动、加速行驶、匀速行驶、减速行驶之后停车, 若把这一过程中汽车的行驶路程 s 看作时间 t 的函数, 其图像可能是(　　).

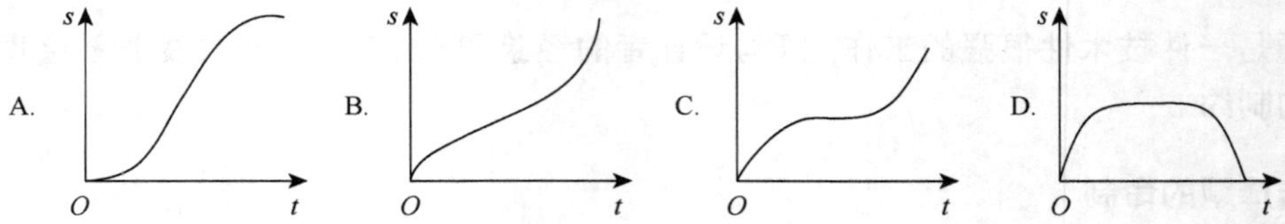

图 6-2　例 6-4 配图

说明: 这道选择题取材于学生普遍熟悉的汽车行驶问题, 要求从相关信息中提炼出函数关系, 但没有给出具体的运动参数, 从而突出对函数图像的本质理解及直觉判断, 这无疑需要考生有较好的基本功和应变能力. 选择题所涉及的问题求解过程大多简单, 但往往对思维的灵活性和敏捷性有较高要求.

命制选择题的技术要求主要有

(1) 消除矛盾.

例 6-5　在 $\triangle ABC$ 中, $\cos\dfrac{C}{2}=\dfrac{\sqrt{5}}{5}$, $AB=4$, $BC=5$, 则 $\sin A=$(　　).

A. 1　　B. $\dfrac{1}{2}$　　C. $\dfrac{\sqrt{3}}{2}$　　D. $\dfrac{\sqrt{2}}{2}$

说明: 这道选择题的题设条件是互相矛盾的, 由 $\cos\dfrac{C}{2}=\dfrac{\sqrt{5}}{5}$ 可知 $\angle C$ 是一个钝角, 但 $\angle C$ 所对的边却不是最大边, 所以这样的三角形并不存在.

(2) 避免暗示.

例 6-6　给定函数: ① $y=x^3$; ② $y=x^2-1$; ③ $y=\sin x$; ④ $y=\log_2 x$. 其中奇函数有(　　).

A. ①②　　B. ②④　　C. ①③　　D. ①④

说明: 这道选择题的备选项中①占了 3 项, 似乎是在暗示考生不含①的选项 B 是可以排除的.

(3) 慎用否定.

例 6-7　函数 $f(x)=\sqrt{2}\sin\left(2x+\varphi+\dfrac{\pi}{4}\right)\left(|\varphi|<\dfrac{\pi}{2}\right)$ 是偶函数, 则下列说法错误的是(　　).

A. 函数 $f(x)$ 在区间 $\left(0,\dfrac{\pi}{2}\right)$ 上单调递减　　B. 函数 $f(x)$ 的图像关于直线 $x=-\dfrac{\pi}{2}$ 对称

C. 函数 $f(x)$ 在区间 $\left(\dfrac{\pi}{4},\dfrac{3\pi}{4}\right)$ 上单调递增　　D. 函数 $f(x)$ 的图像关于点 $\left(\dfrac{\pi}{4},0\right)$ 对称

说明: 采用否定方式设问, 容易造成考生不必要的疏忽. 这道选择题考查的是三角函数的单调性与对称性, 完全可以正面设问. 命题实践中如果否定设问确实不能避免, 应在否定词下加上着重号, 以给予考生警示.

(4) 选项互不包含.

例 6-8　圆锥曲线的轴截面是(　　).

A. 锐角三角形　　B. 等腰三角形　　C. 等边三角形　　D. 等腰直角三角形

说明: 这道选择题的备选项存在逻辑包含关系. 等边三角形也是等腰三角形, 等腰直角三角形也是等腰三角形, 所以 C, D 两个选项应该排除, 否则就会出现两个答案.

(5) 选项加强迷惑.

例 6-9　已知函数 $f(x)=\begin{cases}x, & x>0,\\ e^{2x}, & x\leqslant 0,\end{cases}$ $g(x)=e^x$, 若关于 x 的方程 $g(f(x))-m=0$ 恰有两个不相等的实根 x_1, x_2, 且 $x_1<x_2$, 则 x_2-x_1 的最小值为(　　).

A. $\dfrac{1}{2}(1-\ln 2)$　　B. $1-\ln 2$　　C. $\dfrac{1}{2}(1+\ln 2)$　　D. $1+\ln 2$

说明: 这道选择题的题干已给出 $x_1<x_2$ 这个条件, 而 A, B 两个选项明显不满足, 很容易被排除.

(6) 选项消减重复.

例 6-10　将函数 $y=\sin\left(2x+\dfrac{\pi}{5}\right)$ 的图像向右平移 $\dfrac{\pi}{10}$ 个单位长度, 所得图像对应的函数(　　).

A. 在区间 $\left[-\dfrac{\pi}{4},\dfrac{\pi}{4}\right]$ 上单调递增　　B. 在区间 $\left[-\dfrac{\pi}{4},\dfrac{\pi}{2}\right]$ 上单调递增

C. 在区间 $\left[-\dfrac{\pi}{4},\dfrac{3\pi}{4}\right]$ 上单调递增　　D. 在区间 $\left[-\dfrac{\pi}{2},\dfrac{\pi}{4}\right]$ 上单调递增

说明: 这道选择题的备选项有很多共同词句, 完全可以移至题干, 这样表达更加简洁清晰.

(7) 选项依序排列.

例 6-11　设曲线 $y=\dfrac{x+1}{x-1}$ 在点 (2, 3) 处的切线与直线 $ax+y+1=0$ 平行, 则 $a=$(　　).

A. $\dfrac{1}{2}$　　B. $-\dfrac{1}{2}$　　C. -2　　D. 2

说明: 为了方便检索, 备选项最好要按某种习惯顺序排列. 这道选择题的备选项可以按从小到大排列, 也可以先按绝对值大小排列, 再按符号正负排.

6.3.2　填空题的命制

填空题也是数学考试的一种客观题型. 填空题是在一段陈述中留出空白, 由考生根据题意填补适当内容, 使句意完整且正确. 数学考试需要填写的内容多是数字、数学符号或者数学表达式.

与选择题相比, 填空题的句式结构更加灵活, 考查点可以随需选取. 而且, 由于没有备选项, 填空题基本消除随机猜测和投机取巧, 对学生能力要求更高一些.

填空题适宜考查

(1) 基本技能.

例 6-12　已知函数 $y=\sin(\omega x+\varphi)(\omega>0,-\pi\leqslant\varphi<\pi)$ 的图像如图 6-3 所示, 则 $\varphi=$________.

说明: 这道填空题主要考查识图技能, 要求学生能够理解参数 ω,φ 的几何意义.

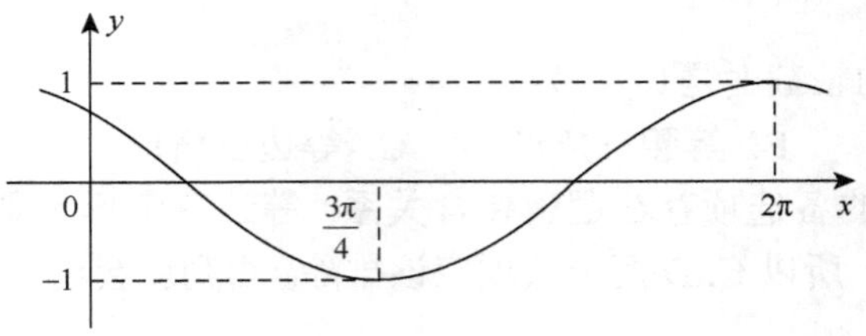

图 6-3　例 6-12 配图

(2) 运算能力.

例 6-13　设曲线 $y=\mathrm{e}^{ax}$ 在点 $(0,1)$ 处的切线与直线 $x+2y+1=0$ 垂直, 则 $a=$________.

说明: 这道填空题涉及曲线切线及两线垂直的代数意义, 需要计算导数和求解方程, 这些都是中学数学需要掌握的基础知识和基本计算.

命制填空题的技术要求主要有

(1) 留空内容关键.

例 6-14　一般地, 在抽样时, 将总体分成________的层, 然后按一定的比例, 从各层独立地抽取一定数量的个体, 将各层取出的个体合在一起作为样本, 这种抽样的方法叫作分层抽样.

说明: 这道填空题考查的是分层抽样的定义. 数学教材中的定义一般不宜单独考查: 一方面, 这些定义未必严谨, 即便严谨也不是唯一表述; 另一方面, 学习数学概念最重要的是辨认与运用, 而不是咬文嚼字.

(2) 留空不宜置首.

例 6-15　当 $r=$________时, 圆 $x^2+y^2=r^2$ 与圆 $(x-3)^2+(y-4)^2=1$ 相切.

说明: 这道填空题的留空位于句首部分, 容易增加理解困难, 改换句式置于句尾为好. 为避免题意支离破碎, 留空也不宜太零散, 数学考试多统一要求只有 1 个留空.

(3) 求解步骤宜短.

例 6-16　在平行四边形 $ABCD$ 中, $|\overrightarrow{AB}+\overrightarrow{AD}|=|\overrightarrow{AB}-\overrightarrow{AD}|$, $\overrightarrow{DE}=2\overrightarrow{EC}$, $\overrightarrow{CF}=\overrightarrow{FB}$, 且 $\overrightarrow{AE}\cdot\overrightarrow{AF}=7$, 则平行四边形 $ABCD$ 的面积的最大值为________.

说明：这道填空题主要考查平面向量的运算和函数最值的计算. 考查内容是基本的，但是计算比较烦琐. 解答填空题没有备选项可以用来参考校正，也没有步骤分可得，一旦出错前功尽弃，这为设计时的调控难度带来困难，因此填空题的计算量不宜大，求解步骤最好不超过 3 步.

(4) 填写答案唯一.

例 6-17　现存入银行 8 万元，年利率为 2.50%，若采用 1 年期自动转存业务，则五年末的本利和是________.

说明：评分简单是填空题的重要优势，答案不唯一将给评分带来不便. 这道填空题涉及数学现实应用，为避免出现多种答案，空后最好标明单位.

(5) 留长充分，满足答题需要.

(6) 留长一致，避免误导猜测.

6.3.3　解答题的命制

选择题和填空题同属客观性试题，客观性试题具有的共同优势是：形态短小精悍，评分简单高效，结果客观公正. 但这种优势的取得是以牺牲过程为代价的. 没有解题过程的考查，学生在数学方面的深度思考无从知晓，综合能力无从评估. 数学考试常将所有需要写出数学演算、数学推理等过程的试题统称为解答题. 显然，作为一种主观题型，解答题在数学考试中永远是基本和重要的.

数学解答题主要包括计算题、证明题、作图题、应用题、设计题等. 计算题表现为数、式和方程的运算、变形和求值，主要用于考查学生对运算技能的掌握程度与代数的分析、推理能力. 证明题表现为从给定题设出发，严格推导指定结论，主要用于考查学生的逻辑推理能力，其中也往往会涉及合情推理与空间想象. 作图题表现为作出符合一定条件要求的图形，主要用于考查学生的空间想象和作图能力，其中也往往会涉及推理与计算. 应用题表现为根据有实际意义的背景材料，建立有效的数学模型，并用模型结果解决指定的实际问题. 应用题主要用于考查学生的数学建模能力、数学阅读能力及灵活运用各种知识和常识的综合能力. 设计题表现为根据一定设计任务，提供一个或多个合乎要求的设计方案，并论证或说明方案的正确性或可行性. 设计题主要用于考查学生的发散思维和动手实践能力，有时也会涉及创新意识.

数学解答题适宜于重点了解学生对数学核心内容与核心思想方法的掌握情况，深度展现数学思维过程和数学思维品质，全面考查学生的基本功和基本能力，包括计算能力、推理能力、空间想象能力、数学应用能力等，以及这些能力的综合运用. 而且，解答题要求将整个解答过程的主要步骤有条理、合逻辑陈述清楚，从而欲考查学生的表达能力与逻辑能力几乎是非他莫属.

例 6-18　在 1 与 2 之间插入 n 个正数 $a_1, a_2, a_3, \cdots, a_n$，使这 $n+2$ 个数成等比数列；又在 1 与 2 之间插入 n 个正数 $b_1, b_2, b_3, \cdots, b_n$，使这 $n+2$ 个数成等差数列. 记 $A_n = a_1a_2a_3\cdots a_n$，$B_n = b_1 + b_2 + b_3 + \cdots + b_n$.

(1) 求数列 $\{A_n\}$，$\{B_n\}$ 的通项；

(2) 当 $n \geqslant 7$ 时，比较 A_n 与 B_n 的大小，并证明你的结论.

说明：这道解答题涉及等差数列、等比数列的求和、求积、求通项以及归纳推理与数学归纳法，这些都是高中数学的核心知识和核心思想方法. 解答题着重考查的是这类重要概念和基本原理的运用，而不是琐碎知识的简单复述.

例 6-19 请设计三种不同的分法，将直角三角形分割成四个小三角形，使得每个小三角形与原直角三角形都相似. 要求画出分割线段、标出必要记号，不要求写出证明和画法，画图工具不限.

说明：这道解答题需要设计分割方案. 在直角三角形内作与之相似的三角形至少有两个思路：一是作斜边上的高，得到两个相似三角形；二是作一边的平行线，得到三个相似三角形. 按照这两个思路发展，经过适当组合和调整，不难得到图 6-4 中的五种分割方案. 从上述分析可以看出，设计题有较强的开放性和探究性，能够给学生以自由联想和发挥的空间，但也对阅卷提出了新的挑战.

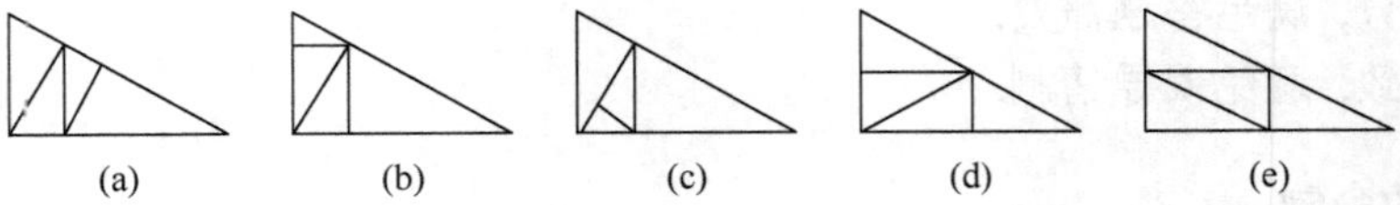

图 6-4 例 6-19 配图

例 6-20 某大型水果超市每天以 10 元/千克的价格从水果基地购进某种水果，再以 15 元/千克的价格出售. 若有剩余，则将剩下的水果以 8 元/千克的价格退回水果基地. 表 6-2 记录了超市最近 50 天的不同日销售量频数. 你认为该超市每天进货多少，可使日利润最大？

表 6-2 某超市最近 50 天的不同日销售量频数统计表

日销售量/千克	140	150	160	170	180	190	200
频数	5	10	8	8	7	7	5

说明：这道解答题需要确定合适的进货数量，这是生活生产中容易碰到的问题. 这里，日销售量可以看作是一个随机变量，从而每天的利润也是一个随机变量. 要使得日利润最大，可看作是要求日利润的期望最大. 有了这样的数学化，解决它应该是比较容易. 从上述分析可以看出，应用题考查的重心仍落在数学上，只不过关注的是实际应用中的数学意识和数学眼光.

命制解答题自由度很大，可调节范围很宽，陈述可长可短，题设可明可暗，所求可多可少，难度可深可浅. 制定解答题的评分标准则应重分析轻计算，评分点应更多配置在思维过程和思维力度上，计算过程和计算结果的分值应居于相对次要地位.

6.4 数学试卷的难度分析

不同性质的考试对试题和试卷的难度要求不尽相同，考生受难度的影响往往也最为显著，因此，编制数学试卷必须特别重视难度的调控.

第 5 章所述的难度计算方法适用于考试结束后试卷的统计分析. 而从试卷设计的角度讲，主要应着眼于防患未然，即应从分析影响难度的主要因素出发，在对它们评估之后予以适当控制.

首先影响试题难度的是试题自身固有的一些属性，主要因素包括：知识量、运算量、推理量、思考量等. 也就是完成试题解答所需的知识多少、运算多少、推理多少、思考多少. 中小学数学试题，知识量常以包含课程标准所规定知识点的数量多少来衡量，运算量常以多数考生所使用解法的步骤数来衡量，推理量常以多数考生所使用解法的因果转换次数即转折数来衡量，思考量常以多数考生难以跨越或易于疏忽之环节多寡即关卡数或陷阱数来衡量. 只要解答已经给出，这些因素的可测性还是比较强的.

试题的熟悉度和价值度也是影响试卷难度的重要因素. 试题的熟悉度即试题对考生的熟悉程度. 对试题的形式、情境和要求越熟悉，考生能解决的可能性越大. 试题的价值度是单位分值所花费的时间. 费时多、得分少的试题，在时间有限的情况下，放弃的考生就多，平均成绩自然会下降.

试题相对位置对难度也有相当影响. 一般说来，试题处于试卷末尾，其难度会大些. 位置靠后，试题多滞后处理，考生的时间相对紧张，精力往往也不是最佳状态，而且，前面答题效果会对后面解题有较大影响，失败的解题体验常常会抑制问题的求解.

试题表述方式也会影响试卷难度. 题设表述的复杂程度(包括用语长度)、隐蔽程度，甚至是条件摆放的前后位置，都会影响考生的审题与判断. 不同的问题描述，所提供的提示信息也是不同的. 例如，求解选择题可以仅凭猜测也可以采用排除法，其难度可以大大降低.

特别值得注意的是，考试时间或试卷长度是制约难度的基本因素. 对考生成绩而言，“不会做”与“会做来不及做”并无区别. 但从试卷设计角度讲，只要时间充分，会做就可以做出来，从而就可以降低难度，而且多一些时间，对提高准确率和促进深入思考都是有利的. 所以，在试卷难度分析时，应把考试时间与试卷长度列为基本前提条件加以考虑.

6.5　国际数学测试

国际大规模测试始于 20 世纪 50 年代. 芝加哥大学教授 Anderson C A 在一次国际会议上提出，可使用学生的测试成绩数据比较不同国家的教育系统.

1958 年，美国学者 Bigelow D(联邦教育局)、Foshay A W(哥伦比亚大学)和 Bloom B S(芝加哥大学)向联合国教育、科学及文化组织(United Nations Educational, Scientific and Cultural Organization, UNESCO)提议开展“关于智力活动的国际研究”(现称可行性研究，feasibility study)，研究目的之一是检验国际教育成就评价的可行性. 这项建议得到 UNESCO 下属教育研究所的支持，非政府国际组织“国际教育成就评价协会”(International Association for the Evaluation of Educational Achievement, IEA)由此成立，创始成员国有比利时、法国、荷兰等十二国，这也标志着国际大规模测试揭开新的历史篇章.

1959～1962 年，比利时、芬兰、法国等十二国参加的可行性研究组织实施，测验项目包括阅读理解、数学、科学、地理和非口语能力等五个方面. 研究抽取 9918 名十三岁儿童进行测评，结果表明“国际教育成就的比较是可行的，能够得出可比的结果”. 《十二国十三岁儿童的教育成就》是可行性研究的成果总结.

1962～1964 年，发轫于 1960 年的“第一次国际数学研究”(First International Mathematics Study, FIMS)由 IEA 开始组织实施，芝加哥大学负责处理数据. FIMS 的测评对象包括十三岁学生和非数学专业大学预科生，参与国有澳大利亚、比利时、芬兰等十二国. 由于数学的国际通用性，数学教育成就可比性强, FIMS 的研究引起一些国家高度关注，美国《时代周刊》《纽约时报》特意将其研究结果列为头版新闻予以报道. 时任 IEA 主席 Husen T 和后任

IEA 主席 Purves A C 都认为，这次研究对消除当时风靡全球的"新数学运动"的影响也起到积极作用. FIMS 的研究成果最后集结成《国际数学成绩研究：十二国比较》.

1976～1984 年, IEA 又组织了"第二次国际数学研究"(Second International Mathematics Study, SIMS). SIMS 不再限于各国数学教育成就的横向比较，还对照 FIMS 的结果进行纵向分析. SIMS 有简化研究和动态研究两种形式，美国、英国、法国、日本等二十国参加了简化研究，其中八国还参加了动态研究. 1987 年出版的三本专著：《第二次国际研究：国际数学课程分析》《第二次国际数学研究：学生的成长与中学低年级的课堂教学》《第二次国际数学研究：二十国的学生成绩》从三个侧面对 SIMS 的研究成果进行了总结.

1984 年，中央教育科学研究所以团体会员身份加入 IEA，成为中国 IEA 国家中心，并参加由 IEA 组织的"第二次国际科学研究"(Second International Science Study, SISS) 的相关活动，由此开启我国在教育测评领域与国际社会的合作、共享与共进.

20 世纪 90 年代后，随着参与国家数量的不断增加以及新兴测量技术的发展和运用，国际大规模测试的研究水平和影响力有了显著提升. 通过不同教育系统下学生教育成就的比较以及影响因素的分析，国际大规模测试能为评估学校系统的质量、公平和效率提供全球基准，帮助参与国评估和监控国家教育体系. 同时，国际比较测试结果也成为各国制订教育改革政策和推动相关课程发展的重要依据.

TIMSS 和 PISA 是当前最为活跃、最具代表性的国际学生测试项目，表 6-3 提供了它们的一些基本情况.

表 6-3　TIMSS 测试与 PISA 测试比较

	TIMSS	PISA
全称	Trends in International Mathematics and Science Study	Program for International Student Assessment
组织者	IEA (International Association for the Evaluation of Educational Achievement)	OECD (Organization for Economic Cooperation and Development)
参与国	包括发达、中等发达和发展中国家，2015 年发展至 64 个国家或地区，我国香港和台湾都参加过 TIMSS 测试	以 OECD 国家为主，2015 年发展至 72 个国家或经济体. 2006 年北京、天津、潍坊参加测试，2009 年和 2012 年上海参加测试，2015 年北京、上海、广东、江苏参加测试
起始年份	1995 年	2000 年
测试目的	评价学校特定课程学习的成就	评价现实生活和终身学习所必需的知识和技能
测试对象	四年级 (10～11 岁) 和八年级 (14～15 岁) 学生 以班级为单位	15 岁 3 个月～16 岁 2 个月的学生 以学校为单位
测试内容	数学 (mathematics)、科学 (science)	阅读、数学、科学
测试时长	四年级总测试约 5.5 小时，每个学生约 1.5 小时； 八年级总测试约 7 小时，每个学生约 2 小时. 数学和科学各占一半时间	总测试约 6.5 小时. 其中，主测试 (principal domain) 约 4 小时，其他测试各约 1 小时. 每个学生约 2 小时
测试方式	纸笔测试，也使用调查问卷采集有关学生、教师、学校、课程的背景数据	纸笔测试，也使用调查问卷采集有关背景数据，并侧重主测试方面的信息，还提供可选模块
评估周期	四年一次，四年级和八年级同时进行，数学和科学同等评价	三年一次，每次同时评价三种素养，主测试素养每次轮换
评估报告	数学和科学各以不同年级分开报告，结论基于所有参与国或地区	数学、科学和阅读素养合在一起报告，结论主要基于 OECD 国家

续表

	TIMSS	PISA
数学测试框架	Content Domain: (4th Grade) Number, Geometric Shapes and Measures, Data Display; (8th Grade) Number, Algebra, Geometry, Data and Chance Cognitive Domain: Knowing, Applying, Reasoning Item format: Multiple-choice (Four response options, Compound), Constructed-response (1 point, 2 points)	Content: (Knowledge of Mathematics) Change and relationships, Space and Shape, Quantity, Uncertainty and data. Cognitive processes: Formulating situations mathematically; Employing mathematical concepts, facts, procedures, and reasoning; Interpreting, applying, and evaluating mathematical outcomes. Situations/Contexts: Personal, Occupational; Societal, Scientific. Item format: Multiple choice, Open-constructed response, Closed-constructed response

注: +表示 2012 年开始新增财经 (financial literacy) 测试.

第 7 章　教育调查问卷的开发

调查研究是通过搜集研究对象的有关事实材料，从而形成科学认识的研究方法①．调查研究搜集材料是借助调查工具进行的，常用的调查工具有：调查表、调查问卷、测量量表、访谈提纲等．问卷调查和测量调查由于具有省时省钱、方便可靠、易于处理等优点，在教育测评和教育实证研究中得到了广泛应用，是最基本的调查方法②．测量量表在前面章节已有涉及，本章主要讨论调查问卷的开发技术．

7.1　调查问卷的结构

调查问卷(questionnaire)是调查者编制的、交由受访者填写的书面的问题表格．一份完整的问卷由标题、导语、问题和结语四部分组成．

标题指明调查地域、调查总体、调查主题等内容．

导语在问卷开始，包括调查说明和答题说明两方面内容．调查说明的内容有：调查者身份、调查来源、调查目的、调查意义、调查内容、调查对象选取方法、调查结果评价与使用、匿名措施与保密承诺、调查耗时、请求与感谢、反馈与联系方式等．如是留置调查，还应加注收回时间．答题说明的内容有：填写方式、注意事项、专业术语释义与限定等．导语起着沟通的作用，可消除受访者的疑虑，利于受访者的合作，以便能够获得真实可靠的资料.导语的表述应尽可能简明扼要，字数控制在 300 字内．

问题是问卷的主体部分，它根据调查目的编制而成．

调查问题形式上可以分为封闭式问题、开放式问题和混合式问题．封闭式问题(closed-ended question)既提出问题也提供备选答案，只需受访者从中挑选一项或多项作为回答；开放式问题(open-ended question)只提出问题不列答案，需要受访者组织语言自由作答；混合式问题是一种折中形式，它也提供答案，但答案不完整．常见的做法是在备选项中列有“其他”项，被调查者如选择还需对其内容作具体说明．

封闭式问题具备问卷调查的所有优点，是调查问题的基本形式．开放式问题可以深入了解被调查者的看法，得到事先估计不到的材料．缺点是数据无编码难以整理统计，观点分散难以获得规律．因此，开放式问题多用作预调查或辅助性调查．由于同样的原因，混合式问题也只是偶尔采用．只包含封闭式问题的问卷也称为结构化问卷(structured questionnaire)，结构化问卷是调查问卷的主要形式．

封闭式问题还可以进一步细分为是非式问题、排序式问题、程度式问题和选项式问题．是非式问题需要被调查者作出是或否的判断；排序式问题需要被调查者按照一定标准排出等级

---

① 调查研究法也有人称为间接观察法．

② 问卷调查和测量调查还是有很大不同的．同为调查，两者的效度都要受制于被调查者的合作程度，但测量调查需要被调查者作出的努力更大，而问卷调查则往往会因人而异有不同的评判标准．

或顺序；程度式问题需要被调查者作出某方面(如满意度、认同度、重要度、符合度等)程度差异的判断[①]；选项式问题是其他的封闭性问题.

调查问题内容上可以分为背景性问题、甄别性问题和主题性问题. 背景性问题用来搜集被调查者必要的个人信息，包括：性别、年龄(年级)、学历、种族、民族、婚姻、职业、宗教信仰、党派团体、职务职称、个人收入、居住地区、家庭人口、家庭类型、家庭收入等. 背景性问题常置于问题最前面；甄别性问题用来辨别被调查者是否认真回答，为分析和整理问卷提供依据，甄别性问题编排时要分开放置；主题性问题是有关调查主题的问题，可以包括：事实性问题[②]、行为性问题、动机性问题、态度性问题、信念性问题、归因性问题等.

结语在问卷最后，可以包括致谢及提示两方面内容.

案例 7-1　武汉市高中生数学学习兴趣情况调查

亲爱的同学：

你好！我是武汉市教科院数学教研员. 为了了解我市高中生数学学习的兴趣及其原因，组织了本次问卷调查. 问卷不记名，答案无所谓正确，花费你大约 15 分钟时间. 为保证调查的准确性和有效性，请你根据实际情况填写问卷. 我们承诺对你提供的信息完全保密，非常感谢你的配合.

问卷说明：请在每道题的 A, B, C, D 四个选项中选出你认为合适的答案，写在后面的括号内.

(调查问题部分省略)

结语：对于你所提供的协助，我们表示诚挚的感谢！为了保证资料的完整与翔实，请你再花 1 分钟，翻一下自己填过的问卷，看看是否有填错填漏的地方，谢谢！

7.2　调查问卷的编制

编制调查问卷是一项技术含量高的专业活动，它需要丰富的经验和高超的智慧. 其中，调查问题的设计是关键，问题设计合理与否直接决定问卷质量的高低.

7.2.1　问题设计的基本要求

调查是沟通的艺术. 设计调查问卷的一个基本出发点是要充分尊重被调查者的感受，理解被调查者的思路，方便被调查者思考. 具体而言，调查问题的设计应该满足如下基本要求.

(1) 语句简单. 调查问题表述要简单，一般应采用不完整的简单陈述句或简单疑问句两种句式. 其中，不完整陈述句添上备选项后应能完整；简单疑问句要尽量不用否定词，特别是应避免采用多重否定.

(2) 语义清晰. 调查问题不能过于抽象，应尽量明确化、具体化. 调查问题不能产生歧义，不能把多个问题合并成一个问题来提问. 理解可能有出入的词语，使用时要加以注释说明.

---

① 程度式问题的备选项多采用利克特选项. 利克特选项(Likert item)对程度式问题采用 5 个等级回应，其中视觉表示通常就是一条有 5 个刻度的量尺，量尺两端标记两个极端的等级名称，被调查者以画圈或点选的方式来作答. 为了避免趋中倾向，利克特选项有时也采用 4 级，此时被调查者需要作出强迫选择. 只由利克特选项构成的量表称为利克特量表(Likert scale)，利克特量表给 5 个选项分别赋予 1～5 分之后采用加总方式来计分.

② 事实性问题有七个要素：何时、何地、何人、何事、何法、何因、何果.

(3) 语词恰当. 调查问题语言运用要适合被调查者的知识水平、理解能力和职业特点, 应避免使用新名词、新概念以及生僻词语, 尽量做到通俗易懂, 简化处理.

(4) 选项合理. 调查问题的答案选项应尽量完备, 同时防止出现交叉和重叠. 选项分类标准要清楚, 有序的话按序排列, 无序的话随机排列.

(5) 价值中立. 调查问题应避免引证权威论断, 也不要把个人的认识、观点和价值判断包含其中, 以免对被调查者形成诱导和暗示, 导致特定有倾向性的回答.

(6) 数量适当. 调查问卷不能冗长, 要注意保持受访者的回答兴趣和认真态度. 一般来说, 问题数量不宜超过 50 道, 答题时间宜控制在 20～30 分钟. 形异质近的问题可以合并, 可问可不问的问题最好删除, 查阅资料才能回答的问题尽量避免.

(7) 排列有致. 问题排列不能随意, 应前后衔接, 过渡自然, 由浅入深, 由表及里, 逻辑连贯, 层次分明, 便于受访者回答. 提问内容相近或相关的问题要相对集中, 应答方式相同或相似的问题要统一编排. 容易回答的问题在前, 不易回答的问题在后; 引起兴趣的问题在前, 引起紧张的问题在后; 涉及他人的问题在前, 涉及受访者自身的问题在后; 概括性问题在前, 细节性问题在后; 事实性问题在前, 观点性问题在后; 分项类问题在前, 综合类问题在后; 封闭式问题在前, 开放式问题在后.

针对实践中存在的问题, 我们编写了“问卷设计二十条‘军规’”, 供大家参考.

问卷设计二十条“军规”

01 问要问的问题而非想问的问题
02 问受访者能够理解的问题
03 问受访者一致理解的问题
04 问受访者能够知道的问题
05 问受访者愿意回答的问题
06 问用语简短的问题
07 问语义确切的问题
08 问前提明确的问题
09 问指向单纯的问题
10 问差异区分的问题
11 尽量避免否定式问题
12 尽量避免相倚性问题
13 尽量避免诱导性问题
14 尽量避免敏感性问题
15 尽量避免假设性问题
16 尽量避免二手性问题
17 尽量避免归因性问题
18 尽量避免方案性问题
19 问题按漏斗形编排
20 问答不超过半小时

7.2.2 敏感性问题的设计

敏感性问题 (sensitive question) 是指因涉及被调查者隐私或利益而不愿或不便公开回答的问题. 这类问题若直接询问易引起被调查者警惕和反感, 被调查者往往会拒绝回答, 或采取敷衍、虚假的方式回答, 从而使得调查无法得到真实的数据. 教育问卷调查有时也不可避免涉及一些敏感性问题, 如学生早恋问题、学生心理疾患问题、学生考试作弊问题、教师教学满意度调查、教师灰色收入等.

设计敏感性问题要格外谨慎, 贴心的话语和委婉的措辞在一定程度上能够消解问题的敏感性, 这样的方法主要有: 宽解法、假设法、转移法、影射法、模糊法等.

宽解法即在敏感性问题提出时, 先作出适当说明以营造尊重包容的氛围, 消除受访者的心理防卫.

例 7-1　同样的问题有不同看法是很正常的现象. 你认为师生恋是可以理解的吗?

例 7-2　麻将是人们喜欢的娱乐活动, 你一周玩几次?

例 7-3　广告网页让人防不胜防, 你浏览过吗?

假设法即采用一个假定条件作为前提, 再询问被调查者的看法.

例 7-4　假如有道题你不会, 你会抄其他同学的吗?

转移法即采用第三人称方式提问, 将本由被调查者根据个人情况作答的问题转移到根据他人情况作答.

例 7-5　有同学来不及做作业, 他可以抄其他同学的吗?

影射法即采用旁敲侧击的方式, 将敏感性问题替换为一个与之关联的问题进行提问, 根据作答再进行推断.

例 7-6　你近期有哪些消费计划? (推测被调查者的存款数量)

模糊法即是降低对数据精度的要求, 对敏感性问题施行模糊化处理, 以达到降低敏感度的目的.

例 7-7　你每月收入属于哪个范围?

更为科学和成熟的"脱敏方法"是随机化选答技术(randomized response technique, RRT). 由于随机装置的引进, 这一技术能最大限度为受访者保守秘密, 更易获得受访者的信任和合作. 随机化选答技术主要来源于两个模型: 沃纳模型和西蒙斯模型.

沃纳模型(Warner model)①的设计思想是: 根据敏感性特征设计两个对立问题, 让被调查者按随机装置确定的概率从中选答一个. 调查者无权过问被调查者究竟回答的是哪一个问题, 从而起到为被调查者保密的作用.

西蒙斯模型(Simmons model)②的设计思想与沃纳模型大致相同, 只是改用无关问题代替敏感性问题中的一个③. 选用的无关问题一般应是容易获得样本特点的问题, 如生日、性别等.

利用沃纳模型和西蒙斯模型, 调查者虽然并不知道被调查者个体的个别情况, 但却能够推断被调查者群体的整体情况.

例 7-8　某校教务处欲调查某次考试学生作弊的情况.

(1) 调查者利用沃纳模型设计了两个问题:

问题 A: 你在这次考试中有过作弊行为吗?

问题 B: 你在这次考试中没有作弊行为吗?

(2) 调查者利用西蒙斯模型设计了两个问题:

问题 A: 你在这次考试中有过作弊行为吗?

问题 B: 你出生在九月吗?

随机抽取 200 名学生作为样本, 都得到 60 个肯定回答. 假设随机装置设定回答两个问题的机会均为 3∶1, 请估计作弊学生的比例分别是多少.

---

① Warner S L. Randomized Response: A survey technique for eliminating evasive answer bias. Journal of the American Statistical Association, 1965, 60(309): 63-69.

② Simmons W R, Horvitz D G. The unrelated question randomized response model. Proceedings in the Social Statistics Section American Statistical Association, 1967: 65-72.

③ 后来有人又对西蒙斯模型作了改进, 不再另行设置无关问题, 而是改由随机装置按一定概率要求被调查者直接回答是或否.

解　(1) 设学生作弊的概率为 p, 利用全概率公式, 有 $\frac{3}{4}p+\frac{1}{4}(1-p)=\frac{60}{200}$, 所以 $p=0.10$. 也就是说, 10% 的学生有作弊行为.

(2) 设学生作弊的概率为 p, 利用全概率公式, 有 $\frac{3}{4}p+\frac{1}{4}\times\frac{1}{12}=\frac{60}{200}$, 所以 $p=0.37$. 也就是说, 37% 的学生有作弊行为.

7.2.3　调查问卷的生成

调查问卷的生成可以是归纳式的, 也可以是演绎式的.

归纳式是“自底向上”的问卷生成方法. 它是指在明确调查目标的基础上, 首先草拟调查问题, 经过筛选精简后, 再根据调查问题建立调查分析框架. 草拟调查问题可基于文献检索和专家讨论, 也可运用头脑风暴法.

所谓头脑风暴 (brain-storming), 最早是精神病理学上的用语, 指对于精神病患者的精神错乱状态而言的, 如今转而为无限制地自由联想和讨论, 其目的在于产生新思想. 采用头脑风暴法草拟调查问题, 需要集中有关专家召开专题会议, 小组人数 10～15 人, 时间 20～60 分钟. 会议主题提前通报给与会人员, 让与会人员有一定准备. 会议设主持人一名, 主持人只主持会议, 对专家意见不作评论; 设记录员 1～2 人, 要求认真将与会人员每个观点不论好坏都完整地记录下来. 头脑风暴法讲究庭外评判、以量求质、地位平等等原则, 提倡各抒己见、自由发表、尽情发挥, 强调相互启发、相互补充、相互激励.

演绎式是“自顶向下”的问卷生成方法. 它是指在明确调查目标的基础上, 首先设计调查子项, 定义子项特征, 经过分析后, 再逐级细化为具体可观测或可感知的外显行为和心理现象, 直至转化为调查问题, 经筛选精简后成卷.

问卷生成后, 可从总体样本中抽取 30～50 人进行测试, 以检查问卷表述的方式和内容能否被受访者所理解, 并求出初步的信度和效度. 再根据测试结果, 对导语、问题内容、提问方式、问题和选项的排列方式加以修订或补充. 必要时, 可再进行测试, 直至满意为止.

案例 7-2　关于大学生学习动机的调查研究①

调查目的: 了解当前大学生学习动机的现状及其影响因素, 研究其发展变化的心理规律, 以培养和激发大学生学习动机, 调动学习积极性, 提高学习的心理效益和社会效益.

取样: 为保证样本的代表性, 从全国各地的综合大学、工、农、医师、民族、部队各类院校中抽取 11 所大学 1679 名来自不同专业、不同年级、不同性别的大学生.

调查研究的问题: ① 大学生学习动机特点, 包括总体层次特点、具体内容特点、系科特点、年级特点和性别特点等; ② 大学生学习动机的影响因素, 广泛涉及内外部因素及动机本身因素; ③ 大学生学习动机的培养和激发.

调查形式: 结构型问卷调查.

按照研究目的、问题以及所掌握的初步材料, 根据小范围座谈会搜集的有关材料, 整理出大学生学习动机的几个层次, 具体包括: ①奉献; ②作为; ③完善; ④充实; ⑤丰富; ⑥社会提高; ⑦社会相符; ⑧恋爱与生活; ⑨社会安全. 每个层次又具体分为若干个项目, 每个项目内容尽可能选用访谈搜集的原始材料. 如奉献层次列举六项: “努力学习

① 李庆善, 石秀印, 杨宜音. 关于大学生学习动机的调查研究. 江西教育科研, 1988, (3-4).

才无愧于时代的要求”“以知识为人类造福，才能实现大学生的价值”“学习是为了对人类进步有所贡献”“作为一个大学生，就应该为振兴中华、实现四化而学习”“努力学习为祖国争光”“实现共产主义理想，是我们学习的最终目的”.

在以上工作基础上着手设计问卷，然后在小范围内试查. 将试查结果进行分析整理，找出主要项目，合并相近项目，对问卷项目进行修订，最后形成 35 个题目的问卷以调查大学生的学习动机.

7.3 调查问卷的发放与回收

问卷设计好以后，一般采用当面填答或组织分发的方式进行调查. 两者回收率都比较容易保证. 前者取样有限，但过程可控，也便于取得合作；后者取样多样，但容易失控，数据可靠性不高.

问卷发放已开始向网上发展. 问卷星是当前比较流行的网络调查工具. 利用问卷星，可以自助创建线上调查，自行发布问卷链接，自动采集处理数据，自由查看统计结果. 与传统方式相比，网络调查具有易用快捷、成本低廉的明显优势.

问卷回收后，要通过人工判读的审查后才能采用. 未达标准的问卷也称为无效问卷. 具备下述特征之一的问卷可判定为无效问卷:

(1) 漏答超过总题数的 15% 或连续漏答 3 题以上;

(2) 甄别性问题的回答自相矛盾;

(3) 单选题填答多个选项;

(4) 和同批次其他样本填答大致一致;

(5) 选项填答有规律性，如绝大多数选择某个选项或按一定周期选择选项;

(6) 同质或异质问题的回答难以协调.

剔除无效问卷后，要统计有效问卷的回收率. 一般来说，回收率如果仅 30%左右，资料只能作为参考; 50%以上，可以采纳建议；只有达到 70%以上，方可作为研究依据.

如果有效问卷的回收率低于 70%，要再发问卷(follow-up)进行补充调查. 为保证结论的可靠性，如果有可能，还可以做小范围的跟踪调查，了解未回答那部分被调查者的基本看法，以防止结果分析的片面性.

第 8 章　教育评价量表的建构

教育评价量表是教育评价的工具. 编制教育评价量表, 有利于提高评价的客观性、全面性、科学性和可行性, 是实施教育评价的关键步骤. 当前教育评价量表的应用范围越来越广泛, 几乎渗透到教育的各个领域.

制订教育评价量表即要建立评价指标体系, 评价指标体系结构上包括评价指标、指标权重和评价标准三个部分. 本章主要讨论评价指标与评价指标体系的概念及三个结构要素的建构方法.

8.1　评价指标与评价指标体系

评价准则 (evaluation criteria) 是对评价活动内容或质的方面的规定, 规定评价活动评什么、不评什么. 评价准则是评价方案的核心部分. 教育评价准则集中反映了一定时期内人们对教育活动的规律及价值的认识.

评价指标是评价准则最常用的表述形式. 从评价学观点看, 评价指标 (evaluation indicator) 是具体化、行为化和操作化的评价准则, 是根据可测或可观察的要求而确定的评价内容. 例如, 学生是否具有理性精神, 这是数学学习评价关注的一个重要问题. 实践表明, 人的思想是无法直接测量的. 到目前为止, 人们还无法观察到思想, 无法观察到别人在想什么或怎样想. 但我们知道, 人的言行是受思想影响的, 因而, 可以通过观察他的言行来了解他的思想. 也就是说, 诸如外在行为等具体化的东西为诸如内在思想等抽象化品质的评判提供了渠道和方法. 设计评价指标就是要用外在的行为来反映内在的思想, 用具体的项目来反映抽象的内容, 以便为评价活动的有效开展提供一条便利的途径. 总的说来, 评价指标便于观察测量, 定量处理, 误差较小, 易于综合, 但同时设计起来也比较困难.

评价指标有具体化程度的不同, 可逐级细化分成一级指标、二级指标……从而组成评价指标体系 (system of evaluation indicator). 表 8-1 是教育评价指标体系的一个示例.

教育评价指标体系有三个构成要素: 评价指标、指标权重、评价标准, 它们规定着具体教育评价的范围、配比和尺度. 教育评价指标体系是教育评价的依据.

表 8-1　教育评价指标体系示例

一级指标	二级指标	三级指标
教学质量 F	教学内容 F_1(0.3)	完成教学大纲要求 F_{11}(0.4)
		处理教材深度的适合性 F_{12}(0.3)
		课程进度和学习负担的合理性 F_{13}(0.2)
		理论联系实际 F_{14}(0.1)
	教学方法 F_2(0.2)	思路清晰、概念准确、重点突出 F_{21}(0.3)
		注意启发、促进思维、培养能力 F_{22}(0.3)
		语言精练、形象生动、板书工整 F_{23}(0.2)
		指导学习方法, 注意因材施教 F_{24}(0.2)

续表

一级指标	二级指标	三级指标
教学质量 F	教学态度 F_3(0.2)	备课充分, 讲解熟练 F_{31}(0.3)
		辅导耐心, 批改作业认真 F_{32}(0.3)
		严格要求, 教书育人 F_{33}(0.2)
		勇于创新, 不断改进教学 F_{34}(0.2)
	教学效果 F_4(0.3)	考试成绩 F_{41}(0.4)
		课堂纪律 F_{42}(0.2)
		平时作业与测验 F_{43}(0.3)
		学生分析问题、解决问题的能力 F_{44}(0.1)

8.2　评价指标的设计

如前所述, 评价指标是一种具体化、现象化的评价准则, 因此, 从根本上来说, 对评价属性加以具体化是设计指标的基本方法. 具体说来, 有下述三种方法可供选择.

第一种方法, 从分析事物内涵入手, 把评价事物本质属性的可观察的现象性外观表现确定为指标. 这是一种最简洁、最有效的方法.

第二种方法, 从分析事物联系入手, 把评价事物变化所产生的效应确定为指标. 比如, 为了评价教师的教学质量, 有学校实行“挂牌教学”, 即几个教师同开一门课, 由学生选听, 然后学校根据听课学生的人数, 对教师的教学质量作出判断. 学生听课人数的多少本身并不是教学质量, 而是教学质量高低引起的不同效应. 根据听课学生人数的多少来判断教学质量的高低, 就是根据事物的效应对它作出评判.

第三种方法, 从分析事物联系入手, 把和评价事物有关的因素群确定为指标. 比如, 在评价教师的教学质量时, 通过评价教师的教学态度、教学内容的选择、教学组织和教学方法等因素, 将这些方面综合起来以形成对教学质量的评判. 无论是教学态度、教学内容还是教学组织和教学方法, 每一因素本身都不能代表教学质量, 但教学质量的高低又的确受上述各因素的影响, 离不开上述各因素的作用.

第一种方法最直接, 也最有效. 第三种方法最有缺陷, 也最不经济. 原因是这种方法未能抓住事物的本质, 各种因素中往往还包括一些实际上并不重要的甚至是无关的因素, 这既影响到效度同时也增加指标的数量. 尽管如此, 第三种却是目前用得最多的方法.

评价指标体系的设计对整个评价活动具有决定性影响. 为了提高它的科学性, 设计工作者要注意处理好以下几组关系.

第一, 具体与抽象的关系. 指标是具体化的评价准则, 为了减少评价人员在评价过程中可能产生的误差, 减少主观臆断的成分, 提高评价的信度或可靠性, 人们总是希望评价的指标越具体越好. 具体的、可观察的东西大家都看得见, 评价者之间分歧的意见也少. 比如, 评判一个人的团队精神, 因为被评属性很抽象, 人们无法对此作出直接的观察, 因而评价过程难免带有主观性, 评价者之间的评分不一致性也可能较高. 相反, 评测一个人参加集体活动的次数, 由于被评属性具体, 人们很容易观察和记录, 因而客观性就较高, 评分结果之间差异就不会太大. 因此, 就提高评价的客观性和可靠性而言, 具体的指标是有利的.

但是也要清楚地认识到，具体的东西往往并非我们要评价的东西，而只是与我们要评价的属性有关的某种效应和某种关联的因素．这就产生了一个实际评价的东西与我们真正想要评价的东西之间是否完全一致的问题，即评价的效度问题．而且，具体和抽象是相对的，从抽象转化为具体可能有多个层次，指标越具体，它经过的具体化的环节越多，受到的干扰也可能越大，效度就可能越低．因此，在对评价对象进行具体化处理过程中，绝不能迷失了本意．这就是说，当具体的指标确实与被评对象相一致，干扰因素能得到有效控制，效度可得到基本保证时是可取的．反之，则不应过分强调这种具体化．

第二，独立与相关的关系．评价指标体系是由一组相互间有着紧密关系的指标结合而成的．为简便易行，一般情况下评价指标系统内的各项指标最好应是相互独立的．也就是说，同一层次的各项指标之间应互不重叠，不存在因果关系．评价指标不独立会造成指标冗余．冗余指标的存在，一方面增加了评价的工作量，降低了评价的可行性；另一方面，重复的指标被重复进行评分，这实际上也是加大了它的权重．

对于独立性的要求不能绝对化．在某些特殊情况下，比如，人事决策的场合，具有一定重复性的相关指标是有用的．也就是说，为了提高评价的可靠性，也使用两条或更多条相关的指标去测试对象的同一属性．当然，在这种情况下必须注意前面提到的两个问题：一是要有较富裕的信息资源和人力、物力；二是要合理分配权重．

第三，定性与定量的关系．在评价指标体系的设计中，应尽可能地使用一些可定量处理的指标，或尽可能地为指标找到定量处理的途径．这样做，有助于提高评价的精确性、客观性，有助于作出明确的等级区分．但同时也要看到，由于教育活动的极端复杂性，以及我们对教育活动中各种因素相互关系的认识相对地说还很肤浅，因此，在评价中纯客观的方法往往导致有意或无意忽视一些很难量化的方面，而这些方面对教育活动来说具有极为重要的影响，离开了这些方面的评价，教育评价是不全面的．因此，在评价中片面强调定量是不适当的．

案例 8-1　数学试卷评价若干主要问题的评价参考指标[①]

(1)政治性问题

◎无与我国宪法和法律、法规相抵触的内容．

◎无违背党的现行路线、方针、政策的内容．

◎无违背党和政府对重大历史问题已有结论的内容．

◎无涉及宗教、民族、种族禁忌的内容．

◎无违背我国外交政策的内容．

◎无与维护我国国家主权、领土完整原则相悖的内容．

◎无渲染灾害、灾难以及社会阴暗面的内容．

◎无涉及色情、暴力等不健康话题的内容．

◎无不当评价各民族的历史文化、传统习俗的内容．

◎无歧视残障群体的内容．

(2)公平性问题

◎无影响不同年龄、性别考生作答的倾向．

① 摘自：任子朝，孔凡哲．数学教育评价新论．北京：北京师范大学出版社，2010: 383.

◎无影响不同民族、种族考生作答的倾向.

◎无影响不同家庭背景考生作答的内容.

◎无影响城乡之间及不同地区之间考生作答的内容.

(3)科学性问题

◎试题内容符合考试大纲或考试说明的要求.

◎试卷结构符合考试大纲或考试说明的规定.

◎试卷难易适度, 各种难度的试题比例适当.

◎所考查的内容在学术上没有争议.

◎试题符合相应题型的编制要求.

◎试题为原创性作品.

◎试题之间没有相互提示的内容.

◎试题参考答案科学、准确, 没有争议.

◎评分参考的赋分合情合理, 便于操作.

◎主观题、计算题已考虑一题多解的问题.

◎选考题各题难度相当.

(4)技术规范问题

◎卷头密级、使用时间、考试项目名称、科目(课程)名称及代码、试卷总分及页码说明、总答题时间与各部分答题时间、得分栏符合要求.

◎密封线内(考生姓名、报考单位、准考证号或考生编号)各项符合要求.

◎指导语(题型说明、题量、小题分、满分)和答题要求明确.

◎大题(部分、节)编号、小题流水号正确.

◎选择题备选项代码按 ABCD…顺序排列并一致, 且没有重复或遗漏.

◎试卷分数汇总栏中题号、题分与每大题的分数一致.

◎试卷总分、每大题分数与每小题分数的累加和一致.

◎试卷版面设计规范、布局合理, 有利于学生作答.

◎试题图表大小、格式、序号规范一致.

◎页面设置行距、字体、字号、间隔等正确.

◎文字下划线、着重号等标注完整清晰.

◎试题作答预留空间合适.

◎页脚(页眉)中课程名称、页码说明正确且全卷统一.

◎试题和参考答案中的汉字、标点符号、数字、外文字母、名词术语、人名、地名、量和单位、插图、插表等符合国家标准、行业规范和命题手册的要求.

◎参考答案的卷头、题号、分值、答案与试卷、答题纸一一对应.

◎参考答案中选择题的正确答案代码随机排列并出现概率相近, 且与试题一致.

◎非选择性试题的答案和评分参考呈现形式规范一致.

◎评分参考中各得分点之和等于小题分值; 各小题分值之和等于所在大题分值; 各大题分值之和等于试卷总分.

◎答题纸(卡)的卷头、题号、分值、答题留空等与试题一一对应.

8.3　指标权重的分配

评价指标的权重(weight)是评价指标相对重要性程度的数值表示. 权重值越大, 指标越重要. 所有评价指标的权重构成评价指标体系的权集. 一般要求, 指标权重的取值范围在 0 到 1 之间, 同级指标的权重之和为 1.

任何事物都处于和其他事物的相互联系与相互制约之中, 权集正是事物普遍联系与制约的具体反映. 如果说教育评价指标体系反映了人们对被评属性的种类与性质的认识, 那么, 教育评价指标体系的权集则是将这些分散的, 但在客观上有着紧密联系的评价指标联系起来. 一个评价指标的权重既表明它在评价指标体系中的地位, 又表明这一指标与其他诸指标之间的相对关系. 本质上, 权集就是对指标之间联系形式或关系形式认识的凝聚物.

权集构造技术已成为当前评价学研究的重要课题. 下面介绍三种分配指标权重的常用方法.

1) 德尔斐法

德尔斐法(Delphi technique)是 1950 年美国著名咨询机构兰德公司开发的一种专家咨询法. 其方法是: 先以匿名函询的方式向不同类型专家分发咨询表, 意见收回经组织者统计整理后, 再将汇总结果反馈给专家, 并请专家进一步论证形成新的意见. 如此反复多次, 专家意见就会渐趋一致.

咨询表可以用来筛选指标和分配权重. 筛选指标所用的咨询表, 一般列出初步拟订的若干(如 10 项)指标, 请专家从中挑选出他认为必不可少的指标, 也可适当增加新的重要指标(如限定不超过 5 项), 或者请专家按重要性对指标进行排序, 汇总出名列前茅的几项指标. 分配权重所用的咨询表, 一般列出已确定的若干指标, 请专家就其重要性发表看法, 指标的重要性程度可分为很重要、重要、一般三种. 有时也可请专家判断指标的相对重要性, 指标的相对重要性程度可分为很重要、重要、一般、不重要、很不重要五种. 最后, 组织者删除被多数专家列为不重要的指标后, 对保留的指标按一定规则分配权重.

与常用的专家会议法相比, 德尔斐法的优点表现为: 采用向局外专家咨询的形式减少了内部人员因有切身利害关系可能带来的偏差; "背对背"的通信咨询方式, 可以免除权威人士的威望影响和其他干扰; 咨询专家可以更广泛, 权威性也可以更高; 有控制地多次反馈, 对问题的探讨可以较为深入; 咨询的结论便于定量处理. 总体上说, 德尔斐法是一种比较科学客观、简单易行的方法, 目前在国内外都得到广泛的采用.

2) 关键特征调查法

关键特征调查法是请调查者从所提供的备择指标中找出最关键、最具特征的指标, 经指标筛选后确定指标的权重.

关键特征调查法与德尔斐法很相似, 主要差别在于: 调查不限于专家, 调查样本更大; 调查不进行多次反复而是一次完成, 调查过程相对简单. 关键特征调查法结论的权威性不如德尔斐法, 但它具有更广泛的群众基础和民主性. 关键特征调查法可作为德尔斐法的补充和验证.

表 8-2 给出了关键特征调查法处理数据的过程.

表 8-2　关键特征调查法示例

备择指标	F_1	F_2	F_3	F_4	F_5	F_6	F_7	F_8	F_9	F_{10}
选择人数	228	517	265	389	121	86	117	89	329	18
指标筛选	✓	✓	✓	✓	✘	✘	✘	✘	✓	✘
指标权重	0.13	0.3	0.15	0.22	—	—	—	—	0.2	—

3) 萨蒂法[①]

萨蒂(Saaty)法也称层次分析法(analytic hierarchy process, AHP)，是 1970 年由美国运筹学家 Saaty T L 提出的.

萨蒂法认为，较之评价指标本身，评价指标的相对重要程度[②]是一种更加客观的存在，更容易找到它们. 萨蒂法要求咨询人员对同一层次的评价指标两两比较其重要程度，并按指标相对重要等级表(表 8-3)赋值. 之后，组织者的任务就是要由评价指标的相对重要程度得到评价指标的权重.

表 8-3　指标相对重要等级表(Saaty T L)

指标相对重要等级	含义	说明
1	同等重要	
3	略微重要	
5	重要	
7	重要得多	
9	极端重要	
2, 4, 6, 8	介于两个相邻程度之间	需要折中时采用

设评价空间包含 n 个评价指标，它们的权重为 $\alpha=(\alpha_1, \alpha_2, \cdots, \alpha_n)^{\mathrm{T}}$. 若

$$B=\begin{pmatrix} \dfrac{\alpha_1}{\alpha_1} & \dfrac{\alpha_1}{\alpha_2} & \cdots & \dfrac{\alpha_1}{\alpha_n} \\ \dfrac{\alpha_2}{\alpha_1} & \dfrac{\alpha_2}{\alpha_2} & \cdots & \dfrac{\alpha_2}{\alpha_n} \\ \vdots & \vdots & & \vdots \\ \dfrac{\alpha_n}{\alpha_1} & \dfrac{\alpha_n}{\alpha_2} & \cdots & \dfrac{\alpha_n}{\alpha_n} \end{pmatrix}$$

则 $B\alpha = n\alpha$.

也就是说，n 是相对权重矩阵 B 的一个特征根，同时权重向量 α 是这个特征根所对应的一个特征向量. 更进一步，还可以证明，n 是相对权重矩阵的最大特征根 $\lambda_{\max}$. 于是，我们可以利用 $|\lambda_{\max}-n|$ 表示相对权重矩阵偏离正常的程度. 当偏离较大时，建议专家对相对权重矩阵重新估定，直到满足一定精度要求，依据相对权重矩阵求得的最大特征根对应的特征向量即为估定权重.

8.4　评价标准的制定

量变引起质变，事物质变的临界点称为标准，或者说，标准是事物质变过程中量的规定性. 评价标准(evaluation standard)是区分评价对象不同表现水平的临界点.

教育评价是一种社会现象的评判. 教育现象的评价标准最显著的特点是它的社会性. 从表面上看，各种教育评价标准都是人们的主观规定或约定. 但进一步地分析可以发现，教育

---

① 层次分析法的更多介绍请参阅:

Saaty T L, Vargas L G. Models, Methods, Concepts and Applications of the Analytic Hierarchy Process. Boston: Kluwer Academic Publishers, 2001.

吴钢. 现代教育评价基础. 上海: 学林出版社, 1996: 130-132.

② 两个评价指标之间的相对重要程度即它们权重值之比.

评价标准其实也具有客观的内容. 例如, 为什么要把 60 分定为及格的标准? 这无非因为在社会平均智力发展水平、平均学习条件与学习紧张程度下, 大部分的学生都能达到或超过这一分数线. 有了这一认识, 再把它转化为相应的规定, 于是 60 分就成了及格线. 相反, 如果把及格标准定得过高或过低, 就会脱离学生发展的实际.

教育评价标准的社会性特点决定了教育评价标准的制定要以对教育现象的认识为基础. 也就是说, 教育评价标准应该由评价对象的总体数量特征来决定. 教育评价标准的社会性特点也决定了评价标准的制定不可能一蹴而就, 需要多次听取社会各界和学者专家的意见, 反复修改完善, 才可能达到比较合理的地步.

评价标准的制定包括四个方面的内容:

一是分解末级指标为若干观测点或者评价要点. 观测点是指能直接测评的、最基本的不可再分解的评价项目. 观测点是界定等级要求的基本要素. 表 8-4 是建立指标观测点的一个例子.

表 8-4　普通高等学校本科教学工作合格评估指标体系(2011 年)

一级指标	二级指标	主要观测点
1. 办学思路与领导作用	1.1 学校定位	观测点 1: 学校办学定位与学校规划
	1.2 领导作用	观测点 2: 领导能力 观测点 3: 教学中心地位
	1.3 人才培养模式	观测点 4: 人才培养思路 观测点 5: 产学研合作
2. 教师队伍	2.1 数量与结构	观测点 6: 生师比 观测点 7: 队伍结构
	2.2 教育教学水平	观测点 8: 师德水平 观测点 9: 教学水平
	2.3 培养培训	观测点 10: 教师培养培训
3. 教学条件与利用	3.1 教学基本设施	观测点 11: 实验室、实习场所建设与利用 观测点 12: 图书资料和校园网建设与利用 观测点 13: 校舍、运动场所、活动场所及设施建设与利用
	3.2 经费投入	观测点 14: 教学经费投入
4. 专业与课程建设	4.1 专业建设	观测点 15: 专业设置与结构调整 观测点 16: 培养方案
	4.2 课程与教学	观测点 17: 教学内容与课程资源建设 观测点 18: 教学方法与学习评价
	4.3 实践教学	观测点 19: 实验教学 观测点 20: 实习实训 观测点 21: 社会实践 观测点 22: 毕业论文(设计)与综合训练
5. 质量管理	5.1 教学管理队伍	观测点 23: 结构与素质
	5.2 质量监控	观测点 24: 规章制度 观测点 25: 质量控制
6. 学风建设与学生指导	6.1 学风建设	观测点 26: 政策与措施 观测点 27: 学习氛围 观测点 28: 校园文化活动
	6.2 指导与服务	观测点 29: 组织保障 观测点 30: 学生服务
7. 教学质量	7.1 德育	观测点 31: 思想政治教育 观测点 32: 思想品德
	7.2 专业知识和能力	观测点 33: 专业基本理论与技能 观测点 34: 专业能力
	7.3 体育美育	观测点 35: 体育和美育

续表

一级指标	二级指标	主要观测点
7. 教学质量	7.4 校内外评价	观测点 36: 师生评价 观测点 37: 社会评价
	7.5 就业	观测点 38: 就业率 观测点 39: 就业质量

注: 普通高等学校本科教学工作合格评估结论及其标准: 通过(39 个观测点中, 有 33 个及以上观测点达到基本要求); 不通过(39 个观测点中, 有 9 个及以上达不到基本要求); 暂缓通过(39 个观测点中, 有 7 个或 8 个达不到基本要求).

二是确定等级数量和等级标号. 等级是评价的档次, 标号是标记等级的符号. 评价等级越多, 评价精度越高, 但分等级太多又不易把握. 评价等级一般以 3～5 个为宜. 标号无独立意义, 可以使用文字, 如优、良、中、差, 或甲、乙、丙、丁, 也可以使用字母或数字.

三是界定等级要求. 等级要求规定什么样的行为尺度达到什么等级. 常见的等级要求可能是强度要求, 也可能是频度要求. 前者刻画规范化行为达到的程度, 后者刻画规范化行为出现的次数. 由于等级要求的文字描述很难精确化, 不同等级主要只能依靠限定语来加以区分, 因此, 为简便易行, 评价实践中很多时候只确定两类或三类等级要求. 介于其间的则由评价者自由裁量, 评为中间等级.

四是明确等级标度. 等级标度是不同等级所对应的数量值. 等级标度往往只赋予一个分数区间, 如优为 90～100 分, 良为 80～89 分, 中为 60～79 分, 差为低于 60 分. 每个评价对象的具体得分值, 则由评价者视评价对象的表现在相应等级区间内做适当微调.

等级数量、等级标号、等级要求与等级标度常常综合在一起考虑. 表 8-5 是一个简单的例子, 表 8-6 是一个综合的例子.

表 8-5　“求知好学”指标的评价标准

等级标号	等级要求	等级标度
A	缺乏求知欲望, 较长时间里求知热情低下	1～2 分
B	在教师、同学、家长督促下, 能激起求知欲望, 但求知热情不能持久	3～4 分
C	有自觉的求知欲望, 经常保持一定的求知热情, 肯动脑筋钻研学习问题	5～6 分
D	有较强的求知欲望, 保持较高的求知热情, 肯动脑筋深入钻研学习问题	7～8 分
E	有强烈的求知欲望, 保持旺盛的求知热情, 肯动脑筋刻苦深入钻研学习问题	9～10 分

表 8-6　2016 年高考作文等级评分标准(满分: 60 分)

		一等(16～20 分)	二等(11～15 分)	三等(6～10 分)	四等(0～5 分)
基础等级	内容 20 分	符合题意 中心突出 内容充实 思想健康 感情真挚	符合题意 主题明确 内容较充实 思想健康 感情真实	基本符合题意 中心基本明确 内容单薄 思想基本健康 感情基本真实	偏离题意 中心不明确 内容不当 思想不健康 感情虚假
基础等级	表达 20 分	符合文体要求 结构严谨 语言流畅 字迹工整	符合文体要求 结构完整 语言通顺 字迹清楚	基本符合文体要求 结构基本完整 语言基本通顺 字迹基本清楚	不符合文体要求 结构混乱 语言不通顺, 语病多 字迹潦草难辨
发展等级	特征 20 分	深刻 丰富	较深刻 较丰富	略显深刻 略显丰富	个别语句有深意 个别例子较好

第 9 章　教育评价的实用技术

教育评价是实践性很强的活动. 本章介绍教育评价的几种实用技术, 包括 S-P 表评价法、N 评价法、模糊综合评价法.

9.1　S-P 表评价法

S-P 表(S-P table)是 1969 年日本庆应义塾大学藤田广一(Hiraichi Fujita)教授提出的一种测验分析方法. 顾名思义, 所谓 S-P 表是学生-问题列联表(student-problem table), 它是按序排列的逐人逐题得分表. 制表规则如下:

(1) 规定答对记分为"1", 答错记分为"0".

(2) 学生按总得分多少顺序由上到下纵向排列, 问题按答对人数多少顺序由左向右横向排列. 如果有相同的排序, 应尽量让数字 1 往表的左上方聚集, 数字 0 往表的右下方聚集.

(3) 表中各行, 按学生总得分在相应数字个数后画竖线, 并将它们连成阶梯状, 称为 S 线(student line); 表中各列, 按问题答对人数在相应数字个数下画横线, 并将它们也连成阶梯状, 称为 P 线(problem line). 为区别起见, S 线和 P 线可用不同线型表示. 我们用实线表示 S 线, 用虚线表示 P 线.

表 9-1 是 S-P 表的一个示例.

表 9-1　S-P 表示例

学生编号	试题编号									
	3	4	1	7	2	9	8	5	10	6
2	1	1	1	1	1	1	1	1	1	1
4	1	1	1	1	1	1	1	1	0	0
3	1	1	1	0	1	1	1	0	0	0
7	1	1	1	0	1	0	0	0	0	1
1	1	1	0	1	0	1	0	0	1	0
8	1	1	0	0	0	0	1	1	1	0
6	1	1	1	1	0	0	0	0	0	0
5	1	1	0	1	0	0	0	0	0	0

S-P 表绘制简单、直观形象、适应广泛, 可对学生和试题(包括个体和总体)两方面作出评价.

设 S-P 表构成矩阵 $(x_{ij})_{m\times n}$, 记

$$x_{i\cdot}=\sum_{j=1}^{n}x_{ij},\qquad x_{\cdot j}=\sum_{i=1}^{m}x_{ij},\qquad x_{\cdot\cdot}=\sum_{i=1}^{m}\sum_{j=1}^{n}x_{ij}$$

$$\overline{x}_{\cdot i}=\frac{1}{n}\sum_{i=1}^{n}x_{ij},\quad \overline{x}_{\cdot j}=\frac{1}{m}\sum_{i=1}^{m}x_{ij},\quad \overline{x}_{\cdot\cdot}=\frac{1}{mn}\sum_{i=1}^{m}\sum_{j=1}^{n}x_{ij}$$

9.1.1　学生分析

1）学生优劣分析

显然，第 i 行同学总得分即 $x_{i\cdot}$，得分率即 $\overline{x}_{i\cdot}$；所有同学总得分即 $x_{\cdot\cdot}$，平均得分率即 $\overline{x}_{\cdot\cdot}$. 全部学生按成绩由优到劣从上行向下行排列.

2）学生断层分析

S 线中的横线总长度称为 S 线的线幅. 线幅反映了学生得分的范围，线幅越大学生得分差别越大.

S 线中的横线最大长度是另一个有价值的量. 一般认为，当横线最大长度达到线幅的 1/3 以上时，则表明学生得分出现了两极分化的现象，这也称 S 线出现断层.

3）学生稳定性分析

由 S 线的构造过程容易知道，S 线左边的问题应该是能被学生差不多正确回答的问题. 因此，对于得分稳定的学生，1 分应基本在 S 线左边；而对于得分不稳定的学生，S 线左边还会包含不少 0 分.

例如，在表 9-1 中，2 号与 4 号学生对应的 S 线左边几乎全部包含 1 分，这表明两名学生测验发挥稳定，应该会答的题目几乎全部回答正确. 而 8 号学生则与之相反，其对应 S 线的左边 0 分在全班较多，表现不够稳定. 显然，得分稳定性与得分高低是不同的概念. 例如，8 号学生得分在 6 号学生之上，但前者得分稳定性却不如后者.

S-P 表除了分析学生个体得分稳定性之外，还可以分析学生整体的得分稳定性. 显然，如果所有学生参加测验都得到理想发挥，则 S 线左边和 P 线上方就不会出现 0 分，从而 S 线与 P 线重合，这种情况也称为整体理想化稳定状态. 基于这样的思想，我们就可以用 S 线与 P 线所夹区域面积的相对大小，即 S 线-P 线所夹面积与 S-P 表总面积之比，来反映学生整体得分的稳定性水平. 这个量也称为差异量，记作 D. 显然，D 值越小，学生得分整体稳定性越好.

容易知道，S 线与 P 线所夹区域可分为两类：一类是 S 线在 P 线左上方，另一类是 S 线在 P 线右下方. 可以证明，这两类区域的总面积相等①. 从而，有

$$D=2\sum_{i=1}^{m}\sum_{\substack{x_{i\cdot}<j\leqslant n\\ x_{\cdot j}\geqslant i}}x_{ij}$$

不同类型的学业测验 P 线与 S 线的位置是不同的，如图 9-1 所示. 正常情况下，毕业会考型测验 D 值在 0.3 左右（图 9-1(a)），期末结业型测验 D 值为 0.2～0.3（图 9-1(b)），阶段复习型测验 D 值为 0.1～0.2（图 9-1(c)），课堂练习型测验 D 值在 0.1 以下（图 9-1(d)）.

4）学生注意系数分析

学生警告系数，也称学生注意系数，它能够刻画某学生个体与学生整体之间应答倾向的偏离程度，计算公式如下：

---

① 记 S 线右下方区域为 S，P 线右下方区域为 P，则 S 线与 P 线右下方的共同区域为 S∩P，非共同区域即 S 线与 P 线所夹区域. 显然，非共同区域包括两类：一类是 S-P，另一类是 P-S. 由于 S 的面积为 $mn-\sum_{i=1}^{m}x_{i\cdot}=mn-x_{\cdot\cdot}$，P 的面积为 $mn-\sum_{j=1}^{n}x_{\cdot j}=mn-x_{\cdot\cdot}$，所以 S 的面积与 P 的面积相等，于是 $S-(S\cap P)$ 的面积与 $P-(S\cap P)$ 的面积也相等，从而 S-P 的面积等于 P-S 的面积.

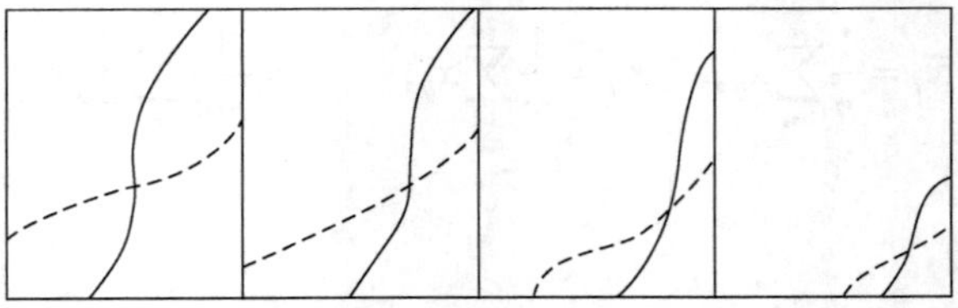

图 9-1　不同类型学业测验的 P 线与 S 线

$$\mathrm{CS}_i=\frac{\sum_{j=1}^{x_{i\cdot}}(1-x_{ij})x_{\cdot j}-\sum_{j=x_{i\cdot}}^{n}x_{ij}x_{\cdot j}}{\sum_{j=1}^{x_{i\cdot}}x_{\cdot j}-mx_{i\cdot}\overline{x}_{\cdot\cdot}}$$

一般认为，正常情况下，CS_i 的值应在 0.5 以下；当 $\mathrm{CS}_i>0.5$ 时需引起注意，尤其是当 $\mathrm{CS}_i>0.75$ 且该生得分率 $\overline{x}_{i\cdot}<0.85$ 更需特别关注，可能有作弊现象发生. 此外，对于警告系数相同且座次相连的学生也值得注意.

9.1.2　试题分析

1) 试题难度分析

显然，第 j 列试题答对人数即 $x_{\cdot j}$，难度即 $1-\overline{x}_{\cdot j}$；所有试题答对人次即 $x_{\cdot\cdot}$，平均难度即 $1-\overline{x}_{\cdot\cdot}$. 全部试题按难度由小到大从左列向右列排列.

2) 试题断层分析

P 线中的竖线总长度称为 P 线的线幅. 线幅反映了试题得分或难度的范围，线幅越大试题难度差别越大.

P 线中的竖线最大长度是另一个有价值的量. 一般认为，当竖线最大长度达到线幅的 1/3 以上时，则表明试题难度出现了两极分化的现象，这也称 P 线出现断层. P 线出现断层会影响试题整体的区分度和效度.

3) 试题稳定性分析及信度分析

试题稳定性也称为试题适宜性，是指试题是否适宜学生正常发挥水平.

由 P 线的构造过程容易知道，P 线上边的学生应该是差不多能正确回答问题的学生. 因此，对于稳定性好的试题，1 分应基本在 P 线上边；而对于稳定性不好的试题，P 线上边还会包含不少 0 分.

差异量 D 可用来分析试题整体的稳定性. 显然，D 值越小，试题整体稳定性越好. 试题整体的稳定性也反映了测验的信度，测验信度可用下式计算：$r=1-D$.

4) 试题区分度分析

试题的稳定性也反映了试题的区分度，试题稳定性越好，试题区分度也越好.

S-P 表自左下至右上的对角线称为 I 线. I 线是衡量试题整体区分度的理想标准线，S 线或 P 线越接近 I 线，区分度越好，反之越差. 基于这样的思想，我们就可以用 S 线（或 P 线）与 I 线所夹区域面积的相对大小，即 S 线-I 线（或 P 线-I 线）所夹面积与 S-P 表总面积之比，来反映试题整体的区分度水平. 这个量也称为区分度系数，记作 i. 显然，i 值越小，学生得分整体区分度越好.

容易证明

$$i=\left|\frac{\sum_{i=1}^{m}x_{i\cdot}}{mn}-\frac{1}{2}\right|=\left|\frac{\sum_{j=1}^{n}x_{\cdot j}}{mn}-\frac{1}{2}\right|$$

一般认为, 正常情况下, i 值应在 0.2 以下.

5) 试题警告系数分析

试题警告系数, 也称试题注意系数, 它能够刻画某试题个体与试题整体之间应答倾向的偏离程度, 计算公式如下:

$$\mathrm{CP}_j=\frac{\sum_{i=1}^{x_{\cdot j}}(1-x_{ij})x_{i\cdot}-\sum_{i=x_{\cdot j}}^{m}x_{ij}x_{i\cdot}}{\sum_{i=1}^{x_{\cdot j}}x_{i\cdot}-nx_{\cdot j}\bar{x}_{\cdot\cdot}}$$

同样地, 对于 $\mathrm{CP}_j>0.75$ 且 $\bar{x}_{\cdot j}<0.85$ 的试题, 教师要认真分析予以改进或淘汰.

最后需要指出, S-P 表只有 1 与 0 两个数字, 比较适用于选择题或填空题考试. 其他非 0-1 计分的测验欲用 S-P 表进行分析, 也可设置一个分数线, 将原始得分转化为 0-1 计分.

9.2　N 评价法

N 评价法是 1982 年日本斋藤升提出的一种学业成绩评价方法. 这种评价法假定学生一段时间(如一学期或一学年)若干次测验的标准分与测验顺序量之间呈线性关系, 即

$$Z_{ij}=a_i+b_i\cdot j+e_{ij}$$

其中, Z_{ij} 表示第 i 个学生在第 j 次测验的标准分, a_i 表示学生的初始分, b_i 表示学生得分次平均增长率, e_{ij} 表示各次测验的偶然误差. 一般来说, a_i, b_i 和 e_{ij} 都是未知参量.

N 评价法综合考虑学生测验的成就水平和进步程度, 以此作为对学生该段时间内学习成绩的总评价.

N 评价法有四个基本步骤:

(1) 建立标准分矩阵.

设有 m 名学生, 共进行了 n 次测验, 计算每名学生在每次测验中的标准分, 得到矩阵 $(Z_{ij})_{m\times n}$.

(2) 估计参量 b_i.

建立回归直线方程

$$Z_{ij}=a_i+b_ij,\quad i=1,2,\cdots,m$$

利用标准分矩阵提供的数据, 根据最小二乘法原理, 得

$$b_i=\frac{\sum_{j=1}^{n}jZ_{ij}-\frac{1}{n}\sum_{j=1}^{n}j\cdot\sum_{j=1}^{n}Z_{ij}}{\sum_{j=1}^{n}j^2-\frac{1}{n}\left(\sum_{j=1}^{n}j\right)^2},\quad i=1,2,\cdots,m$$

(3) 计算学生的进步分数.

由最小二乘法估计得到的 b_i 数值一般都比较小, 而且还可能出现负数. 但从绝对评价角

度来说，大多数学生应该都有不同程度的进步. 为了使进步分数符合实际，也更好地调动学生学习积极性，可对 b_i 数值作如下修正：

$$\hat{b}_i = b_i + \frac{1}{3}\beta \cdot \max\{b_i\}, \quad i = 1, 2, \cdots, m$$

式中，β 可取不同的非负值. 一般情况下，当 β 取 1 时，$\hat{b}_i \geqslant 0$ 的学生数可接近总人数的 80%；而当 β 取 2 时，$\hat{b}_i \geqslant 0$ 的学生数则超过总人数的 80%.

有了修正值，可通过下式计算学生的进步分数：

$$B_i = \begin{cases} 6n\hat{b}_i, & \hat{b}_i \geqslant 0, \\ 3n\hat{b}_i, & \hat{b}_i < 0, \end{cases} \quad i = 1, 2, \cdots, m$$

(4) 计算学生的 N 分数.

N 分数是学生的总评价得分，它既考虑了学生各次测验水平，又考虑了学生的进步因素. N 分数可以这样计算：

$$N_i = \overline{x}_i + B_i, \quad i = 1, 2, \cdots, m$$

式中，$\overline{x}_i$ 是学生 i 各次测验成绩的平均分或加权平均分. 这里测验成绩既可以是原始分，也可以是 T 分数. 使用 T 分数时，求得的 N 分数大致为 0～100.

9.3 模糊综合评价法

模糊综合评价 (fuzzy comprehensive evaluation, FCE) 法是模糊数学应用于教育评价所形成的一种方法. 模糊数学 (fuzzy mathematics) 是 1965 年由美国加利福尼亚大学伯克利分校自动控制专家 Zadeh L A (1921～2017) 最早提出的.

9.3.1 模糊数学初步

在日常生活以及科学研究中，经常会遇到一些不确定性问题. 概率统计、模糊数学是两种最常见的处理不确定性系统的方法.

与概率统计研究随机不确定现象不同，模糊数学研究的是认知不确定性现象. 也就是说，模糊数学所研究的对象具有"内涵明确、外延不明确"的特点. 如"中年人"就是一个边界不清的模糊概念，每个人都清楚中年人是什么意思，但如果真要给中年人划定一个明确的年龄界限，则几乎是不可能的. 对于这种认知不确定性问题，模糊数学借助隶属函数进行处理.

定义 9-1 任何一个从非空集 X 到区间[0, 1]的函数 $\tilde{A}(x)$，称作 X 上的模糊集 (fuzzy set)，简记 $\tilde{A}$. $\tilde{A}(x)$ 也称作模糊集 $\tilde{A}$ 的隶属函数 (membership function). 如果只研究 X 上的模糊集，X 也常称为论域.

模糊集 $\tilde{A}$ 除了用隶属函数 $\tilde{A}(x)$ 表示外，常见的表示法还有

(1) 序偶表示法.

$$\tilde{A} = \{(x, \tilde{A}(x)) \mid x \in X\}$$

(2) 向量表示法.

若 X 是有限集，且 $X = \{x_1, x_2, \cdots, x_n\}$，则

$$\tilde{A} = (\tilde{A}(x_1), \tilde{A}(x_2), \cdots, \tilde{A}(x_n))$$

此时也称 $\tilde{A}$ 为模糊向量.

(3)Zadeh 表示法①.

若 X 是有限集，且 $X=\{x_1,x_2,\cdots,x_n\}$，则

$$\tilde{A}=\frac{\tilde{A}(x_1)}{x_1}+\frac{\tilde{A}(x_2)}{x_2}+\cdots+\frac{\tilde{A}(x_n)}{x_n}$$

若 X 是无限集，则

$$\tilde{A}=\int_X\frac{\tilde{A}(x)}{x}$$

定义 9-2　设 $\tilde{A}$, $\tilde{B}$ 是 X 上的两个模糊集，若 $\tilde{A}(x)\leqslant\tilde{B}(x)$，则称 $\tilde{A}$ 是 $\tilde{B}$ 的子集，记作 $\tilde{A}\subset\tilde{B}$.

记 $a\wedge b=\min\{a,b\}$，$a\vee b=\max\{a,b\}$，$a\oplus b=\min\{a+b,1\}$，$a\otimes b=\max\{a+b-1,0\}$，其中 a, b 是实数.

定义 9-3　设 $\tilde{A}$, $\tilde{B}$ 是 X 上的两个模糊集, X 上的模糊集

$$(\tilde{A}\cap\tilde{B})(x)=\tilde{A}(x)\wedge\tilde{B}(x)$$

称为 $\tilde{A}$ 与 $\tilde{B}$ 的交，记作 $\tilde{A}\cap\tilde{B}$.

定义 9-4　设 $\tilde{A}$, $\tilde{B}$ 是 X 上的两个模糊集, X 上的模糊集

$$(\tilde{A}\cup\tilde{B})(x)=\tilde{A}(x)\vee\tilde{B}(x)$$

称为 $\tilde{A}$ 与 $\tilde{B}$ 的并，记作 $\tilde{A}\cup\tilde{B}$.

定义 9-5　设 $\tilde{A}$ 是 X 上的模糊集, X 上的模糊集

$$(\tilde{A}')(x)=1-\tilde{A}(x)$$

称为 $\tilde{A}$ 的补，记作 $\tilde{A}'$.

定义 9-6　设 $\tilde{A}$, $\tilde{B}$ 是 X 上的两个模糊集, X 上的模糊集

$$(\tilde{A}\oplus\tilde{B})(x)=\tilde{A}(x)\oplus\tilde{B}(x)$$

称为 $\tilde{A}$ 与 $\tilde{B}$ 的有界和，记作 $\tilde{A}\oplus\tilde{B}$.

定义 9-7　设 $\tilde{A}$, $\tilde{B}$ 是 X 上的两个模糊集, X 上的模糊集

$$(\tilde{A}\otimes\tilde{B})(x)=\tilde{A}(x)\otimes\tilde{B}(x)$$

称为 $\tilde{A}$ 与 $\tilde{B}$ 的有界积，记作 $\tilde{A}\otimes\tilde{B}$.

定义 9-8　设 X 和 Y 是两个非空集，$X\times Y$ 上的模糊集 $\tilde{R}$ 称为 X 和 Y 之间的模糊关系. 若 $X=Y$，则称 $\tilde{R}$ 为 X 中的模糊关系(fuzzy relation). 特别地，若 X 和 Y 是两个非空有限集，且 $X=\{x_1,x_2,\cdots,x_m\}$，$Y=\{y_1,y_2,\cdots,y_n\}$，则 X 和 Y 之间的模糊关系 $\tilde{R}$ 也可以表示为矩阵 $\tilde{R}=(r_{ij})_{m\times n}$，其中，$r_{ij}=\tilde{R}(x_i,y_j)$, $i=1,2,\cdots,m$, $j=1,2,\cdots,n$. 这个矩阵称为模糊关系 $\tilde{R}$ 对应的模糊矩阵(fuzzy matrix).

定义 9-9　设 $\tilde{R}$ 是 X 和 Y 之间的模糊关系，$\tilde{S}$ 是 Y 和 Z 之间的模糊关系，则 X 和 Z 之间的模糊关系

$$(\tilde{R}\circ\tilde{S})(x,z)=\bigvee_{y\in Y}(\tilde{R}(x,y)\wedge\tilde{S}(y,z))$$

称为 $\tilde{R}$ 与 $\tilde{S}$ 的合成，记作 $\tilde{R}\circ\tilde{S}$.

9.3.2　一个实例

实际教育评价中，很多时候评价指标都是模糊不清的，边界无法明确. 模糊综合评价就

① Zadeh 表示法中，符号+, −, $\int$ 仅是借用, 仅是借用, 并不具有通常的运算意义.

是先对评价对象的子级评价指标进行模糊等级量化，再通过合成运算对子级评价指标进行综合，得到母级评价指标的模糊等级量化，如此下去，直到最终对评价对象作出评判.

设 $U=\{u_1, u_2, \cdots, u_m\}$为评判指标①集合，$V=\{v_1, v_2, \cdots, v_n\}$为评判等级集合，每一个评价对象确定了一个从 U 到 V 的模糊关系，它对应一个模糊矩阵. 模糊综合评价的目标就是要从这个模糊矩阵出发，对评价对象的优劣进行判断.

建立模糊矩阵，也就是建立评判指标的等级隶属函数，这是模糊综合评价的起点，模糊统计是常用的方法. 评价指标的综合，涉及合成算子的选择问题. 常见的合成算子有如下几种.

定义 9-10　设 $W=(w_1,w_2,\cdots,w_m)$ 是（权重）向量，$\tilde{R}=(r_{ij})_{m\times n}$ 是模糊矩阵，则称 $\tilde{B}=(b_1, b_2,\cdots,b_n)$ 为 W 对 $\tilde{R}$ 的合成，其中

(1) $b_j=\overset{m}{\underset{i=1}{\vee}}(w_i \wedge r_{ij}),\ j=1,2,\cdots,n$，这种合成运算称为 $M(\wedge,\vee)$ 算子；

(2) $b_j=\overset{m}{\underset{i=1}{\vee}}(w_i \cdot r_{ij}),\ j=1,2,\cdots,n$，这种合成运算称为 $M(\cdot,\vee)$ 算子；

(3) $b_j=\overset{m}{\underset{i=1}{\oplus}}(w_i \wedge r_{ij}),\ j=1,2,\cdots,n$，这种合成运算称为 $M(\wedge,\oplus)$ 算子；

(4) $b_j=\overset{m}{\underset{i=1}{\oplus}}(w_i \cdot r_{ij}),\ j=1,2,\cdots,n$，这种合成运算称为 $M(\cdot,\oplus)$ 算子.

四种算子有不同的作用，表 9-2 对它们进行了比较. 在模糊综合评价的实际应用中，$M(\cdot,\oplus)$ 算子使用比较普遍.

表 9-2　四种合成算子比较

合成算子	$M(\wedge,\vee)$	$M(\cdot,\vee)$	$M(\wedge,\oplus)$	$M(\cdot,\oplus)$
权重作用	不明显	明显	不明显	明显
综合程度	弱	弱	强	强
矩阵利用	不充分	不充分	较充分	充分
适合类型	主因素决定型	主因素突出型	不均衡平均型	加权平均型

下面通过一个实例对模糊综合评价法的过程进行说明.

例 9-1　为考核数学教师的教学质量，某校制订了一个包含 4 个一级指标和 16 个二级指标的评价体系. 张老师参加了考核，他接受来自 50 名同学、5 名同行和 2 名领导的等级测评，数据如表 9-3 所示. 表 9-3 中，诸指标及三类测评者（学生，同行，领导）旁边括号里的数字是它们分配的权重. 试对张老师的教学质量作出评价.

表 9-3　张老师教学质量考核成绩表

评价指标体系			学生测评(0.4)					同行测评(0.3)					领导测评(0.3)				
			很好	较好	一般	较差	很差	很好	较好	一般	较差	很差	很好	较好	一般	较差	很差
F	F_1 (0.3)	F_{11}(0.4)	25	13	10	02	00	02	02	01	00	00	02	00	00	00	00
		F_{12}(0.3)	24	16	09	01	00	01	02	02	00	00	02	00	00	00	00
		F_{13}(0.2)	05	18	15	11	01	02	01	02	00	00	01	01	00	00	00
		F_{14}(0.1)	01	06	26	12	05	01	01	02	01	00	00	01	01	00	00

① 这里评判指标是指评价主体直接作出评判的那些评价指标，也就是处于评价指标体系最低端的那些评价指标.

续表

评价指标体系			学生测评(0.4)					同行测评(0.3)					领导测评(0.3)				
			很好	较好	一般	较差	很差	很好	较好	一般	较差	很差	很好	较好	一般	较差	很差
F	F_2 (0.2)	F_{21}(0.3)	12	24	11	03	00	01	02	02	00	00	01	01	00	00	00
		F_{22}(0.3)	14	22	10	04	00	02	02	01	00	00	00	02	00	00	00
		F_{23}(0.2)	07	27	12	04	00	01	02	02	00	00	01	01	00	00	00
		F_{24}(0.2)	01	14	26	09	00	00	02	02	01	00	00	01	01	00	00
	F_3 (0.2)	F_{31}(0.3)	23	14	11	02	00	03	01	01	00	00	01	01	00	00	00
		F_{32}(0.3)	18	20	09	02	01	02	02	01	00	00	02	00	00	00	00
		F_{33}(0.2)	10	26	09	05	00	01	02	02	00	00	01	01	00	00	00
		F_{34}(0.2)	04	08	30	06	02	01	01	02	01	00	00	01	01	00	00
	F_4 (0.3)	F_{41}(0.4)	08	19	15	06	02	01	02	02	00	00	01	01	00	00	00
		F_{42}(0.2)	12	24	08	05	01	02	01	02	00	00	01	01	00	00	00
		F_{43}(0.3)	06	22	13	06	03	01	02	01	01	00	00	02	00	00	00
		F_{44}(0.1)	02	14	23	08	03	00	01	03	01	00	00	01	01	00	00

解　(1) 二级指标的测评结果.

以测评群体为单位，将所有等级测评数据换算成百分比. 显然，这些百分比可看作是五个等级对指标的隶属度. 换算结果记作模糊向量:

$$\tilde{F}_{11}^{S}=(0.50,0.26,0.20,0.04,0.00)$$

$$\tilde{F}_{11}^{T}=(0.40,0.40,0.20,0.00,0.00)$$

$$\tilde{F}_{11}^{L}=(1.00,0.00,0.00,0.00,0.00)$$

……

将同一个二级指标下三个群体的测评结果组织成模糊矩阵. 以指标 F_{11} 为例，它对应模糊矩阵

$$\tilde{F}_{11}^{\cdot}=\begin{pmatrix}0.50 & 0.26 & 0.20 & 0.04 & 0.00\\ 0.40 & 0.40 & 0.20 & 0.00 & 0.00\\ 1.00 & 0.00 & 0.00 & 0.00 & 0.00\end{pmatrix}$$

将三个群体所分配的权重也组织在一起，得到向量 $w^{\cdot}=(0.4, 0.3, 0.3)$. 容易知道，$w^{\cdot}$ 对 $\tilde{R}$ 的合成取 $M(\cdot,\oplus)$ 算子①是合理的. 这样，得到指标 F_{11} 的测评结果为

$$\begin{aligned}\tilde{F}_{11}=w^{\cdot}\cdot\tilde{F}_{11}^{\cdot}&=(0.4,0.3,0.3)\cdot\begin{pmatrix}0.50 & 0.26 & 0.20 & 0.04 & 0.00\\ 0.40 & 0.40 & 0.20 & 0.00 & 0.00\\ 1.00 & 0.00 & 0.00 & 0.00 & 0.00\end{pmatrix}\\ &=(0.620,0.224,0.140,0.016,0.000)\end{aligned}$$

按照同样的方法，得到其他二级指标的测评结果为

$$\tilde{F}_{12}=(0.552,0.248,0.192,0.008,0.000)$$

$$\tilde{F}_{13}=(0.310,0.354,0.240,0.088,0.008)$$

$$\tilde{F}_{14}=(0.068,0.258,0.478,0.156,0.040)$$

……

(2) 一级指标的测评结果.

① 在权重的意义下，$M(\cdot,\oplus)$ 算子就是通常所说的矩阵乘法.

每个一级指标的测评结果是由它所包含的二级指标的测评结果决定的. 以指标 F_1 为例, 它包含了四个二级指标, 将这些子指标的测评结果组织在一起, 得到模糊矩阵

$$\tilde{F}_{1\cdot}=\begin{pmatrix}0.620 & 0.224 & 0.140 & 0.016 & 0.000\\ 0.552 & 0.248 & 0.192 & 0.008 & 0.000\\ 0.310 & 0.354 & 0.240 & 0.088 & 0.008\\ 0.068 & 0.258 & 0.478 & 0.156 & 0.040\end{pmatrix}$$

将四个二级指标所分配的权重也组织在一起, 得到向量 $w_{1\cdot}=(0.4, 0.3, 0.2, 0.1)$. 于是指标 F_1 的测评结果为

$$\tilde{F}_1=w_{1\cdot}\cdot\tilde{F}_{1\cdot}=(0.4,0.3,0.2,0.1)\cdot\begin{pmatrix}0.620 & 0.224 & 0.140 & 0.016 & 0.000\\ 0.552 & 0.248 & 0.192 & 0.008 & 0.000\\ 0.310 & 0.354 & 0.240 & 0.088 & 0.008\\ 0.068 & 0.258 & 0.478 & 0.156 & 0.040\end{pmatrix}$$
$$=(0.4824,0.2606,0.2094,0.0420,0.0056)$$

按照同样的方法, 求得其他一级指标的测评结果:

$$\tilde{F}_2=(0.2162,0.4910,0.2432,0.0496,0.0000)$$
$$\tilde{F}_3=(0.3998,0.3310,0.2244,0.0392,0.0056)$$
$$\tilde{F}_4=(0.2168,0.4602,0.2334,0.0720,0.0176)$$

(3) 零级指标的测评结果.

零级指标的测评结果是由它所包含的一级指标的测评结果决定的. 同样地, 将所有一级指标的测评结果组织在一起, 得到模糊矩阵

$$\tilde{F}.=\begin{pmatrix}0.4824 & 0.2606 & 0.2094 & 0.0420 & 0.0056\\ 0.2162 & 0.4910 & 0.2432 & 0.0496 & 0.0000\\ 0.3998 & 0.3310 & 0.2244 & 0.0392 & 0.0056\\ 0.2168 & 0.4602 & 0.2334 & 0.0720 & 0.0176\end{pmatrix}$$

将所有一级指标所分配的权重也组织在一起, 得到向量 $w.=(0.3, 0.2, 0.2, 0.3)$. 于是指标 F 的测评结果为

$$\tilde{F}=w.\cdot\tilde{F}.=(0.3,0.2,0.2,0.3)\cdot\begin{pmatrix}0.4824 & 0.2606 & 0.2094 & 0.0420 & 0.0056\\ 0.2162 & 0.4910 & 0.2432 & 0.0496 & 0.0000\\ 0.3998 & 0.3310 & 0.2244 & 0.0392 & 0.0056\\ 0.2168 & 0.4602 & 0.2334 & 0.0720 & 0.0176\end{pmatrix}$$
$$=(0.33296,0.38064,0.22636,0.05196,0.00808)$$

此即张老师教学质量的测评结果.

表 9-4 清晰表达了数据处理的整个过程.

应该指出, 模糊综合评价的结果是评价对象关于评价等级的隶属度, 是一个模糊向量. 它虽能提供较多信息, 有时运用起来可能并不方便, 如欲对研究对象进行排序, 此时就要作进一步处理. 常采用的处理方式有: 最大隶属度原则, 即以最大隶属度对应等级作为最终等级; 数值化加权平均原则, 即先给各等级赋以分值, 再按隶属度求加权平均①.

---

① 上例如假定五个等级对应分值分别为 95, 85, 75, 65, 55, 张老师的教学质量分值就可这样求得

$$G=(0.33296,0.38064,0.22636,0.05196,0.00808)\cdot(95,85,75,65,55)^{\mathrm{T}}=84.7844$$

表 9-4　例 9-1 的数据处理过程

评价指标体系			学生测评(0.3)	同行测评(0.3)	领导测评(0.3)	$F_{..}$	$F_{.}$	F
F	F_1 (0.3)	F_{11} (0.4)	0.50 0.26 0.20 0.04 0.00	0.40 0.40 0.20 0.00 0.00	1.00 0.00 0.00 0.00 0.00	0.620 0.224 0.140 0.016 0.000	0.4824 0.2606 0.2094 0.0420 0.0056	0.33296 0.38064 0.22636 0.05196 0.00808
		F_{12} (0.3)	0.48 0.32 0.18 0.02 0.00	0.20 0.40 0.40 0.00 0.00	1.00 0.00 0.00 0.00 0.00	0.552 0.248 0.192 0.008 0.000		
		F_{13} (0.2)	0.10 0.36 0.30 0.22 0.02	0.40 0.20 0.40 0.00 0.00	0.50 0.50 0.00 0.00 0.00	0.310 0.354 0.240 0.088 0.008		
		F_{14} (0.1)	0.02 0.12 0.52 0.24 0.10	0.20 0.20 0.40 0.20 0.00	0.00 0.50 0.50 0.00 0.00	0.068 0.258 0.478 0.156 0.040		
	F_2 (0.2)	F_{21} (0.3)	0.24 0.48 0.22 0.06 0.00	0.20 0.40 0.40 0.00 0.00	0.50 0.50 0.00 0.00 0.00	0.306 0.462 0.208 0.024 0.000	0.2162 0.4910 0.2432 0.0496 0.0000	
		F_{22} (0.3)	0.28 0.44 0.20 0.08 0.00	0.40 0.40 0.20 0.00 0.00	0.00 1.00 0.00 0.00 0.00	0.232 0.596 0.140 0.032 0.000		
		F_{23} (0.2)	0.14 0.54 0.24 0.08 0.00	0.20 0.40 0.40 0.00 0.00	0.50 0.50 0.00 0.00 0.00	0.266 0.486 0.216 0.032 0.000		
		F_{24} (0.2)	0.02 0.28 0.52 0.18 0.00	0.00 0.40 0.40 0.20 0.00	0.00 0.50 0.50 0.00 0.00	0.008 0.382 0.478 0.132 0.000		
	F_3 (0.2)	F_{31} (0.3)	0.46 0.28 0.22 0.04 0.00	0.60 0.20 0.20 0.00 0.00	0.50 0.50 0.00 0.00 0.00	0.514 0.322 0.148 0.016 0.000	0.3998 0.3310 0.2244 0.0392 0.0056	
		F_{32} (0.3)	0.36 0.40 0.18 0.04 0.02	0.40 0.40 0.20 0.00 0.00	1.00 0.00 0.00 0.00 0.00	0.564 0.280 0.132 0.016 0.008		
		F_{33} (0.2)	0.20 0.52 0.18 0.10 0.00	0.20 0.40 0.40 0.00 0.00	0.50 0.50 0.00 0.00 0.00	0.290 0.478 0.192 0.040 0.000		
		F_{34} (0.2)	0.08 0.16 0.60 0.12 0.04	0.20 0.20 0.40 0.20 0.00	0.00 0.50 0.50 0.00 0.00	0.092 0.274 0.510 0.108 0.016		
	F_4 (0.3)	F_{41} (0.4)	0.16 0.38 0.30 0.12 0.04	0.20 0.40 0.40 0.00 0.00	0.50 0.50 0.00 0.00 0.00	0.274 0.422 0.240 0.048 0.016	0.2168 0.4602 0.2334 0.0720 0.0176	
		F_{42} (0.2)	0.24 0.48 0.16 0.10 0.02	0.40 0.20 0.40 0.00 0.00	0.50 0.50 0.00 0.00 0.00	0.366 0.402 0.184 0.040 0.008		
		F_{43} (0.3)	0.12 0.44 0.26 0.12 0.06	0.20 0.40 0.20 0.20 0.00	0.00 1.00 0.00 0.00 0.00	0.108 0.596 0.164 0.108 0.024		
		F_{44} (0.1)	0.04 0.28 0.46 0.16 0.06	0.00 0.20 0.60 0.20 0.00	0.00 0.50 0.50 0.00 0.00	0.016 0.322 0.514 0.124 0.024		

参考文献

陈玉琨. 1999. 教育评价学. 北京：人民教育出版社.

邓集贤，杨维权，司徒荣，等. 2009. 概率论及数理统计(下册). 4 版. 北京：高等教育出版社.

方开泰，许建伦. 1987. 统计分布. 北京：科学出版社.

弗洛德 J. 福勒. 2010. 调查问卷的设计与评估. 蒋逸民译. 重庆：重庆大学出版社.

复旦大学，李贤平. 2010. 概率论基础. 3 版. 北京：高等教育出版社.

黄光扬. 2012. 教育测量与评价. 2 版. 上海：华东师范大学出版社.

贾俊平，何晓群，金勇进. 2015. 统计学. 6 版. 北京：中国人民大学出版社.

金娣，王刚. 2007. 教育评价与测量. 北京：教育科学出版社.

刘新平，刘存侠. 2003. 教育统计与测评导论. 北京：科学出版社.

罗伯特・F. 德威利斯. 2010. 量表编制：理论与应用. 2 版. 魏勇刚等译. 重庆：重庆大学出版社.

马复，綦春霞. 2004. 新课程理念下的数学学习评价. 北京：高等教育出版社.

马云鹏，孔凡哲，张春莉. 2009. 数学教育测量与评价. 北京：北京师范大学出版社.

茆诗松，程依明，濮晓龙. 2011. 概率论与数理统计教程. 2 版. 北京：高等教育出版社.

任子朝，孔凡哲. 2010. 数学教育评价新论. 北京：北京师范大学出版社.

上海师范大学数学系，概率统计教研组. 1978. 回归分析及其试验设计. 上海：上海教育出版社.

王静龙，梁小筠. 2006. 非参数统计分析. 北京：高等教育出版社.

王孝玲. 1999. 教育评价的理论与技术. 上海：上海教育出版社.

王孝玲. 2007. 教育统计学. 4 版. 上海：华东师范大学出版社.

魏超群，罗才忠. 2003. 数学教育评价. 南宁：广西教育出版社.

薛毅，陈立萍. 2007. 统计建模与 R 软件. 北京：清华大学出版社.

张敏强. 1998. 教育测量学. 北京：人民教育出版社.

朱德全，宋乃庆. 2008. 教育统计与测评技术. 重庆：西南师范大学出版社.

附表 1　标准正态分布表

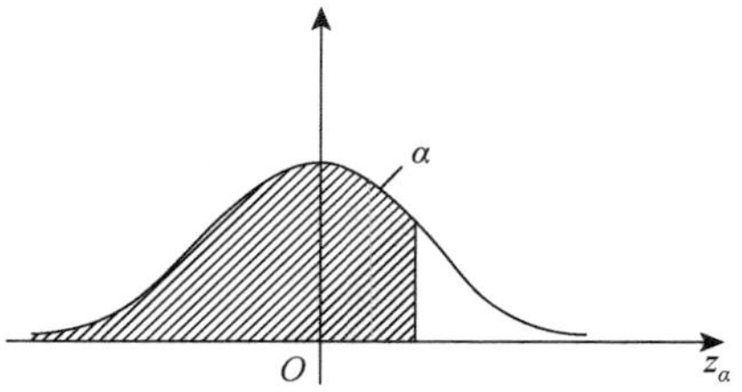

z	0.00	0.01	0.02	0.03	0.04	0.05	0.06	0.07	0.08	0.09
0.0	0.5000	0.5040	0.5080	0.5120	0.5160	0.5199	0.5239	0.5279	0.5319	0.5359
0.1	0.5398	0.5438	0.5478	0.5517	0.5557	0.5596	0.5636	0.5675	0.5714	0.5753
0.2	0.5793	0.5832	0.5871	0.5910	0.5948	0.5987	0.6026	0.6064	0.6103	0.6141
0.3	0.6179	0.6217	0.6255	0.6293	0.6331	0.6368	0.6406	0.6443	0.6480	0.6517
0.4	0.6554	0.6591	0.6628	0.6664	0.6700	0.6736	0.6772	0.6808	0.6844	0.6879
0.5	0.6915	0.6950	0.6985	0.7019	0.7054	0.7088	0.7123	0.7157	0.7190	0.7224
0.6	0.7257	0.7291	0.7324	0.7357	0.7389	0.7422	0.7454	0.7486	0.7517	0.7549
0.7	0.7580	0.7611	0.7642	0.7673	0.7704	0.7734	0.7764	0.7794	0.7823	0.7852
0.8	0.7881	0.7910	0.7939	0.7967	0.7995	0.8023	0.8051	0.8079	0.8106	0.8133
0.9	0.8159	0.8186	0.8212	0.8238	0.8264	0.8289	0.8315	0.8340	0.8365	0.8389
1.0	0.8413	0.8438	0.8461	0.8485	0.8508	0.8531	0.8554	0.8577	0.8599	0.8621
1.1	0.8643	0.8665	0.8686	0.8708	0.8729	0.8749	0.8770	0.8790	0.8810	0.8830
1.2	0.8849	0.8869	0.8888	0.8907	0.8925	0.8944	0.8962	0.8980	0.8997	0.9015
1.3	0.9032	0.9049	0.9066	0.9082	0.9099	0.9115	0.9131	0.9147	0.9162	0.9177
1.4	0.9192	0.9207	0.9222	0.9236	0.9251	0.9265	0.9279	0.9292	0.9306	0.9319
1.5	0.9332	0.9345	0.9357	0.9370	0.9382	0.9394	0.9406	0.9418	0.9429	0.9441
1.6	0.9452	0.9463	0.9474	0.9484	0.9495	0.9505	0.9515	0.9525	0.9535	0.9545
1.7	0.9554	0.9564	0.9573	0.9582	0.9591	0.9599	0.9608	0.9616	0.9625	0.9633
1.8	0.9641	0.9649	0.9656	0.9664	0.9671	0.9678	0.9686	0.9693	0.9699	0.9706
1.9	0.9713	0.9719	0.9726	0.9732	0.9738	0.9744	0.9750	0.9756	0.9761	0.9767
2.0	0.9773	0.9778	0.9783	0.9788	0.9793	0.9798	0.9803	0.9808	0.9812	0.9817
2.1	0.9821	0.9826	0.9830	0.9834	0.9838	0.9842	0.9846	0.9850	0.9854	0.9857
2.2	0.9861	0.9864	0.9868	0.9871	0.9875	0.9878	0.9881	0.9884	0.9887	0.9890
2.3	0.9893	0.9896	0.9898	0.9901	0.9904	0.9906	0.9909	0.9911	0.9913	0.9916
2.4	0.9918	0.9920	0.9922	0.9925	0.9927	0.9929	0.9931	0.9932	0.9934	0.9936
2.5	0.9938	0.9940	0.9941	0.9943	0.9945	0.9946	0.9948	0.9949	0.9951	0.9952
2.6	0.9953	0.9955	0.9956	0.9957	0.9959	0.9960	0.9961	0.9962	0.9963	0.9964
2.7	0.9965	0.9966	0.9967	0.9968	0.9969	0.9970	0.9971	0.9972	0.9973	0.9974

续表

z	0.00	0.01	0.02	0.03	0.04	0.05	0.06	0.07	0.08	0.09
2.8	0.9974	0.9975	0.9976	0.9977	0.9977	0.9978	0.9979	0.9979	0.9980	0.9981
2.9	0.9981	0.9982	0.9982	0.9983	0.9984	0.9984	0.9985	0.9985	0.9986	0.9986
3.0	0.9987	0.9987	0.9987	0.9988	0.9988	0.9989	0.9989	0.9989	0.9990	0.9990
3.1	0.9990	0.9991	0.9991	0.9991	0.9992	0.9992	0.9992	0.9992	0.9993	0.9993
3.2	0.9993	0.9993	0.9994	0.9994	0.9994	0.9994	0.9994	0.9995	0.9995	0.9995
3.3	0.9995	0.9995	0.9996	0.9996	0.9996	0.9996	0.9996	0.9996	0.9996	0.9997
3.4	0.9997	0.9997	0.9997	0.9997	0.9997	0.9997	0.9997	0.9997	0.9997	0.9998
3.5	0.9998	0.9998	0.9998	0.9998	0.9998	0.9998	0.9998	0.9998	0.9998	0.9998
3.6	0.9998	0.9998	0.9999	0.9999	0.9999	0.9999	0.9999	0.9999	0.9999	0.9999
3.7	0.9999	0.9999	0.9999	0.9999	0.9999	0.9999	0.9999	0.9999	0.9999	0.9999
3.8	0.9999	0.9999	0.9999	0.9999	0.9999	0.9999	0.9999	0.9999	0.9999	1.0000

附表 2　χ^2 分布表

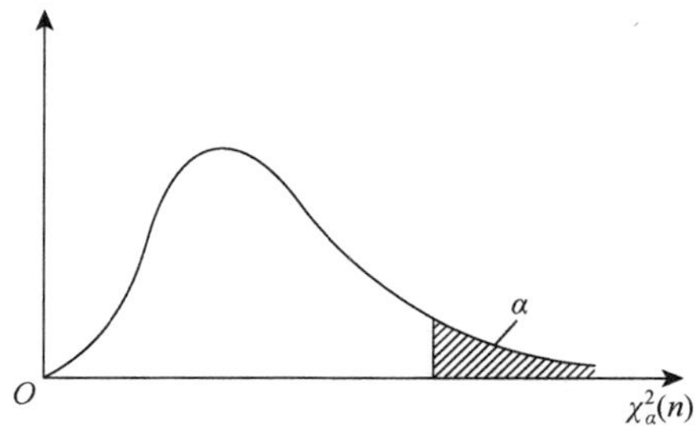

n \ α	0.995	0.99	0.975	0.95	0.90	0.75	0.25	0.10	0.05	0.025	0.01	0.005
1	—	—	0.001	0.004	0.016	0.102	1.323	2.706	3.841	5.024	6.635	7.879
2	0.010	0.020	0.051	0.103	0.211	0.575	2.773	4.605	5.991	7.378	9.210	10.597
3	0.072	0.115	0.216	0.352	0.584	1.213	4.108	6.251	7.815	9.348	11.345	12.838
4	0.207	0.297	0.484	0.711	1.064	1.923	5.385	7.779	9.488	11.143	13.277	14.860
5	0.412	0.554	0.831	1.145	1.610	2.675	6.626	9.236	11.071	12.833	15.086	16.750
6	0.676	0.872	1.237	1.635	2.204	3.455	7.841	10.645	12.592	14.449	16.812	18.548
7	0.989	1.239	1.690	2.167	2.833	4.255	9.037	12.017	14.067	16.013	18.475	20.278
8	1.344	1.646	2.180	2.733	3.490	5.071	10.219	13.362	15.507	17.535	20.090	21.955
9	1.735	2.088	2.700	3.325	4.168	5.899	11.389	14.684	16.919	19.023	21.666	23.589
10	2.156	2.558	3.247	3.940	4.865	6.737	12.549	15.987	18.307	20.483	23.209	25.188
11	2.603	3.053	3.816	4.575	5.578	7.584	13.701	17.275	19.675	21.920	24.725	26.757
12	3.074	3.571	4.404	5.226	6.304	8.438	14.845	18.549	21.026	23.337	26.217	28.299
13	3.565	4.107	5.009	5.892	7.042	9.299	15.984	19.812	22.362	24.736	27.688	29.819
14	4.075	4.660	5.629	6.571	7.790	10.165	17.117	21.064	23.685	26.119	29.141	31.319
15	4.601	5.229	6.262	7.261	8.547	11.037	18.245	22.307	24.996	27.488	30.578	32.801
16	5.142	5.812	6.908	7.962	9.312	11.912	19.369	23.542	26.296	28.845	32.000	34.267
17	5.697	6.408	7.564	8.672	10.085	12.792	20.489	24.769	27.587	30.191	30.409	35.718
18	6.265	7.015	8.231	9.390	10.865	13.675	21.605	25.989	28.869	31.526	34.805	37.156
19	6.844	7.633	8.907	10.117	11.651	14.562	22.718	27.204	30.144	32.852	36.191	38.582
20	7.434	8.260	9.591	10.851	12.443	15.452	23.828	28.412	31.410	34.170	37.566	39.997
21	8.034	8.897	10.283	11.591	13.240	16.344	24.935	29.615	32.671	35.479	38.932	41.401
22	8.643	9.542	10.982	12.338	14.042	17.240	26.039	30.813	33.924	36.781	40.289	42.796
23	9.260	10.196	11.689	13.091	14.848	18.137	27.141	32.007	35.172	38.076	41.638	44.181
24	9.886	10.856	12.401	13.848	15.659	19.037	28.241	33.196	36.415	39.364	42.980	45.559
25	10.520	11.524	13.120	14.611	16.473	19.939	29.339	34.382	37.652	40.646	44.314	46.928
26	11.160	12.198	13.844	15.379	17.292	20.843	30.435	35.563	38.885	41.923	45.642	48.290
27	11.808	12.879	14.573	16.151	18.114	21.749	31.528	36.741	40.113	43.194	46.963	49.645
28	12.461	13.565	15.308	16.928	18.939	22.657	32.620	37.916	41.337	44.461	48.278	50.993

续表

n \ α	0.995	0.99	0.975	0.95	0.90	0.75	0.25	0.10	0.05	0.025	0.01	0.005
29	13.121	14.257	16.047	17.708	19.768	23.567	33.711	39.087	42.557	45.722	49.588	52.336
30	13.787	14.954	16.791	18.493	20.599	24.478	34.800	40.256	43.773	46.979	50.892	53.672
31	14.458	15.655	17.539	19.281	21.434	25.390	35.887	41.422	44.985	48.232	52.191	55.003
32	15.134	16.362	18.291	20.072	22.271	26.304	36.973	42.585	46.194	49.480	53.486	56.328
33	15.815	17.074	19.047	20.867	23.110	27.219	38.058	43.745	47.400	50.725	54.776	57.648
34	16.501	17.789	19.806	21.664	23.952	28.136	39.141	44.903	48.602	51.966	56.061	58.964
35	17.192	18.509	20.569	22.465	24.797	29.054	40.223	46.059	49.802	53.203	57.342	60.275
36	17.887	19.233	21.336	23.269	25.643	29.973	41.304	47.212	50.998	54.437	58.619	61.581
37	18.586	19.960	22.106	24.075	26.492	30.893	42.383	48.363	52.192	55.668	59.892	62.883
38	19.289	20.691	22.878	24.884	27.343	31.815	43.462	49.513	53.384	56.896	61.162	64.181
39	19.996	21.426	23.654	25.695	28.196	32.737	44.539	50.600	54.572	58.120	62.428	65.476
40	20.707	22.164	24.433	26.509	29.051	33.660	45.616	51.805	55.758	59.342	63.691	66.766
41	21.421	20.906	25.215	27.326	29.907	34.585	46.692	52.949	56.942	60.561	64.950	68.053
42	22.138	23.550	25.999	28.144	30.765	35.510	47.766	54.090	58.124	61.777	66.206	69.336
43	22.859	24.398	26.785	28.965	31.625	36.436	48.840	55.230	59.304	62.990	67.459	70.616
44	23.584	25.148	27.575	29.787	32.487	37.363	49.913	56.369	60.481	64.201	68.710	71.893
45	24.311	25.901	28.366	30.612	33.350	38.291	50.985	57.505	61.656	65.410	69.957	73.166

附表 3　t 分布表

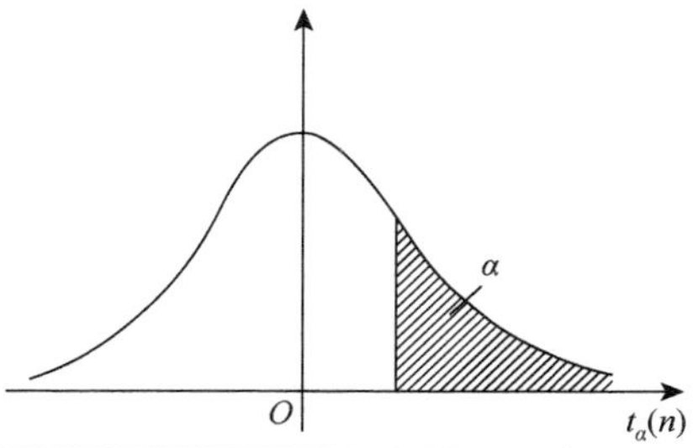

n	α						n	α					
	0.25	0.1	0.05	0.025	0.01	0.005		0.25	0.1	0.05	0.025	0.01	0.005
1	1.0000	3.0777	6.3138	12.7062	31.8205	63.6567	24	0.6849	1.3178	1.7109	2.0639	2.4922	2.7969
2	0.8165	1.8856	2.9200	4.3027	6.9646	9.9248	25	0.6844	1.3164	1.7081	2.0595	2.4851	2.7874
3	0.7649	1.6377	2.3534	3.1825	4.5407	5.8409	26	0.6840	1.3150	1.7056	2.0555	2.4786	2.7787
4	0.7407	1.5332	2.1319	2.7765	3.7470	4.6041	27	0.6837	1.3137	1.7033	2.0518	2.4727	2.7707
5	0.7267	1.4759	2.0151	2.5706	3.3649	4.0321	28	0.6834	1.3125	1.7011	2.0484	2.4671	2.7633
6	0.7176	1.4398	1.9432	2.4469	3.1427	3.7074	29	0.6830	1.3114	1.6991	2.0452	2.4620	2.7564
7	0.7111	1.4149	1.8946	2.3646	2.9980	3.4995	30	0.6828	1.3104	1.6973	2.0423	2.4573	2.7500
8	0.7064	1.3968	1.8596	2.3060	2.8965	3.3554	31	0.6825	1.3095	1.6955	2.0395	2.4528	2.7440
9	0.7027	1.3830	1.8331	2.2622	2.8214	3.2498	32	0.6822	1.3086	1.6939	2.0369	2.4487	2.7385
10	0.6998	1.3722	1.8125	2.2281	2.7638	3.1693	33	0.6820	1.3077	1.6924	2.0345	2.4448	2.7333
11	0.6975	1.3634	1.7959	2.2010	2.7181	3.1058	34	0.6818	1.3070	1.6909	2.0322	2.4411	2.7284
12	0.6955	1.3562	1.7823	2.1788	2.6810	3.0545	35	0.6816	1.3062	1.6896	2.0301	2.4377	2.7238
13	0.6938	1.3502	1.7709	2.1604	2.6503	3.0123	36	0.6814	1.3055	1.6883	2.0281	2.4345	2.7195
14	0.6924	1.3450	1.7613	2.1448	2.6245	2.9768	37	0.6812	1.3049	1.6871	2.0262	2.4314	2.7154
15	0.6912	1.3406	1.7531	2.1315	2.6025	2.9467	38	0.6810	1.3042	1.6860	2.0244	2.4286	2.7116
16	0.6901	1.3368	1.7459	2.1199	2.5835	2.9208	39	0.6808	1.3036	1.6849	2.0227	2.4258	2.7079
17	0.6892	1.3334	1.7396	2.1098	2.5669	2.8982	40	0.6807	1.3031	1.6839	2.0211	2.4233	2.7045
18	0.6884	1.3304	1.7341	2.1009	2.5524	2.8784	41	0.6805	1.3025	1.6829	2.0195	2.4208	2.7012
19	0.6876	1.3277	1.7291	2.0930	2.5395	2.8609	42	0.6804	1.3020	1.6820	2.0181	2.4185	2.6981
20	0.6870	1.3253	1.7247	2.0860	2.5280	2.8453	43	0.6802	1.3016	1.6811	2.0167	2.4163	2.6951
21	0.6864	1.3232	1.7207	2.0796	2.5177	2.8314	44	0.6801	1.3011	1.6802	2.0154	2.4141	2.6923
22	0.6858	1.3212	1.7171	2.0739	2.5083	2.8188	45	0.6800	1.3006	1.6794	2.0141	2.4121	2.6896
23	0.6853	1.3195	1.7139	2.0687	2.4999	2.8073							

附表 4　F分布表

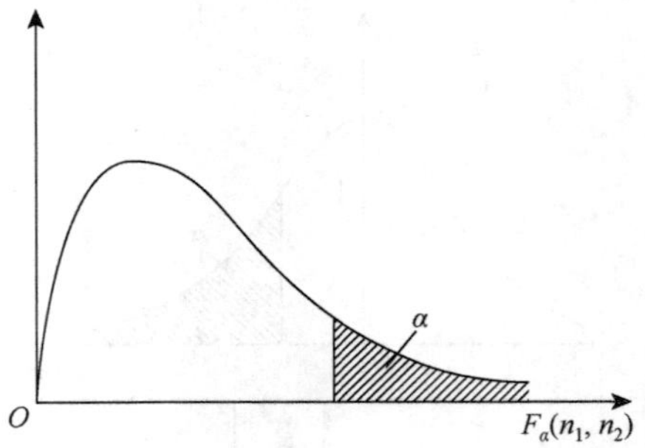

$\alpha = 0.25$

n_2 \ n_1	1	2	3	4	5	6	7	8	9	10	12	15	20	24	30	40	60	120	∞
1	5.83	7.50	8.20	8.58	8.82	8.98	9.10	9.19	9.26	9.32	9.41	9.49	9.58	9.63	9.67	9.71	9.76	9.80	9.85
2	2.57	3.00	3.15	3.23	3.28	3.31	3.34	3.35	3.37	3.38	3.39	3.41	3.43	3.43	3.44	3.45	3.46	3.47	3.48
3	2.02	2.28	2.36	2.39	2.41	2.42	2.43	2.44	2.44	2.44	2.45	2.46	2.46	2.46	2.47	2.47	2.47	2.47	2.47
4	1.81	2.00	2.05	2.06	2.07	2.08	2.08	2.08	2.08	2.08	2.08	2.08	2.08	2.08	2.08	2.08	2.08	2.08	2.08
5	1.69	1.85	1.88	1.89	1.89	1.89	1.89	1.89	1.89	1.89	1.89	1.89	1.88	1.88	1.88	1.88	1.87	1.87	1.87
6	1.62	1.76	1.78	1.79	1.79	1.78	1.78	1.78	1.77	1.77	1.77	1.76	1.76	1.75	1.75	1.75	1.74	1.74	1.74
7	1.57	1.70	1.72	1.72	1.71	1.71	1.70	1.70	1.69	1.69	1.68	1.68	1.67	1.67	1.66	1.66	1.65	1.65	1.65
8	1.54	1.66	1.67	1.66	1.66	1.65	1.64	1.64	1.63	1.63	1.62	1.62	1.61	1.60	1.60	1.59	1.59	1.58	1.58
9	1.51	1.62	1.63	1.63	1.62	1.61	1.60	1.60	1.59	1.59	1.58	1.57	1.56	1.56	1.55	1.54	1.54	1.53	1.53
10	1.49	1.60	1.60	1.59	1.59	1.58	1.57	1.56	1.56	1.55	1.54	1.53	1.52	1.52	1.51	1.51	1.50	1.49	1.48
11	1.47	1.58	1.58	1.57	1.56	1.55	1.54	1.53	1.53	1.52	1.51	1.50	1.49	1.49	1.48	1.47	1.47	1.46	1.45
12	1.46	1.56	1.56	1.55	1.54	1.53	1.52	1.51	1.51	1.50	1.49	1.48	1.47	1.46	1.45	1.45	1.44	1.43	1.42
13	1.45	1.55	1.55	1.53	1.52	1.51	1.50	1.49	1.49	1.48	1.47	1.46	1.45	1.44	1.43	1.42	1.42	1.41	1.40
14	1.44	1.53	1.53	1.52	1.51	1.50	1.49	1.48	1.47	1.46	1.45	1.44	1.43	1.42	1.41	1.41	1.40	1.39	1.38
15	1.43	1.52	1.52	1.51	1.49	1.48	1.47	1.46	1.46	1.45	1.44	1.43	1.41	1.41	1.40	1.39	1.38	1.37	1.36
16	1.42	1.51	1.51	1.50	1.48	1.47	1.46	1.45	1.44	1.44	1.43	1.41	1.40	1.39	1.38	1.37	1.36	1.35	1.34
17	1.42	1.51	1.50	1.49	1.47	1.46	1.45	1.44	1.43	1.43	1.41	1.40	1.39	1.38	1.37	1.36	1.35	1.34	1.33
18	1.41	1.50	1.49	1.48	1.46	1.45	1.44	1.43	1.42	1.42	1.40	1.39	1.38	1.37	1.36	1.35	1.34	1.33	1.32
19	1.41	1.49	1.49	1.47	1.46	1.44	1.43	1.42	1.41	1.41	1.40	1.38	1.37	1.36	1.35	1.34	1.33	1.32	1.30
20	1.40	1.49	1.48	1.47	1.45	1.44	1.43	1.42	1.41	1.40	1.39	1.37	1.36	1.35	1.34	1.33	1.32	1.31	1.29
21	1.40	1.48	1.48	1.46	1.44	1.43	1.42	1.41	1.40	1.39	1.38	1.37	1.35	1.34	1.33	1.32	1.31	1.30	1.28
22	1.40	1.48	1.47	1.45	1.44	1.42	1.41	1.40	1.39	1.39	1.37	1.36	1.34	1.33	1.32	1.31	1.30	1.29	1.28
23	1.39	1.47	1.47	1.45	1.43	1.42	1.41	1.40	1.39	1.38	1.37	1.35	1.34	1.33	1.32	1.31	1.30	1.28	1.27
24	1.39	1.47	1.46	1.44	1.43	1.41	1.40	1.39	1.38	1.38	1.36	1.35	1.33	1.32	1.31	1.30	1.29	1.28	1.26
25	1.39	1.47	1.46	1.44	1.42	1.41	1.40	1.39	1.38	1.37	1.36	1.34	1.33	1.32	1.31	1.29	1.28	1.27	1.25
26	1.38	1.46	1.45	1.44	1.42	1.41	1.39	1.38	1.37	1.37	1.35	1.34	1.32	1.31	1.30	1.29	1.28	1.26	1.25
27	1.38	1.46	1.45	1.43	1.42	1.40	1.39	1.38	1.37	1.36	1.35	1.33	1.32	1.31	1.30	1.28	1.27	1.26	1.24
28	1.38	1.46	1.45	1.43	1.41	1.40	1.39	1.38	1.37	1.36	1.34	1.33	1.31	1.30	1.29	1.28	1.27	1.25	1.24
29	1.38	1.45	1.45	1.43	1.41	1.40	1.38	1.37	1.36	1.35	1.34	1.32	1.31	1.30	1.29	1.27	1.26	1.25	1.23

续表

n_2 \ n_1	1	2	3	4	5	6	7	8	9	10	12	15	20	24	30	40	60	120	∞
30	1.38	1.45	1.44	1.42	1.41	1.39	1.38	1.37	1.36	1.35	1.34	1.32	1.30	1.29	1.28	1.27	1.26	1.24	1.23
40	1.36	1.44	1.42	1.40	1.39	1.37	1.36	1.35	1.34	1.33	1.31	1.30	1.28	1.26	1.25	1.24	1.22	1.21	1.19
60	1.35	1.42	1.41	1.38	1.37	1.35	1.33	1.32	1.31	1.30	1.29	1.27	1.25	1.24	1.22	1.21	1.19	1.17	1.15
120	1.34	1.40	1.39	1.37	1.35	1.33	1.31	1.30	1.29	1.28	1.26	1.24	1.22	1.21	1.19	1.18	1.16	1.13	1.10
∞	1.32	1.39	1.37	1.35	1.33	1.31	1.29	1.28	1.27	1.25	1.24	1.22	1.19	1.18	1.16	1.14	1.12	1.08	1.00

$\alpha = 0.10$

n_2 \ n_1	1	2	3	4	5	6	7	8	9	10	15	20	30	50	100	200	500	∞
1	39.9	49.5	53.6	55.8	57.2	58.2	58.9	59.4	59.9	60.2	61.2	61.7	62.3	62.7	63.0	63.2	63.3	63.3
2	8.53	9.00	9.16	9.24	9.29	9.33	9.35	9.37	9.38	9.39	9.42	9.44	9.46	9.47	9.48	9.49	9.49	9.49
3	5.54	5.46	5.39	5.34	5.31	5.28	5.27	5.25	5.24	5.23	5.20	5.18	5.17	5.15	5.14	5.14	5.14	5.13
4	4.54	4.32	4.19	4.11	4.05	4.01	3.98	3.95	3.94	3.92	3.87	3.84	3.82	3.80	3.78	3.77	3.76	3.76
5	4.06	3.78	3.62	3.52	3.45	3.40	3.37	3.34	3.32	3.30	3.24	3.21	3.17	3.15	3.13	3.12	3.11	3.10
6	3.78	3.46	3.29	3.18	3.11	3.05	3.01	2.98	2.96	2.94	2.87	2.84	2.80	2.77	2.75	2.73	2.73	2.72
7	3.59	3.26	3.07	2.96	2.88	2.83	2.78	2.75	2.72	2.70	2.63	2.59	2.56	2.52	2.50	2.48	2.48	2.47
8	3.46	3.11	2.92	2.81	2.73	2.67	2.62	2.59	2.56	2.54	2.46	2.42	2.38	2.35	2.32	2.31	2.30	2.29
9	3.36	3.01	2.81	2.69	2.61	2.55	2.51	2.47	2.44	2.42	2.34	2.30	2.25	2.22	2.19	2.17	2.17	2.16
10	3.28	2.92	2.73	2.61	2.52	2.46	2.41	2.38	2.35	2.32	2.24	2.20	2.16	2.12	2.09	2.07	2.06	2.06
11	3.23	2.86	2.66	2.54	2.45	2.39	2.34	2.30	2.27	2.25	2.17	2.12	2.08	2.04	2.00	1.99	1.98	1.97
12	3.18	2.81	2.61	2.48	2.39	2.33	2.28	2.24	2.21	2.19	2.10	2.06	2.01	1.97	1.94	1.92	1.91	1.90
13	3.14	2.76	2.56	2.43	2.35	2.28	2.23	2.20	2.16	2.14	2.05	2.01	1.96	1.92	1.88	1.86	1.85	1.85
14	3.10	2.73	2.52	2.39	2.31	2.24	2.19	2.15	2.12	2.10	2.01	1.96	1.91	1.87	1.83	1.82	1.80	1.80
15	3.07	2.70	2.49	2.36	2.27	2.21	2.16	2.12	2.09	2.06	1.97	1.92	1.87	1.83	1.79	1.77	1.76	1.76
16	3.05	2.67	2.46	2.33	2.24	2.18	2.13	2.09	2.06	2.03	1.94	1.89	1.84	1.79	1.76	1.74	1.73	1.72
17	3.03	2.64	2.44	2.31	2.22	2.15	2.10	2.06	2.03	2.00	1.91	1.86	1.81	1.76	1.73	1.71	1.69	1.69
18	3.01	2.62	2.42	2.29	2.20	2.13	2.08	2.04	2.00	1.98	1.89	1.84	1.78	1.74	1.70	1.68	1.67	1.66
19	2.99	2.61	2.40	2.27	2.18	2.11	2.06	2.02	1.98	1.96	1.86	1.81	1.76	1.71	1.67	1.65	1.64	1.63
20	2.97	2.59	2.38	2.25	2.16	2.09	2.04	2.00	1.96	1.94	1.84	1.79	1.74	1.69	1.65	1.63	1.62	1.61
22	2.95	2.56	2.35	2.22	2.13	2.06	2.01	1.97	1.93	1.00	1.81	1.76	1.70	1.65	1.61	1.59	1.58	1.57
24	2.93	2.54	2.33	2.19	2.10	2.04	1.98	1.94	1.91	1.88	1.78	1.73	1.67	1.62	1.58	1.56	1.54	1.53
26	2.91	2.52	2.31	2.17	2.08	2.01	1.96	1.92	1.88	1.86	1.76	1.71	1.65	1.59	1.55	1.53	1.51	1.50
28	2.89	2.50	2.29	2.16	2.06	2.00	1.94	1.90	1.87	1.84	1.74	1.69	1.63	1.57	1.53	1.50	1.49	1.48
30	2.88	2.49	2.28	2.14	2.05	1.98	1.93	1.88	1.85	1.82	1.72	1.67	1.61	1.55	1.51	1.48	1.47	1.46
40	2.84	2.44	2.23	2.09	2.00	1.93	1.87	1.83	1.79	1.76	1.66	1.61	1.54	1.48	1.43	1.41	1.39	1.38
50	2.81	2.41	2.20	2.06	1.97	1.90	1.84	1.80	1.76	1.73	1.63	1.57	1.50	1.44	1.39	1.36	1.34	1.33
60	2.79	2.39	2.18	2.04	1.95	1.87	1.82	1.77	1.74	1.71	1.60	1.54	1.48	1.41	1.36	1.33	1.31	1.29
80	2.77	2.37	2.15	2.02	1.92	1.85	1.79	1.75	1.71	1.68	1.57	1.51	1.44	1.38	1.32	1.28	1.26	1.24
100	2.76	2.36	2.14	2.00	1.91	1.83	1.78	1.73	1.70	1.66	1.56	1.49	1.42	1.35	1.29	1.26	1.23	1.21
200	2.73	2.33	2.11	1.97	1.88	1.80	1.75	1.70	1.66	1.63	1.52	1.46	1.38	1.31	1.24	1.20	1.17	1.14
500	2.72	2.31	2.10	1.96	1.86	1.79	1.73	1.68	1.64	1.61	1.50	1.44	1.36	1.28	1.21	1.16	1.12	1.09
∞	2.71	2.30	2.08	1.94	1.85	1.77	1.72	1.67	1.63	1.60	1.49	1.42	1.34	1.26	1.18	1.13	1.08	1.00

$\alpha = 0.05$

n_2 \ n_1	1	2	3	4	5	6	7	8	9	10	12	14	16	18	20	22	24	26	28	30	35	40	45	50	60	80	100	200	500	∞
1	161	200	216	225	230	234	237	239	241	242	244	245	246	247	248	249	249	249	250	250	251	251	251	252	252	252	253	254	254	254
2	18.5	19.0	19.2	19.2	19.3	19.3	19.4	19.4	19.4	19.4	19.4	19.4	19.4	19.4	19.4	19.5	19.5	19.5	19.5	19.5	19.5	19.5	19.5	19.5	19.5	19.5	19.5	19.5	19.5	19.5
3	10.1	9.55	9.28	9.12	9.01	8.94	8.89	8.85	8.81	8.79	8.74	8.71	8.69	8.67	8.66	8.65	8.64	8.63	8.62	8.62	8.60	8.59	8.59	8.58	8.57	8.56	8.55	8.54	8.53	8.53
4	7.71	6.94	6.59	6.39	6.26	6.16	6.09	6.04	6.00	5.96	5.91	5.87	5.84	5.82	5.80	5.79	5.77	5.76	5.75	5.75	5.73	5.72	5.71	5.70	5.69	5.67	5.66	5.65	5.64	5.63
5	6.61	5.79	5.41	5.19	5.05	4.95	4.88	4.82	4.77	4.74	4.68	4.64	4.60	4.58	4.56	4.54	4.53	4.52	4.50	4.50	4.48	4.46	4.45	4.44	4.43	4.41	4.41	4.39	4.37	4.37
6	5.99	5.14	4.76	4.53	4.39	4.28	4.21	4.15	4.10	4.06	4.00	3.96	3.90	3.90	3.87	3.86	3.84	3.83	3.82	3.81	3.79	3.77	3.76	3.75	3.74	3.72	3.71	3.69	3.68	3.67
7	5.59	4.74	4.35	4.12	3.97	3.87	3.79	3.73	3.68	3.64	3.57	3.53	3.49	3.47	3.44	3.43	3.41	3.40	3.39	3.38	3.36	3.34	3.33	3.32	3.30	3.29	3.27	3.25	3.24	3.23
8	5.32	4.46	4.07	3.84	3.69	3.58	3.50	3.44	3.39	3.35	3.28	3.24	3.20	3.17	3.15	3.13	3.12	3.10	3.09	3.08	3.06	3.04	3.03	3.02	3.01	2.99	2.97	2.95	2.94	2.93
9	5.12	4.26	3.86	3.63	3.48	3.37	3.29	3.23	3.18	3.14	3.07	3.03	2.99	2.96	2.94	2.92	2.90	2.89	2.87	2.86	2.84	2.83	2.81	2.80	2.79	2.77	2.76	2.73	2.72	2.71
10	4.96	4.10	3.71	3.48	3.33	3.22	3.14	3.07	3.02	2.98	2.91	2.86	2.83	2.80	2.77	2.75	2.74	2.72	2.71	2.70	2.68	2.66	2.65	2.64	2.62	2.60	2.59	2.56	2.55	2.54
11	4.84	3.98	3.59	3.36	3.20	3.09	3.01	2.95	2.90	2.85	2.79	2.74	2.70	2.67	2.65	2.63	2.61	2.59	2.58	2.57	2.55	2.53	2.52	2.51	2.49	2.47	2.46	2.43	2.42	2.40
12	4.75	3.89	3.49	3.26	3.11	3.00	2.91	2.85	2.80	2.75	2.69	2.64	2.60	2.57	2.54	2.52	2.51	2.49	2.48	2.47	2.44	2.43	2.41	2.40	2.38	2.36	2.35	2.32	2.31	2.30
13	4.67	3.81	3.41	3.18	3.03	2.92	2.83	2.77	2.71	2.67	2.60	2.55	2.51	2.48	2.46	2.44	2.42	2.41	2.39	2.38	2.36	2.34	2.33	2.31	2.30	2.27	2.26	2.23	2.22	2.21
14	4.60	3.74	3.34	3.11	2.96	2.85	2.76	2.70	2.65	2.60	2.53	2.48	2.44	2.41	2.39	2.37	2.35	2.33	2.32	2.31	2.28	2.27	2.25	2.24	2.22	2.20	2.19	2.16	2.14	2.13
15	4.54	3.68	3.29	3.06	2.90	2.79	2.71	2.64	2.59	2.54	2.48	2.42	2.38	2.35	2.33	2.31	2.29	2.27	2.26	2.25	2.22	2.20	2.19	2.18	2.16	2.14	2.12	2.10	2.08	2.07
16	4.49	3.63	3.24	3.01	2.85	2.74	2.66	2.59	2.54	2.49	2.42	2.37	2.33	2.30	2.28	2.25	2.24	2.22	2.21	2.19	2.17	2.15	2.14	2.12	2.11	2.08	2.07	2.04	2.02	2.01
17	4.45	3.59	3.20	2.96	2.81	2.70	2.61	2.55	2.49	2.45	2.38	2.33	2.29	2.26	2.23	2.21	2.19	2.17	2.16	2.15	2.12	2.10	2.09	2.08	2.06	2.03	2.02	1.99	1.97	1.96
18	4.41	3.55	3.16	2.93	2.77	2.66	2.58	2.51	2.46	2.41	2.34	2.29	2.25	2.22	2.19	2.17	2.15	2.13	2.12	2.11	2.08	2.06	2.05	2.04	2.02	1.99	1.98	1.95	1.93	1.92
19	4.38	3.52	3.13	2.90	2.74	2.63	2.54	2.48	2.42	2.38	2.31	2.26	2.21	2.18	2.16	2.13	2.11	2.10	2.08	2.07	2.05	2.03	2.01	2.00	1.98	1.96	1.94	1.91	1.89	1.88
20	4.35	3.49	3.10	2.87	2.71	2.60	2.51	2.45	2.39	2.35	2.28	2.22	2.18	2.15	2.12	2.10	2.08	2.07	2.05	2.04	2.01	1.99	1.98	1.97	1.95	1.92	1.91	1.88	1.86	1.84
21	4.32	3.47	3.07	2.84	2.68	2.57	2.49	2.42	2.37	2.32	2.25	2.20	2.16	2.12	2.10	2.07	2.05	2.04	2.02	2.01	1.98	1.96	1.95	1.94	1.92	1.89	1.88	1.84	1.82	1.81
22	4.30	3.44	3.05	2.82	2.66	2.55	2.46	2.40	2.34	2.30	2.23	2.17	2.13	2.10	2.07	2.05	2.03	2.01	2.00	1.98	1.96	1.94	1.92	1.91	1.89	1.86	1.85	1.82	1.80	1.78
23	4.28	3.42	3.03	2.80	2.64	2.53	2.44	2.37	2.32	2.27	2.20	2.15	2.11	2.07	2.05	2.02	2.00	1.99	1.97	1.96	1.93	1.91	1.90	1.88	1.86	1.84	1.82	1.79	1.77	1.76
24	4.26	3.40	3.01	2.78	2.62	2.51	2.42	2.36	2.30	2.25	2.18	2.13	2.09	2.05	2.03	2.00	1.98	1.97	1.95	1.94	1.91	1.89	1.88	1.86	1.84	1.82	1.80	1.77	1.75	1.73
25	4.24	3.39	2.99	2.76	2.60	2.49	2.40	2.34	2.28	2.24	2.16	2.07	2.07	2.04	2.01	1.98	1.96	1.95	1.93	1.92	1.89	1.87	1.86	1.84	1.82	1.80	1.78	1.75	1.73	1.71
26	4.23	3.37	2.98	2.74	2.59	2.47	2.39	2.32	2.27	2.22	2.15	2.09	2.05	2.02	1.99	1.97	1.95	1.93	1.91	1.90	1.87	1.85	1.84	1.82	1.80	1.78	1.76	1.73	1.71	1.69

$\alpha = 0.05$

续表

n_2 \ n_1	1	2	3	4	5	6	7	8	9	10	12	14	16	18	20	22	24	26	28	30	35	40	45	50	60	80	100	200	500	∞
27	4.21	3.35	2.96	2.73	2.57	2.46	2.37	2.31	2.25	2.20	2.13	2.08	2.04	2.00	1.97	1.95	1.93	1.91	1.90	1.88	1.86	1.84	1.82	1.81	1.79	1.76	1.74	1.71	1.69	1.67
28	4.20	3.34	2.95	2.71	2.56	2.45	2.36	2.29	2.24	2.19	2.12	2.06	2.02	1.99	1.96	1.93	1.91	1.90	1.88	1.87	1.84	1.82	1.80	1.79	1.77	1.74	1.73	1.69	1.67	1.65
29	4.18	3.33	2.93	2.70	2.55	2.43	2.35	2.28	2.22	2.18	2.10	2.05	2.01	1.97	1.94	1.92	1.90	1.88	1.87	1.85	1.83	1.81	1.79	1.77	1.75	1.73	1.71	1.67	1.65	1.64
30	4.17	3.32	2.92	2.69	2.53	2.42	2.33	2.27	2.21	2.16	2.09	2.04	1.99	1.96	1.93	1.91	1.89	1.87	1.85	1.84	1.81	1.79	1.77	1.76	1.74	1.71	1.70	1.66	1.64	1.62
32	4.15	3.29	2.90	2.67	2.51	2.40	2.31	2.24	2.19	2.14	2.07	2.01	1.97	1.94	1.91	1.88	1.86	1.85	1.83	1.82	1.79	1.77	1.75	1.74	1.71	1.69	1.67	1.63	1.61	1.59
34	4.13	3.28	2.88	2.65	2.49	2.38	2.29	2.23	2.17	2.12	2.05	1.99	1.95	1.92	1.89	1.86	1.84	1.82	1.80	1.80	1.77	1.75	1.73	1.71	1.69	1.66	1.65	1.61	1.59	1.57
36	4.11	3.26	2.87	2.63	2.48	2.36	2.28	2.21	2.15	2.11	2.03	1.98	1.93	1.90	1.87	1.85	1.82	1.81	1.79	1.78	1.75	1.73	1.71	1.69	1.67	1.64	1.62	1.59	1.56	1.55
38	4.10	3.24	2.85	2.62	2.46	2.35	2.26	2.19	2.14	2.09	2.02	1.96	1.92	1.88	1.85	1.83	1.81	1.79	1.77	1.76	1.73	1.71	1.69	1.68	1.65	1.62	1.61	1.57	1.54	1.53
40	4.08	3.23	2.84	2.61	2.45	2.34	2.25	2.18	2.12	2.08	2.00	1.95	1.90	1.87	1.84	1.81	1.79	1.77	1.76	1.74	1.72	1.69	1.67	1.66	1.64	1.61	1.59	1.55	1.53	1.51
42	4.07	3.22	2.83	2.59	2.44	2.32	2.24	2.17	2.11	2.06	1.99	1.93	1.89	1.86	1.83	1.80	1.78	1.76	1.74	1.73	1.70	1.68	1.66	1.65	1.62	1.59	1.57	1.53	1.51	1.49
44	4.06	3.21	2.82	2.58	2.43	2.31	2.23	2.16	2.10	2.05	1.98	1.92	1.88	1.84	1.81	1.79	1.77	1.75	1.73	1.72	1.69	1.67	1.65	1.63	1.61	1.58	1.56	1.52	1.49	1.48
46	4.05	3.20	2.81	2.57	2.42	2.30	2.22	2.15	2.09	2.04	1.97	1.91	1.87	1.83	1.80	1.78	1.76	1.74	1.72	1.71	1.68	1.65	1.64	1.62	1.60	1.57	1.55	1.51	1.48	1.46
48	4.04	3.19	2.80	2.57	2.41	2.29	2.21	2.14	2.08	2.03	1.96	1.90	1.86	1.82	1.79	1.77	1.75	1.73	1.71	1.70	1.67	1.64	1.62	1.61	1.59	1.56	1.54	1.49	1.47	1.45
50	4.03	3.18	2.79	2.56	2.40	2.29	2.20	2.13	2.07	2.03	1.95	1.89	1.85	1.81	1.78	1.76	1.74	1.72	1.70	1.69	1.66	1.63	1.61	1.60	1.58	1.54	1.52	1.48	1.46	1.44
60	4.00	3.15	2.76	2.53	2.37	2.25	2.17	2.10	2.04	1.99	1.92	1.86	1.82	1.78	1.75	1.72	1.70	1.68	1.66	1.65	1.62	1.59	1.57	1.56	1.53	1.50	1.48	1.44	1.41	1.39
80	3.96	3.11	2.72	2.49	2.33	2.21	2.13	2.06	2.00	1.95	1.88	1.82	1.77	1.73	1.70	1.68	1.65	1.63	1.62	1.60	1.57	1.54	1.52	1.51	1.48	1.45	1.43	1.38	1.35	1.32
100	3.94	3.09	2.70	2.46	2.31	2.19	2.10	2.03	1.97	1.93	1.85	1.79	1.75	1.71	1.68	1.65	1.63	1.61	1.59	1.57	1.54	1.52	1.49	1.48	1.45	1.41	1.39	1.34	1.31	1.28
125	3.92	3.07	2.68	2.44	2.29	2.17	2.08	2.01	1.96	1.91	1.83	1.77	1.72	1.69	1.65	1.63	1.60	1.58	1.57	1.55	1.52	1.49	1.47	1.45	1.42	1.39	1.36	1.31	1.27	1.25
150	3.90	3.06	2.66	2.43	2.27	2.16	2.07	2.00	1.94	1.89	1.82	1.76	1.71	1.67	1.64	1.61	1.59	1.57	1.55	1.53	1.50	1.48	1.45	1.44	1.41	1.37	1.34	1.29	1.25	1.22
200	3.89	3.04	2.65	2.42	2.26	2.14	2.06	1.98	1.93	1.88	1.80	1.74	1.69	1.66	1.62	1.60	1.57	1.55	1.53	1.52	1.48	1.46	1.43	1.41	1.39	1.35	1.32	1.26	1.22	1.19
300	3.87	3.03	2.63	2.40	2.24	2.13	2.04	1.97	1.91	1.86	1.78	1.72	1.68	1.64	1.61	1.58	1.55	1.53	1.51	1.50	1.46	1.43	1.41	1.39	1.36	1.32	1.30	1.23	1.19	1.15
500	3.86	3.01	2.62	2.39	2.23	2.12	2.03	1.96	1.90	1.85	1.77	1.71	1.66	1.62	1.59	1.56	1.54	1.52	1.50	1.48	1.45	1.42	1.40	1.38	1.34	1.30	1.28	1.21	1.16	1.11
1000	3.85	3.00	2.61	2.38	2.22	2.11	2.02	1.95	1.89	1.84	1.76	1.70	1.65	1.61	1.58	1.55	1.53	1.51	1.49	1.47	1.44	1.41	1.38	1.36	1.33	1.29	1.26	1.19	1.13	1.08
∞	3.84	3.00	2.60	2.37	2.21	2.10	2.01	1.94	1.88	1.83	1.75	1.69	1.64	1.60	1.57	1.54	1.52	1.50	1.48	1.46	1.42	1.39	1.37	1.35	1.32	1.27	1.24	1.17	1.11	1.00

$\alpha = 0.01$

n_2 \ n_1	1	2	3	4	5	6	7	8	9	10	12	14	16	18	20	22	24	26	28	30	35	40	45	50	60	80	100	200	500	∞
1	4052	5000	5403	5625	5764	5859	5928	5982	6022	6056	6106	6143	6170	6192	6209	6223	6235	6245	6253	6261	6275	6287	6296	6303	6313	6326	6334	6351	6361	6366
2	98.5	99.0	99.2	99.2	99.3	99.3	99.4	99.4	99.4	99.4	99.4	99.4	99.4	99.4	99.4	99.5	99.5	99.5	99.5	99.5	99.5	99.5	99.5	99.5	99.5	99.5	99.5	99.5	99.5	99.5
3	34.1	30.8	29.5	28.7	28.2	27.9	27.7	27.5	27.3	27.2	27.1	26.9	26.8	26.8	26.7	26.6	26.6	26.6	26.5	26.5	26.5	26.4	26.4	26.4	26.3	26.3	26.2	26.2	26.1	26.1
4	21.2	18.0	16.7	16.0	15.5	15.2	15.0	14.8	14.7	14.5	14.4	14.2	14.2	14.1	14.0	14.0	13.9	13.9	13.9	13.8	13.8	13.7	13.7	13.7	13.7	13.6	13.6	13.5	13.5	13.5
5	16.3	13.3	12.1	11.4	11.0	10.7	10.5	10.3	10.2	10.1	9.89	9.77	9.68	9.61	9.55	9.51	9.47	9.43	9.40	9.38	9.33	9.29	9.26	9.24	9.20	9.16	9.13	9.08	9.04	9.02
6	13.7	10.9	9.78	9.15	8.75	8.47	8.26	8.10	7.98	7.87	7.72	7.60	7.52	7.45	7.40	7.35	7.31	7.28	7.25	7.23	7.18	7.14	7.11	7.09	7.06	7.01	6.99	6.93	6.90	6.88
7	12.2	9.55	8.45	7.85	7.46	7.19	6.99	6.84	6.72	6.62	6.47	6.36	6.27	6.21	6.16	6.11	6.07	6.04	6.02	5.99	5.94	5.91	5.88	5.86	5.82	5.78	5.75	5.70	5.67	5.65
8	11.3	8.65	7.59	7.01	6.63	6.37	6.18	6.03	5.91	5.81	5.67	5.56	5.48	5.41	5.36	5.32	5.28	5.25	5.22	5.20	5.15	5.12	5.00	5.07	5.03	4.99	4.96	4.91	4.88	4.86
9	10.6	8.02	6.99	6.42	6.06	5.80	5.61	5.47	5.35	5.26	5.11	5.00	4.92	4.86	4.81	4.77	4.73	4.70	4.67	4.65	4.60	4.57	4.54	4.52	4.48	4.44	4.42	4.36	4.33	4.31
10	10.0	7.56	6.55	5.99	5.64	5.39	5.20	5.06	4.94	4.85	4.71	4.60	4.52	4.46	4.41	4.36	4.33	4.30	4.27	4.25	4.20	4.17	4.14	4.12	4.08	4.04	4.01	3.96	3.93	3.91
11	9.65	7.21	6.22	5.67	5.32	5.07	4.89	4.74	4.63	4.54	4.40	4.29	4.21	4.15	4.10	4.06	4.02	3.99	3.96	3.94	3.89	3.86	3.83	3.81	3.78	3.73	3.71	3.66	3.62	3.60
12	9.33	6.93	5.95	5.41	5.06	4.82	4.64	4.50	4.39	4.30	4.16	4.05	3.97	3.91	3.86	3.82	3.78	3.75	3.72	3.70	3.65	3.62	3.59	3.57	3.54	3.49	3.47	3.41	3.38	3.36
13	9.07	6.70	5.74	5.21	4.86	4.62	4.44	4.30	4.19	4.10	3.96	3.86	3.78	3.71	3.66	3.62	3.59	3.56	3.53	3.51	3.46	3.43	3.40	3.38	3.34	3.30	3.27	3.22	3.19	3.17
14	8.86	6.51	5.56	5.04	4.70	4.46	4.28	4.14	4.03	3.94	3.80	3.70	3.62	3.56	3.51	3.46	3.43	3.40	3.37	3.35	3.30	3.27	3.24	3.22	3.18	3.14	3.11	3.06	3.03	3.00
15	8.68	6.36	5.42	4.89	4.56	4.32	4.14	4.00	3.89	3.80	3.67	3.56	3.49	3.42	3.37	3.33	3.29	3.26	3.24	3.21	3.17	3.13	3.10	3.08	3.05	3.00	2.98	2.92	2.89	2.87
16	8.53	6.23	5.29	4.77	4.44	4.20	4.03	3.89	3.78	3.69	3.55	3.45	3.37	3.31	3.26	3.22	3.18	3.15	3.12	3.10	3.05	3.02	2.99	2.97	2.93	2.89	2.86	2.81	2.78	2.75
17	8.40	6.11	5.18	4.67	4.34	4.10	3.93	3.79	3.68	3.59	3.46	3.35	3.27	3.21	3.16	3.12	3.08	3.05	3.03	3.00	2.96	2.92	2.89	2.87	2.83	2.79	2.76	2.71	2.68	2.65
18	8.29	6.01	5.09	4.58	4.25	4.01	3.84	3.71	3.60	3.51	3.37	3.27	3.19	3.13	3.08	3.03	3.00	2.97	2.94	2.92	2.87	2.84	2.81	2.78	2.75	2.70	2.68	2.62	2.59	2.57
19	8.18	5.93	5.01	4.50	4.17	3.94	3.77	3.63	3.52	3.43	3.30	3.19	3.12	3.05	3.00	2.96	2.92	2.89	2.87	2.84	2.80	2.76	2.73	2.71	2.67	2.63	2.60	2.55	2.51	2.49
20	8.10	5.85	4.94	4.43	4.10	3.87	3.70	3.56	3.46	3.37	3.23	3.13	3.05	2.99	2.94	2.90	2.86	2.83	2.80	2.78	2.73	2.69	2.67	2.64	2.61	2.56	2.54	2.48	2.44	2.42
21	8.02	5.78	4.87	4.37	4.04	3.81	3.64	3.51	3.40	3.31	3.17	3.07	2.99	2.93	2.88	2.84	2.80	2.77	2.74	2.72	2.67	2.64	2.61	2.58	2.55	2.50	2.48	2.42	2.38	2.36
22	7.95	5.72	4.82	4.31	3.99	3.76	3.59	3.45	3.35	3.26	3.12	3.02	2.94	2.88	2.83	2.78	2.75	2.72	2.69	2.67	2.62	2.58	2.55	2.53	2.50	2.45	2.42	2.36	2.33	2.30
23	7.88	5.66	4.76	4.26	3.94	3.71	3.54	3.41	3.30	3.21	3.07	2.97	2.89	2.83	2.78	2.74	2.70	2.67	2.64	2.62	2.57	2.54	2.51	2.48	2.45	2.40	2.37	2.32	2.28	2.26
24	7.82	5.61	4.72	4.22	3.90	3.67	3.50	3.36	3.26	3.17	3.03	2.93	2.85	2.79	2.74	2.70	2.66	2.63	2.60	2.58	2.53	2.49	2.46	2.44	2.40	2.36	2.33	2.27	2.24	2.21
25	7.77	5.57	4.68	4.18	3.86	3.63	3.46	3.32	3.22	3.13	2.99	2.89	2.81	2.75	2.70	2.86	2.62	2.59	2.56	2.54	2.49	2.45	2.42	2.40	2.36	2.32	2.29	2.23	2.19	2.17
26	7.72	5.53	4.64	4.14	3.82	3.59	3.42	3.29	3.18	3.09	2.96	2.86	2.78	2.72	2.66	2.62	2.58	2.55	2.53	2.50	2.45	2.42	2.39	2.36	2.33	2.28	2.25	2.19	2.16	2.13

续表

n_2 \ n_1	1	2	3	4	5	6	7	8	9	10	12	14	16	18	20	22	24	26	28	30	35	40	45	50	60	80	100	200	500	∞
27	7.68	5.49	4.60	4.11	3.78	3.56	3.39	3.26	3.15	3.06	2.93	2.82	2.75	2.68	2.63	2.59	2.55	2.52	2.49	2.47	2.42	2.38	2.35	2.33	2.29	2.25	2.22	2.16	2.12	2.10
28	7.64	5.45	4.57	4.07	3.75	3.53	3.36	3.23	3.12	3.03	2.90	2.79	2.72	2.65	2.60	2.56	2.52	2.49	2.46	2.44	2.39	2.35	2.32	2.30	2.26	2.22	2.19	2.13	2.09	2.06
29	7.60	5.42	4.54	4.04	3.73	3.50	3.33	3.20	3.09	3.00	2.87	2.77	2.69	2.62	2.57	2.53	2.46	2.46	2.44	2.41	2.36	2.33	2.30	2.27	2.23	2.19	2.16	2.10	2.06	2.03
30	7.56	5.39	4.51	4.02	3.70	3.47	3.30	3.17	3.07	2.98	2.84	2.74	2.66	2.60	2.55	2.51	2.47	2.44	2.41	2.39	2.34	2.30	2.27	2.25	2.21	2.16	2.13	2.07	2.03	2.01
32	7.50	5.34	4.46	3.97	3.65	3.43	3.26	3.13	3.02	2.93	2.80	2.70	2.62	2.55	2.50	2.46	2.42	2.39	2.36	2.34	2.29	2.25	2.22	2.20	2.16	2.11	2.08	2.02	1.98	1.96
34	7.44	5.29	4.42	3.93	3.61	3.39	3.22	3.09	2.98	2.89	2.76	2.66	2.58	2.51	2.46	2.42	2.38	2.35	2.32	2.30	2.25	2.21	2.18	2.16	2.12	2.07	2.04	1.98	1.94	1.91
36	7.40	5.25	4.38	3.89	3.57	3.35	3.18	3.05	2.95	2.86	2.72	2.62	2.54	2.48	2.43	2.38	2.35	2.32	2.29	2.26	2.21	2.17	2.14	2.12	2.08	2.03	2.00	1.94	1.90	1.87
38	7.35	5.21	4.34	3.86	3.54	3.32	3.15	3.02	2.92	2.83	2.69	2.59	2.51	2.45	2.40	2.35	2.32	2.28	2.26	2.23	2.18	2.14	2.11	2.09	2.05	2.00	1.97	1.90	1.86	1.84
40	7.31	5.18	4.31	3.83	3.51	3.29	3.12	2.99	2.89	2.80	2.66	2.56	2.48	2.42	2.37	2.33	2.29	2.26	2.23	2.20	2.15	2.11	2.08	2.06	2.02	1.97	1.94	1.87	1.83	1.80
42	7.28	5.15	4.29	3.80	3.49	3.27	3.10	2.97	2.86	2.78	2.64	2.54	2.46	2.40	2.34	2.30	2.26	2.23	2.20	2.18	2.13	2.09	2.06	2.03	1.99	1.94	1.91	1.85	1.80	1.78
44	7.25	5.12	4.26	3.78	3.47	3.24	3.08	2.95	2.84	2.75	2.62	2.52	2.44	2.37	2.32	2.28	2.24	2.21	2.18	2.15	2.10	2.06	2.03	2.01	1.97	1.92	1.89	1.82	1.78	1.75
46	7.22	5.10	4.24	3.76	3.44	3.22	3.06	2.93	2.82	2.73	2.60	2.50	2.42	2.35	2.30	2.26	2.22	2.19	2.16	2.13	2.08	2.04	2.01	1.99	1.95	1.90	1.86	1.80	1.75	1.73
48	7.20	5.08	4.22	3.74	3.43	3.20	3.04	2.91	2.80	2.72	2.58	2.48	2.40	2.33	2.28	2.24	2.20	2.17	2.14	2.12	2.06	2.02	1.99	1.97	1.93	1.88	1.84	1.78	1.73	1.70
50	7.17	5.06	4.20	3.72	3.41	3.19	3.02	2.89	2.79	2.70	2.56	2.46	2.38	2.32	2.27	2.22	2.18	2.15	2.12	2.10	2.05	2.01	1.97	1.95	1.91	1.86	1.82	1.76	1.71	1.68
60	7.08	4.98	4.13	3.65	3.34	3.12	2.95	2.82	2.72	2.63	2.50	2.39	2.31	2.25	2.20	2.15	2.12	2.08	2.05	2.03	1.98	1.94	1.90	1.88	1.84	1.78	1.75	1.68	1.63	1.60
80	6.96	4.88	4.04	3.56	3.26	3.04	2.87	2.74	2.64	2.55	2.42	2.31	2.23	2.17	2.12	2.07	2.03	2.00	1.97	1.94	1.89	1.85	1.81	1.79	1.75	1.69	1.66	1.58	1.53	1.49
100	6.90	4.82	3.98	3.51	3.21	2.99	2.82	2.69	2.59	2.50	2.37	2.26	2.19	2.12	2.07	2.02	1.98	1.94	1.92	1.89	1.84	1.80	1.76	1.73	1.69	1.63	1.60	1.52	1.47	1.43
125	6.84	4.78	3.94	3.47	3.17	2.95	2.79	2.66	2.55	2.47	2.33	2.23	2.15	2.08	2.03	1.98	1.94	1.91	1.88	1.85	1.80	1.76	1.72	1.69	1.65	1.59	1.55	1.47	1.41	1.37
150	6.81	4.75	3.92	3.45	3.14	2.92	2.76	2.63	2.53	2.44	2.31	2.20	2.12	2.06	2.00	1.96	1.92	1.88	1.85	1.83	1.77	1.73	1.69	1.66	1.62	1.56	1.52	1.43	1.38	1.33
200	6.76	4.71	3.88	3.41	3.11	2.89	2.73	2.60	2.50	2.41	2.27	2.17	2.09	2.02	1.97	1.93	1.89	1.85	1.82	1.79	1.74	1.69	1.66	1.63	1.58	1.52	1.48	1.39	1.33	1.28
300	6.72	4.68	3.85	3.38	3.08	2.86	2.70	2.57	2.47	2.38	2.24	2.14	2.06	1.99	1.94	1.89	1.85	1.82	1.79	1.76	1.71	1.66	1.62	1.59	1.55	1.48	1.44	1.35	1.28	1.22
500	6.69	4.65	3.82	3.36	3.05	2.84	2.68	2.55	2.44	2.36	2.22	2.12	2.04	1.97	1.92	1.87	1.83	1.79	1.76	1.74	1.68	1.63	1.60	1.56	1.52	1.45	1.41	1.31	1.23	1.16
1000	6.66	4.63	3.80	3.34	3.04	2.82	2.66	2.53	2.43	2.34	2.20	2.10	2.02	1.95	1.90	1.85	1.81	1.77	1.74	1.72	1.66	1.61	1.57	1.54	1.50	1.43	1.38	1.28	1.19	1.11
∞	6.63	4.61	3.78	3.32	3.02	2.80	2.64	2.51	2.41	2.32	2.18	2.08	2.00	1.93	1.88	1.83	1.79	1.76	1.72	1.70	1.64	1.59	1.55	1.52	1.47	1.40	1.36	1.25	1.15	1.00

附表 5　科尔莫戈罗夫分布表

$$Q(\lambda)=\sum_{k=-\infty}^{+\infty}(-1)^k \mathrm{e}^{-2k^2\lambda^2}$$

λ	$Q(\lambda)$	λ	$Q(\lambda)$	λ	$Q(\lambda)$	λ	$Q(\lambda)$	λ	$Q(\lambda)$	λ	$Q(\lambda)$	λ	$Q(\lambda)$	λ	$Q(\lambda)$
0.32	0.0000	0.57	0.0987	0.82	0.4880	1.07	0.7976	1.32	0.9387	1.57	0.9855	1.82	0.9973	2.07	0.9996
0.33	0.0001	0.58	0.1104	0.83	0.5038	1.08	0.8061	1.33	0.9418	1.58	0.9864	1.83	0.9975	2.08	0.9996
0.34	0.0002	0.59	0.1228	0.84	0.5194	1.09	0.8143	1.34	0.9449	1.59	0.9873	1.84	0.9977	2.09	0.9997
0.35	0.0003	0.60	0.1357	0.85	0.5347	1.10	0.8223	1.35	0.9478	1.60	0.9880	1.85	0.9979	2.10	0.9997
0.36	0.0005	0.61	0.1492	0.86	0.5497	1.11	0.8299	1.36	0.9505	1.61	0.9888	1.86	0.9980	2.11	0.9997
0.37	0.0008	0.62	0.1632	0.87	0.5645	1.12	0.8374	1.37	0.9531	1.62	0.9895	1.87	0.9981	2.12	0.9997
0.38	0.0013	0.63	0.1778	0.88	0.5791	1.13	0.8445	1.38	0.9556	1.63	0.9902	1.88	0.9983	2.13	0.9998
0.39	0.0019	0.64	0.1927	0.89	0.5933	1.14	0.8514	1.39	0.9580	1.64	0.9908	1.89	0.9984	2.14	0.9998
0.40	0.0028	0.65	0.2080	0.90	0.6073	1.15	0.8580	1.40	0.9603	1.65	0.9914	1.90	0.9985	2.15	0.9998
0.41	0.0040	0.66	0.2236	0.91	0.6209	1.16	0.8644	1.41	0.9625	1.66	0.9919	1.91	0.9986	2.16	0.9998
0.42	0.0055	0.67	0.2396	0.92	0.6343	1.17	0.8706	1.42	0.9646	1.67	0.9924	1.92	0.9987	2.17	0.9998
0.43	0.0074	0.68	0.2558	0.93	0.6473	1.18	0.8765	1.43	0.9665	1.68	0.9929	1.93	0.9988	2.18	0.9999
0.44	0.0097	0.69	0.2722	0.94	0.6601	1.19	0.8823	1.44	0.9684	1.69	0.9934	1.94	0.9989	2.19	0.9999
0.45	0.0126	0.70	0.3888	0.95	0.6725	1.20	0.8877	1.45	0.9702	1.70	0.9938	1.95	0.9990	2.20	0.9999
0.46	0.0160	0.71	0.3055	0.96	0.6846	1.21	0.8930	1.46	0.9718	1.71	0.9942	1.96	09991	2.21	0.9999
0.47	0.0200	0.72	0.3223	0.97	0.6963	1.22	0.8981	1.47	0.9734	1.72	0.9946	1.97	0.9991	2.22	0.9999
0.48	0.0247	0.73	0.3391	0.98	0.7079	1.23	0.9030	1.48	0.9750	1.73	0.9950	1.98	0.9992	2.23	0.9999
0.49	0.0300	0.74	0.3560	0.99	0.7191	1.24	0.9076	1.49	0.9764	1.74	0.9953	1.99	0.9993	2.24	0.9999
0.50	0.0361	0.75	0.3728	1.00	0.7300	1.25	0.9121	1.50	0.9778	1.75	0.9956	2.00	0.9993	2.25	0.9999
0.51	0.0428	0.76	0.3896	1.01	0.7406	1.26	0.9164	1.51	0.9791	1.76	0.9959	2.01	0.9994	2.26	0.9999
0.52	0.0503	0.77	0.4064	1.02	0.7508	1.27	0.9206	1.52	0.9803	1.77	0.9962	2.02	0.9994	2.27	0.9999
0.53	0.0585	0.78	0.4230	1.03	0.7608	1.28	0.9245	1.53	0.9815	1.78	0.9965	2.03	0.9995	2.28	0.9999
0.54	0.0675	0.79	0.4395	1.04	0.7704	1.29	0.9283	1.54	0.9826	1.79	0.9967	2.04	0.9995	2.29	0.9999
0.55	0.0772	0.80	0.4559	1.05	0.7798	1.30	0.9319	1.55	0.9836	1.80	0.9969	2.05	0.9996	2.30	0.9999
0.56	0.0876	0.81	0.4720	1.06	0.7889	1.31	0.9354	1.56	0.9846	1.81	0.9971	2.06	0.9996	2.31	1.0000

附表 6　威尔科克森秩和检验临界值表

$$P(d)=\frac{\sum\limits_{i\leqslant d} t_{m,n}(i)}{C_{m+n}^{n}}$$

m	n	α				m	n	α				m	n	α				m	n	α				m	n	α			
		0.05	0.025	0.01	0.005			0.05	0.025	0.01	0.05			0.05	0.025	0.01	0.05			0.05	0.025	0.01	0.05			0.05	0.025	0.01	0.05
3	3	6	—	—	—	10	7	45	42	39	37	14	3	13	11	8	7	16	14	176	169	161	155	19	3	16	13	10	9
4	3	6	—	—	—		8	56	53	49	47		4	21	19	16	14		15	197	190	181	175		4	27	23	19	17
	4	11	10	—	—		9	69	65	61	58		5	31	28	25	22		16	219	211	202	196		5	38	34	30	27
5	2	3	—	—	—		10	82	78	74	71		6	42	38	34	32	17	2	6	5	3	—		6	51	46	41	38
	3	7	6	—	—	11	2	4	3	—	—		7	54	50	45	43		3	15	12	10	8		7	65	60	54	50
	4	12	11	10	—		3	11	9	7	6		8	67	62	58	54		4	25	21	18	16		8	80	74	68	64
	5	19	17	16	15		4	18	16	14	12		9	81	76	71	67		5	35	32	28	25		9	96	90	83	78
6	2	3	—	—	—		5	27	24	22	20		10	96	91	85	81		6	47	43	39	36		10	113	107	99	94
	3	8	7	—	—		6	37	34	30	28		11	112	106	100	96		7	61	56	51	47		11	131	124	116	111
	4	13	12	11	10		7	47	44	40	38		12	129	123	116	112		8	75	70	64	60		12	150	143	134	129
	5	20	18	17	16		8	59	55	51	49		13	147	141	134	129		9	90	84	78	74		13	171	163	154	148
	6	28	26	24	23		9	72	68	63	61		14	166	160	152	147		10	106	100	93	89		14	192	183	174	168
7	2	3	—	—	—		10	86	81	77	73	15	2	6	4	3	—		11	123	117	110	105		15	214	205	195	189
	3	8	7	6	—		11	100	96	91	87		3	13	11	9	8		12	142	135	127	122		16	237	228	218	210
	4	14	13	11	10	12	2	5	4	—	—		4	22	20	17	15		13	161	154	146	140		17	262	252	241	234
	5	21	20	18	16		3	11	10	8	7		5	33	29	26	23		14	182	174	165	159		18	287	277	265	258
	6	29	27	25	24		4	19	17	15	13		6	44	40	36	33		15	203	195	186	180		19	313	303	291	283
	7	39	36	34	32		5	28	26	23	21		7	56	52	47	44		16	225	217	207	201	20	1	1	—	—	—

续表

m	n	α				m	n	α				m	n	α				m	n	α				m	n	α			
		0.05	0.025	0.01	0.005			0.05	0.025	0.01	0.05			0.05	0.025	0.01	0.05			0.05	0.025	0.01	0.05			0.05	0.025	0.01	0.05
8	2	4	3	—	—	12	6	38	35	32	30	15	8	69	65	60	56	17	17	249	240	230	223	20	2	7	5	4	3
	3	9	8	6	—		7	49	46	42	40		9	84	79	73	69	18	2	7	5	3	—		3	17	14	11	9
	4	15	14	12	11		8	62	58	53	51		10	99	94	88	84		3	15	13	10	8		4	28	24	20	18
	5	23	21	19	17		9	75	71	66	63		11	116	110	103	99		4	26	22	19	16		5	40	35	31	28
	6	31	29	27	25		10	89	84	79	76		12	133	127	120	115		5	37	33	29	26		6	53	48	43	39
	7	41	38	35	34		11	104	99	94	90		13	152	145	138	133		6	49	45	40	37		7	67	62	56	52
	8	51	49	45	43		12	120	115	109	105		14	171	164	156	151		7	63	58	52	49		8	83	77	70	66
9	2	4	3	—	—	13	2	5	4	3	—		15	192	184	176	171		8	77	72	66	62		9	99	93	85	81
	3	10	8	7	6		3	12	10	8	7	16	2	6	4	3	—		9	93	87	81	76		10	117	110	102	97
	4	16	14	13	11		4	20	18	15	13		3	14	12	9	8		10	110	103	96	92		11	135	128	119	114
	5	24	22	20	18		5	30	27	24	22		4	24	21	17	15		11	127	121	113	108		12	155	147	138	132
	6	33	31	28	26		6	40	37	33	31		5	34	30	27	24		12	146	139	131	125		13	175	167	158	151
	7	43	40	37	35		7	52	48	44	41		6	46	42	37	34		13	166	158	150	144		14	197	188	178	172
	8	54	51	47	45		8	64	60	56	53		7	58	54	49	46		14	187	179	170	163		15	220	210	200	193
	9	66	62	59	56		9	78	73	68	65		8	72	67	62	58		15	208	200	190	184		16	243	234	223	215
10	2	4	3	—	—		10	92	88	82	79		9	87	82	76	72		16	231	222	212	206		17	268	258	246	239
	3	10	9	7	6		11	108	103	97	93		10	103	97	91	86		17	255	246	235	228		18	294	283	271	263
	4	17	15	13	12		12	125	119	113	109		11	120	113	107	102		18	280	270	259	252		19	320	309	297	289
	5	26	23	21	19		13	142	136	130	125		12	138	131	124	119	19	1	1	—	—	—		20	348	337	324	315
	6	35	32	29	27	14	2	6	4	3	—		13	156	150	142	136		2	7	5	4	3						

附表 7　威尔科克森符号秩检验临界值表

$$P(d)=\frac{\sum_{i\geqslant d}t_n(i)}{2^n}$$

n	α				n	α				n	α			
	0.05	0.025	0.01	0.005		0.05	0.025	0.01	0.005		0.05	0.025	0.01	0.005
5	15	—	—	—	14	80	84	90	93	23	193	203	214	222
6	19	21	—	—	15	90	95	101	105	24	209	219	231	239
7	25	26	28	—	16	101	107	113	117	25	225	236	249	257
8	31	33	35	36	17	112	119	126	130	26	241	253	267	276
9	37	40	42	44	18	124	131	139	144	27	259	271	286	295
10	45	47	50	52	19	137	144	153	158	28	276	290	305	315
11	53	56	59	61	20	150	158	167	173	29	295	309	325	335
12	61	65	69	71	21	164	173	182	189	30	314	328	345	356
13	70	74	79	82	22	178	187	198	205					

附表 8 克鲁斯卡尔-沃利斯检验临界值表

m_1	m_2	m_3	α		m_1	m_2	m_3	α		m_1	m_2	m_3	α		m_1	m_2	m_3	α		m_1	m_2	m_3	α	
			0.05	0.01				0.05	0.01				0.05	0.01				0.05	0.01				0.05	0.01
3	3	3	5.600	7.200	4	3	1	5.208	—	5	4	1	4.985	6.955	6	6	2	5.410	7.467	6	4	1	4.947	7.106
3	3	2	5.361	—	4	2	2	5.333	—	5	3	3	5.648	7.079	6	6	1	4.945	7.121	6	3	3	5.615	7.410
3	3	1	5.143	—	5	5	5	5.780	8.000	5	3	2	5.251	6.909	6	5	5	5.729	8.028	6	3	2	5.348	6.970
3	2	2	4.714	—	5	5	4	5.666	7.823	5	3	1	4.960	—	6	5	4	5.661	7.936	6	3	1	4.855	6.873
4	4	4	5.692	7.577	5	5	3	5.705	7.578	5	2	2	5.160	6.533	6	5	3	5.602	7.590	6	2	2	5.345	6.655
4	4	3	5.598	7.144	5	5	2	5.338	7.338	5	2	1	5.000	—	6	5	2	5.338	7.376	6	2	1	4.822	—
4	4	2	5.455	7.036	5	5	1	5.127	7.309	6	6	6	5.801	8.222	6	5	1	4.990	7.182					
4	4	1	4.967	6.667	5	4	4	5.657	7.760	6	6	5	5.765	8.124	6	4	4	5.681	7.795					
4	3	3	5.791	6.745	5	4	3	5.656	7.445	6	6	4	5.724	8.000	6	4	3	5.610	7.500					
4	3	2	5.444	6.444	5	4	2	5.273	7.205	6	6	3	5.625	7.725	6	4	2	5.340	7.340					

注: m_1, m_2, m_3 分别表示三个总体的样本容量.

附表 9　弗里德曼检验临界值表

m	n	α		m	n	α		m	n	α		m	n	α	
		0.05	0.01			0.05	0.01			0.05	0.01			0.05	0.01
3	3	6.000	—	3	11	6.545	9.455	4	5	7.800	9.960	5	6	9.067	11.867
	4	6.500	8.000		12	6.167	9.500		6	7.600	10.200		7	9.143	12.114
	5	6.400	8.400		13	6.000	9.385		7	7.800	10.371		8	9.200	12.300
	6	7.000	9.000		14	6.143	9.000		8	7.650	10.350	6	2	9.143	9.714
	7	7.143	8.857		15	6.400	8.933	5	2	7.600	8.000		3	9.860	11.760
	8	6.250	9.000	4	2	6.000	—		3	8.533	10.133				
	9	6.222	8.667		3	7.400	9.000		4	8.800	11.200				
	10	6.200	9.600		4	7.800	9.600		5	8.960	11.680				

注: m 表示位置参数的个数, n 表示分布函数的个数.

附表 10 哈特莱检验临界值表

$\alpha = 0.05$

df \ r	2	3	4	5	6	7	8	9	10	11	12
4	9.60	15.5	20.6	25.2	29.5	33.6	37.5	41.4	44.6	48.0	51.4
5	7.15	10.8	13.7	16.3	18.7	20.8	22.9	24.7	26.5	28.2	29.9
6	5.82	8.38	10.4	12.1	13.7	15.0	16.3	17.5	18.6	19.7	20.7
7	4.99	6.94	8.44	9.70	10.8	11.8	12.7	13.5	14.3	15.1	15.8
8	4.43	6.00	7.18	8.12	9.03	9.78	10.5	11.1	11.7	12.2	12.7
9	4.03	5.34	6.31	7.11	7.80	8.41	8.95	9.45	9.91	10.3	10.7
10	3.72	4.85	5.67	6.34	6.92	7.42	7.87	8.28	8.66	9.01	9.34
12	3.28	4.16	4.79	5.30	5.72	6.09	6.42	6.72	7.00	7.25	7.48
15	2.86	3.54	4.01	4.37	4.68	4.95	5.19	5.40	5.59	5.77	5.93
20	2.46	2.95	3.29	3.54	3.76	3.94	4.10	4.24	4.37	4.49	4.59
30	2.07	2.40	2.61	2.78	2.91	3.02	3.12	3.21	3.29	3.36	3.39
60	1.67	1.85	1.96	2.04	2.11	2.17	2.22	2.26	2.30	2.33	2.36
∞	1.00	1.00	1.00	1.00	1.00	1.00	1.00	1.00	1.00	1.00	1.00

$\alpha = 0.01$

df \ r	2	3	4	5	6	7	8	9	10	11	12
4	23.2	37.0	49.0	59.0	69.0	79.0	89.0	97.0	106.0	113.0	120.0
5	14.9	22.0	28.0	28.0	38.0	42.0	46.0	50.0	54.0	57.0	60.0
6	11.1	15.5	19.1	22.0	25.0	27.0	30.0	32.0	34.0	36.0	37.0
7	8.89	12.1	14.5	16.5	18.4	20.0	22.0	23.0	24.0	26.0	27.0
8	7.50	9.90	11.7	13.2	14.5	15.8	16.9	17.9	18.9	19.8	21.0
9	6.54	8.50	9.90	11.1	12.1	13.1	13.9	14.7	15.3	16.0	16.6
10	5.85	7.40	8.60	9.60	10.4	11.1	11.8	12.4	12.9	13.4	13.9
12	4.91	6.10	6.90	7.80	8.20	8.70	9.10	9.50	9.90	10.20	10.60
15	4.07	4.90	5.50	6.00	6.40	6.70	7.10	7.30	7.50	7.80	8.00
20	3.32	3.80	4.30	4.60	4.90	5.10	5.30	5.50	5.60	5.80	5.90
30	2.63	3.00	3.30	3.40	3.60	3.70	3.80	3.90	4.00	4.10	4.20
60	1.96	2.20	2.30	2.40	2.40	2.50	2.50	2.60	2.60	2.70	2.70
∞	1.00	1.00	1.00	1.00	1.00	1.00	1.00	1.00	1.00	1.00	1.00

附表 11　斯皮尔曼秩相关系数检验临界值表

n	α		n	α		n	α		n	α		n	α		n	α		n	α		n	α	
	0.05	0.01		0.05	0.01		0.05	0.01		0.05	0.01		0.05	0.01		0.05	0.01		0.05	0.01		0.05	0.01
5	0.900	1.000	17	0.414	0.566	29	0.312	0.433	41	0.261	0.364	53	0.228	0.320	65	0.206	0.289	77	0.189	0.265	89	0.175	0.247
6	0.829	0.943	18	0.401	0.550	30	0.306	0.425	42	0.257	0.359	54	0.226	0.317	66	0.204	0.287	78	0.188	0.264	90	0.174	0.245
7	0.714	0.893	19	0.391	0.535	31	0.301	0.418	43	0.254	0.355	55	0.224	0.314	67	0.203	0.284	79	0.186	0.262	91	0.173	0.244
8	0.643	0.833	20	0.380	0.520	32	0.296	0.412	44	0.251	0.351	56	0.222	0.311	68	0.201	0.282	80	0.185	0.260	92	0.173	0.243
9	0.600	0.783	21	0.370	0.508	33	0.291	0.405	45	0.248	0.347	57	0.220	0.308	69	0.200	0.280	81	0.184	0.259	93	0.172	0.241
10	0.564	0.745	22	0.361	0.496	34	0.287	0.399	46	0.246	0.343	58	0.218	0.306	70	0.198	0.278	82	0.183	0.257	94	0.171	0.240
11	0.536	0.709	23	0.353	0.486	35	0.283	0.394	47	0.243	0.340	59	0.216	0.303	71	0.197	0.276	83	0.182	0.255	95	0.170	0.239
12	0.503	0.678	24	0.344	0.476	36	0.279	0.388	48	0.240	0.336	60	0.214	0.300	72	0.195	0.274	84	0.181	0.254	96	0.169	0.238
13	0.484	0.648	25	0.337	0.466	37	0.275	0.383	49	0.238	0.333	61	0.213	0.298	73	0.194	0.272	85	0.180	0.252	97	0.168	0.236
14	0.464	0.626	26	0.331	0.457	38	0.271	0.378	50	0.235	0.329	62	0.211	0.296	74	0.193	0.271	86	0.179	0.251	98	0.167	0.235
15	0.446	0.604	27	0.324	0.448	39	0.267	0.373	51	0.233	0.326	63	0.209	0.293	75	0.191	0.269	87	0.177	0.250	99	0.166	0.234
16	0.429	0.582	28	0.317	0.440	40	0.264	0.368	52	0.231	0.323	64	0.207	0.291	76	0.190	0.267	88	0.176	0.248	100	0.165	0.233

附表 12 肯德尔相关系数检验临界值表

n	α 0.05	α 0.01	n	α 0.05	α 0.01	n	α 0.05	α 0.01	n	α 0.05	α 0.01	n	α 0.05	α 0.01	n	α 0.05	α 0.01	n	α 0.05	α 0.01	n	α 0.05	α 0.01
5	0.800	1.000	10	0.467	0.600	15	0.333	0.467	20	0.274	0.379	25	0.240	0.333	30	0.218	0.301	35	0.197	0.277	40	0.185	0.256
6	0.733	0.867	11	0.418	0.564	16	0.317	0.433	21	0.267	0.371	26	0.237	0.329	31	0.213	0.295	36	0.194	0.273			
7	0.619	0.810	12	0.394	0.545	17	0.309	0.426	22	0.264	0.359	27	0.231	0.322	32	0.210	0.290	37	0.192	0.267			
8	0.571	0.714	13	0.359	0.513	18	0.294	0.412	23	0.257	0.352	28	0.228	0.312	33	0.205	0.288	38	0.189	0.263			
9	0.500	0.667	14	0.363	0.473	19	0.287	0.392	24	0.246	0.341	29	0.222	0.310	34	0.201	0.280	39	0.188	0.260			